基礎マスターシリーズ

電磁気学の基礎マスター

堀 桂太郎 監修
粉川 昌巳 著

電気書院

監修者まえがき

　電気・電子工学を学びたい方々，あるいは学ぶ必要のある方々の数は，年々増加しています．一方，私自身の学生時代を振り返ってみると，今ではさほど難しいと思わない事項であっても，当時は努力の甲斐無くさっぱり理解できなかったことなどが思い出されます．解っている人は，その人にとって当然の事柄であればあるほど，その事柄を質問者に説明する必要があることに気が付かないものです．しかし，初心者にとっては，実はやさしい事柄につまずいていることが少なくありません．言い換えれば，本当に解りやすく，やさしく，楽しく学べる教材に巡り会うことができれば，苦労や時間また経済面での無駄を大幅に省くことがでるはずです．このような思いから，初心者の方々の立場に立った基礎マスターシリーズの発行に取り組みました．

　この基礎マスターシリーズの執筆方針は，次の通りです．
- 読者が，納得しながら読み進められること
- 図やイラストを多く用いた解りやすい説明を心がけること
- 案内人として，ユニークなキャラクターを登場させ，読者が楽しく学習を進められるように工夫すること
- 解った気分にさせて終わるのではなく，本当の力が身に付く内容とすること

　執筆陣は，工業高校などにおいて，永きに亘り電気・電子の教育実践を行ってきた技術指導のプロフェッショナルです．加えて，技術教育について熱い情熱を持っておられる方々ばかりです．その中で，本書の執筆を担当された粉川昌巳先生は，高度な専門的実力と強い指導力を兼ね備えた希有な人材です．本書では，これまでの電磁気学学習の常識にとらわれず，興味を引く内容から学んでいけるように工夫した構成がなされています．事象には，その都度，分かりやすい数学的な裏付けがなされています．そして，最終章では，全体を総括するような形で，電磁気学の重要公式について説明しています．この最終章まで，読み進めれば，本書で学習する前には難解に思えた重要公式の"こころ"を感じることができるはずです．私は，最終章を読み終えて，粉川先生の目論みが実に見事に成功していることを実感しました．読者の方々は，本書を利用することによって，粉川先

生が行うすばらしい授業を直接受けるのと同等以上の学習効果を上げることができるはずです．

　私は，執筆者のケアレスミスなどによる誤記を取り除くために，細心の注意を払いながら点検作業を進めました．しかし，監修者の力量不足のために，不完全な箇所も少なからず残っていることでしょう．これについては，皆様のご叱責によって，機会あるごとに修正するように努力致す所存です．

　最後になりましたが，本書を出版するにあたり，シリーズの企画を積極的に取り上げて頂いた田中久米四郎社長をはじめとする電気書院の皆様に厚く御礼申し上げます．特に，足繁く研究室に通って頂いた田中建三郎部長，編集にご尽力を頂いた出版部の久保田勝信氏並びに，京都支社の南ひとみ氏に心から感謝致します．

　本シリーズが，読者の皆様の目標を達成するための一助となることを願ってやみません．

2006 年 8 月

国立明石工業高等専門学校
電気情報工学科　堀　桂太郎

著者まえがき

　電気・電子・通信工学を学ぶ方々にとって電磁気学は，電気現象の基礎・基本となるものです．そして，必ず習得しなければならない重要な教科でもあります．

　電磁気学の著書では，最初にベクトル，あるいは静電気について章立てされているものが多数あります．そして，最初からベクトルによる数式的な表現による説明で始まります．

　このような章立てでは，読者は難しいベクトル表記に困惑され，あまり興味がもてないままにその内容を終わらせてしまう場合が多数あります．

　そこで，本書では読者が興味をもって電磁気学の学習の一歩が踏み出せるように，古くから馴染みのある「磁石による磁界」を第1章にもってきました．そして，なるべくベクトルによる表記はさけています．

　現在では，磁界は電流によって生じるという考えが中心になっています．そこで，第2章には「電流による磁界」をもってきています．

　その後，「第3章磁気回路」「第4章電磁力」「第5章電磁誘導」「第6章静電気」「第7章静電容量とコンデンサ」「第8章電磁気学のベクトル表記」と進んでいきます．

　第7章まで，各事象はその都度数式によってわかりやすく説明し，なるべくベクトルによる表記はさけてあります．

　最後の第8章では，それまでの事象の理解から，電磁気学の事象を表すベクトル表記について説明しています．是非，第8章を読み終え，grad，div，rot，マクスウェルの方程式など，電磁気学で用いられる各事象のベクトル表記について理解を深めてください．

　本書は各章とも，平易な表現でわかりやすく，図を豊富に用いた2色刷により，視覚的に理解できるようにしてあります．また，各章の最後には章末問題も設け，さらに学習の習得がはかれるように配慮もしてあります．

　本書によって，読者の方々が電磁気学に興味をもち，その"こころ"を感じとっていただければ幸いです．

　最後に，本書を出版するにあたり多大なるご尽力をいただいた監修者堀桂太郎氏および電気書院出版部久保田勝信氏に深く感謝申し上げます．

2006年8月

著者しるす

電磁気学の基礎マスター 目次

第1章 磁石による磁界

- 1-1 磁石と磁力線 ……………………………………… 2
- 1-2 磁化と磁性体 ……………………………………… 5
- 1-3 磁気に関するクーロンの法則 …………………… 9
- 1-4 磁界の強さと磁位 ………………………………… 13
- 1-5 磁束と磁束密度 …………………………………… 17
- 1-6 磁化の強さと透磁率 ……………………………… 20
- 1-7 磁気双極子モーメント …………………………… 24
- ●章末問題 …………………………………………… 29

第2章 電流による磁界

- 2-1 磁界の方向 ………………………………………… 32
- 2-2 ビオ・サバールの法則 …………………………… 36
- 2-3 アンペアの周回積分の法則 ……………………… 41
- 2-4 コイルの磁界 ……………………………………… 47
- ●章末問題 …………………………………………… 54

第3章 磁気回路

- 3-1 磁気回路のオームの法則 ………………………… 58
- 3-2 磁気回路のキルヒホッフの法則 ………………… 62

3-3	環状鉄心の磁気回路 ……………………………………	66
3-4	エアギャップのある磁気回路 …………………………	71
3-5	磁化曲線 …………………………………………………	76
	●章末問題 ………………………………………………	80

第4章 電磁力

4-1	電磁力の作用と方向 ……………………………………	82
4-2	方形コイルに働く力とトルク …………………………	88
4-3	平行導体間に働く力 ……………………………………	92
4-4	磁界中の導体の運動 ……………………………………	97
	●章末問題 ………………………………………………	100

第5章 電磁誘導

5-1	電磁誘導の法則 …………………………………………	102
5-2	誘導起電力 ………………………………………………	106
5-3	自己インダクタンス ……………………………………	110
5-4	相互インダクタンス ……………………………………	116
5-5	インダクタンスの接続 …………………………………	121
5-6	電磁エネルギー …………………………………………	124
	●章末問題 ………………………………………………	129

第6章 静電気

6-1	静電現象 …………………………………………………	132

6-2	静電気に関するクーロンの法則	138
6-3	電界の強さ	142
6-4	電界と電荷の関係	145
6-5	電　位	150
6-6	電束と電束密度	155
6-7	分極と誘電率	158
	●章末問題	162

第7章　静電容量とコンデンサ

7-1	静電容量	164
7-2	コンデンサ	168
7-3	コンデンサの直並列接続	172
7-4	コンデンサの充放電	176
7-5	静電エネルギー	179
	●章末問題	182

第8章　電磁気学のベクトル表記

8-1	ベクトル	184
8-2	ベクトルの内積・外積	188
8-3	grad, div, rot	194
8-4	電磁気学の基礎式	200
8-5	SI 単位系	205
	●章末問題	208

付録

- [1] 三角関数 …………………………………… 209
- [2] 二項定理 …………………………………… 209
- [3] 微積分表 …………………………………… 210
- [4] ヘルムホルツコイル内の磁界が一定の理由 … 210
- [5] 磁気双極子モーメントの磁位から磁界の強さを求める …………………………………………… 211

章末問題の解答………………………………… 213
参考文献………………………………………… 225
索　　引………………………………………… 226

第1章 磁石による磁界

　磁石が鉄を引きつけたり，磁石同士が吸引したり，反発することは古くから知られていました．これは，磁石の周りに磁界という場が存在するからです．
　この章では，磁石による磁界の考え方について学習します．
　現在では，磁界は電流によって生じるという考えが中心になっています．しかし，古くから身近で馴染みのある磁石を通して磁界を考えることは，「電磁気学」を学習する最初のステップになると思い，この章を最初にもってきました．では，最初の一歩を踏み出しましょう！

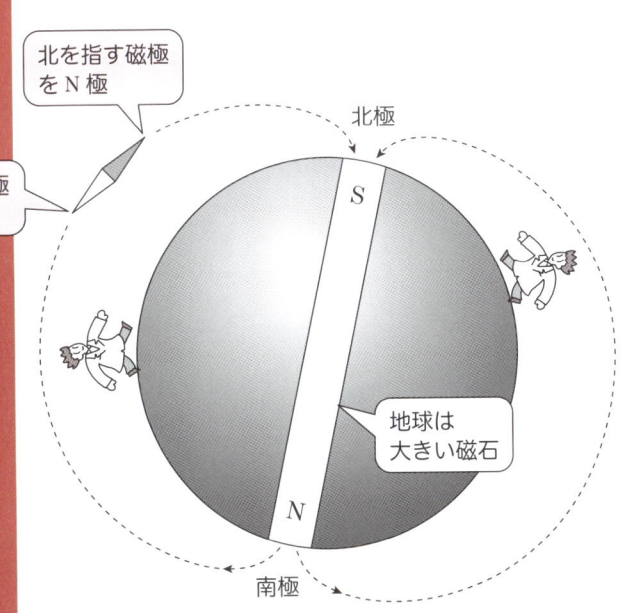

1-1 磁石と磁力線

(1) 磁石の性質

 磁石が鉄を引きつけたり，磁石同士がお互いに吸引したり，反発したりすることは，よく知られています．このような性質を**磁性**といいます．そして，磁石に力が働くような場を，**磁界**といいます．

 磁石には鉄を引きつける力が強い部分があります．この部分を**磁極**といい，磁石にはN極とS極の2つの磁極があります．

 図1-1のように，棒磁石を自由に回転できる台の上に乗せます．棒磁石のN極とS極，つまり，異種の磁極を近づけた場合，吸引力が働きます．また，N極とN極，S極とS極，つまり，同種の磁極を近づけた場合，反発力が働きます．

 磁石は必ず2つの極が対になっています．たとえば，図1-2のように，棒磁石を半分に切ったとき，その切り口には新たにN極とS極の磁極が生じ，磁極は対になります．そして，切った棒磁石をさらに切っても，その切り口には，同じように新たにN極とS極の磁極が生じます．

 これはどうしてでしょうか．物質を構成する原子の働きから考えてみましょう．

 すべての物質は多数の原子から構成されています．原子は正の電気量をも

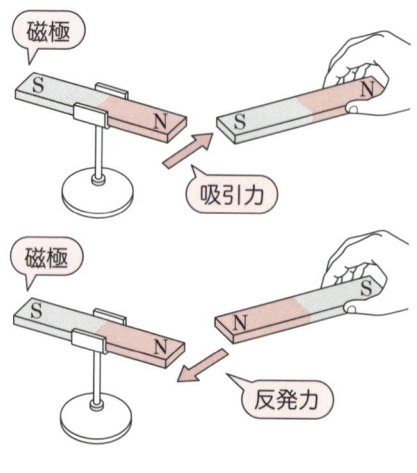

図1-1 磁力

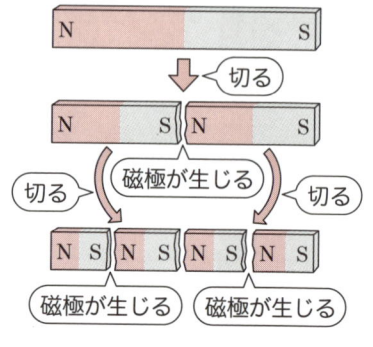

図1-2 磁石の分割

つ原子核と，その原子の周りを回転する負の電気量をもつ電子群からなり，電気的に中性です．

電子は原子核の周りを回る軌道運動のほかに，電子自身がスピンをしています．

図1-3は，そのイメージを表したものです．電子の動きは，電流の流れです[1]．第2章で学習しますが，右ねじの方向に電流が回転して流れると，ねじが進む方向に磁界が生じます（第2章1節参照）．

電子が原子核の周りの軌道を回ることによって，また，電子自身がスピンすることによって磁界が生じます．つまり，磁石の力を受ける場が存在します．

原子核の周りを回る電子の運動によってできる極限の磁石を**磁区**といいます．磁区は物質によって，強く現れ

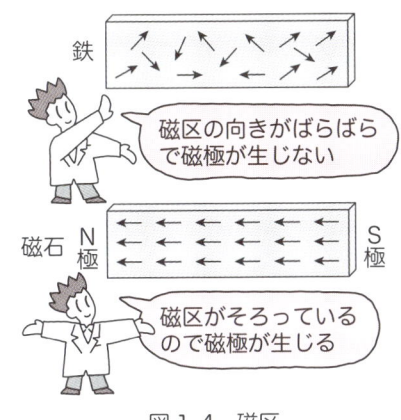

図1-4 磁区

るものと，弱いものがあります．

図1-4のように，鉄などの物質では，強い磁区が存在します．しかし，その向きがばらばらなので，磁性が打ち消しあって現れません．磁石はこの磁区が一方向にそろったものです．中間の相対する磁区のN極とS極は互いに打ち消しあって，両側に磁極が現れます．磁石の中は，これ以上小さくできない磁区という極限の磁石で構成されているのです．したがって，金太郎飴のように，どこから切ってもそこにN極か，S極の磁極が生じることになります．

(2) 磁力線

磁石の周りに存在する力の場を，磁界といいました．この磁界が強いか，弱いかによって，磁石による磁性の影響を知ることができます．

磁石の磁極の周囲に生じる磁界の分

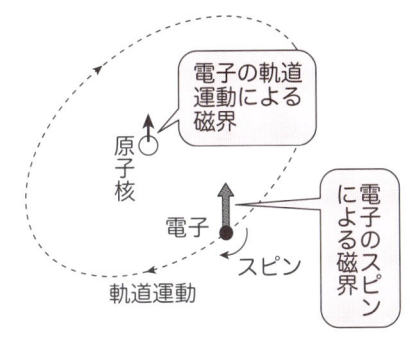

図1-3 磁区発生のイメージ

1) 6章1節参照

布を表すのに，**磁力線**という仮想的な線を考えるとたいへん便利です．

磁力線には，次のような性質があります（**図 1-5** 参照）．

① 磁力線は磁石の N 極から出て，S 極に入ります．そのとき，磁力線に磁界の方向を示す矢印をつけます（図(a)）．

② 磁力線は，それ自身が短くなろうとする縮小性と，お互いの間で反発しあう反発性をもつ，ゴムひものような性質です．この性質から，図(b)のように，磁石同士の吸引力と反発力を表すことができます．

③ 磁力線の任意の点の接線方向は，その点の磁界の方向を表します（図(a)）．

④ 磁力線に垂直な単位面積当たりを通る磁力線の数〔本／m^2〕は，その点の磁界の強さ〔A/m〕を表します（図(c)）．つまり，磁界の強いところは，磁力線の密度が高くなります．

⑤ 磁力線同士は交差しません．もし，図(d)のように，2つの磁力線が作用している点があった場合，そこに2つの磁界が存在することになり不合理です．この場合，2つの磁界を合成し，その合成した磁界の方向が磁力線の方向となります．

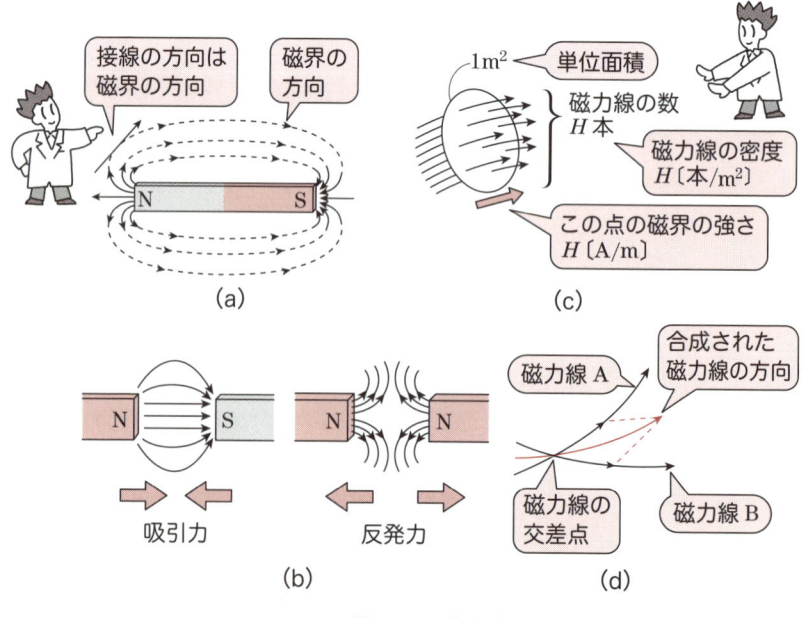

図 1-5 磁力線

1-2 磁化と磁性体

(1) 磁化と磁気誘導

磁石の近くに物質を置いて，その物質に磁極が現れることを**磁気誘導**といい，このとき物質は**磁化**されたといいます．

図1-6のように，磁石に鉄片を近づけると，鉄片の磁極に近い部分には，磁極と異なる極が，反対側には近づいた極と同じ極が生ずるように磁化されます．このため，磁石と鉄片との間に吸引力が働きます．

この現象は，どのように考えたらよいでしょうか．前節「磁石の性質」のところで，磁区について説明しました．磁区は，物質を構成する原子核の周りを回る電子の運動によってできる極限の磁石をいいます．鉄は，この非常に小さい磁区で構成されています．

図1-7のように，最初，鉄片の磁区の配列はばらばらの方向を向いており，外部に磁気作用を及ぼしていません．しかし，鉄片に磁石を近づけると，磁石の磁界方向に磁区がそろいます．したがって，鉄片の両端にN極とS

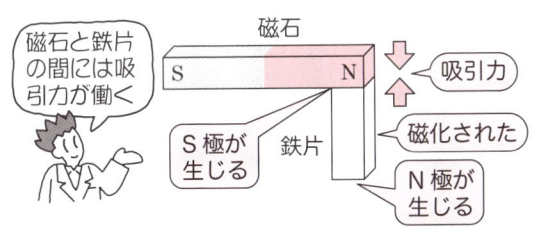

図1-6 磁気誘導

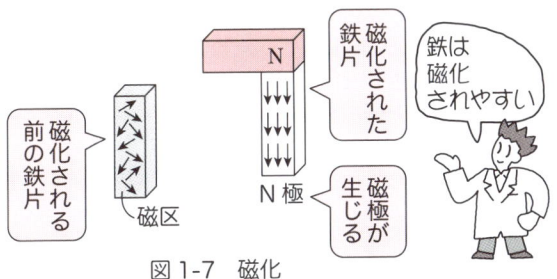

図1-7 磁化

極の磁極が現れ，磁石との間に吸引力が働きます．このように，鉄は磁区という小磁石の集まりで構成される磁化されやすい物質だといえます．

(2) 磁性体

前項で説明した磁化は，物質によってその程度が異なります．磁界の中に置くと磁化する物質を**磁性体**といい，すべての物質は，多少ともこの性質をもっています．

図 1-8 のように，磁界の向きに磁化される物質を**常磁性体**といいます．このような常磁性体には空気やアルミニウムなどがあります．常磁性体は，磁界の向きにわずかに磁化されますが，ほとんど磁化されていないように見えます．このことは，磁石にアルミニウムでできている 1 円玉を近づけても引きつけられないことからもわかります．

常磁性体の中で，特に強く磁化される物質を**強磁性体**といいます．強磁性体には，鉄やニッケルなどがあります．一般に磁性体というと強磁性体を指すことが多いようです．

また，図 1-9 のように，磁界の向きと反対方向に磁化される物質を**反磁性体**といいます．反磁性体には銅や銀などがあります．

反磁性体は，磁界の向きと反対方向に磁化されますが，その程度はわずかでほとんど磁化されていないように見えます．この磁化についても，磁石に銅でできている 10 円玉が引きつけられないことから理解できると思います．

私たちの生活の中で，鉄は磁石に付くことは経験的に学習していると思います．しかし，ここで説明したように，

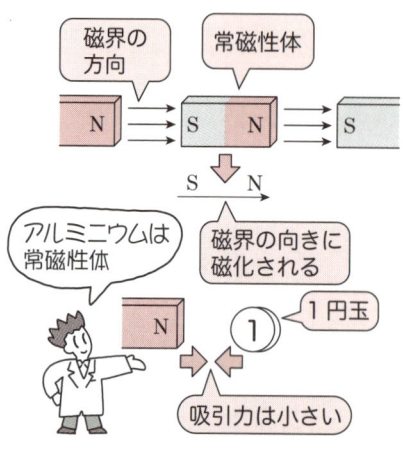

図 1-8　常磁性体

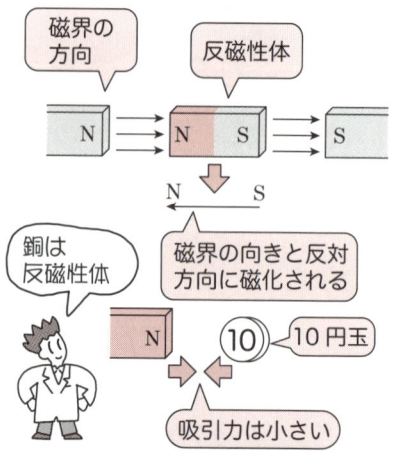

図 1-9　反磁性体

すべての物質は多少とも磁化される性質を持っています．

(3) 磁性体の特性の考え方

磁性体の特性の違いは，どのようなことから生じるのでしょうか．ここでは，特性の違いについて考えてみます．

磁性体の特性は，物質を構成する原子に注目して，次のように考えられています．

(a) 電子の軌道運動とスピン

電子の流れは電流です．また，電子と電流の向きは逆方向になります[2]．そして，右ねじの方向に電流が回転して流れると，ねじが進む方向に磁界が生じます[3]．

原子核の周りの電子の軌道運動も電流の流れとみなされ，軌道運動の中心に磁界が生じます．図1-10(a)は，このイメージ図です．

また，電子自身も負電荷をもった球としてスピンして，磁界が生じると考えられています．図1-10(b)は，このイメージ図です．この2つの磁界を比べると，電子のスピンによる磁界は，軌道運動による磁界より大きなものになると考えられています．

原子核の周りの電子群は，いくつかの軌道を回り，電子自身もスピンをしています．各磁性体の特性の違いは，この電子の運動による磁界の現れ方に関係します．

(b) 強磁性体

電子の運動によって生じる磁界を持つ原子が，いくつか向きをそろえてできた領域を磁区といいます．図1-11は，磁区構造のイメージです．磁区同士は，磁壁と呼ばれる境界によって分

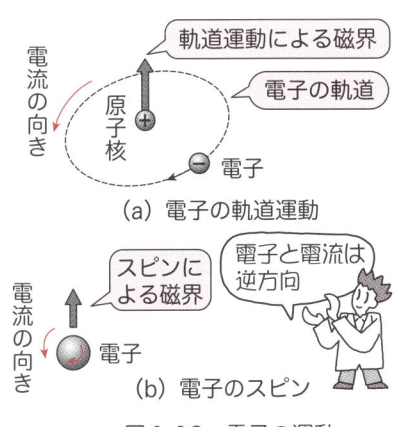

図1-10　電子の運動

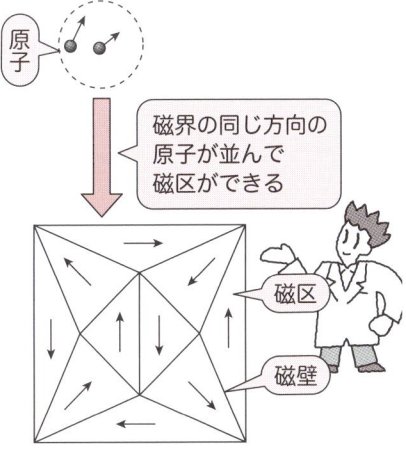

図1-11　磁区の構造

---

[2] 6章1節参照
[3] 2章1節参照

1-2　磁化と磁性体

けられて，結晶が作られています．

強磁性体の内部は，多数の磁区で構成されています．ただし，磁区がばらばらに配列されているため，磁化されるまでは，外部に磁極が現れません．

強磁性体に外部から磁界を加えると，磁界の方向に磁区がそろって，強い磁極を生じることになります．磁区を持つことが強磁性体の特徴となります．

(c) **反磁性体**

反磁性体は，電子のスピンによる磁界が相互に打ち消されるように，電子が2つずつ対になっています．したがって，全体として磁界は生じません．

図 1-12 (a)は，このイメージ図です．

しかし，図(b)のように，外部から磁界を加えると，電子の軌道運動を貫く磁界が変化するため，ファラデーの電磁誘導（第5章参照）より，磁界の変化を妨げる方向に軌道運動による電流が流れ，その電流による磁界が外部磁界と逆方向に生じます．これが，反磁性体が外部磁界と反対方向に磁化される理由とされています．

(d) **常磁性体**

常磁性体は，電子のスピンによる磁界が相互に打ち消されず，小さな磁界として存在します．図 1-13 は，このイメージ図です．この常磁性体に生じる磁界は磁区と呼ばれる領域にはなっていません．電子同士のスピンによって生じる磁界です．

この磁界は，ばらばらな方向を向いているため，外部に磁極は現れません．しかし，外部から磁界を加えれば，磁界方向にわずかに磁化されます．

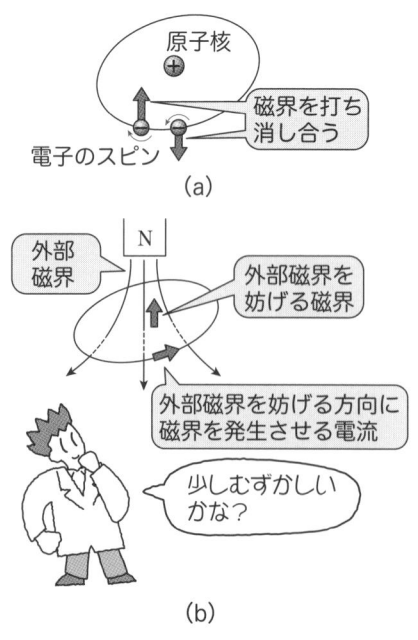

図 1-12 反磁性体のイメージ

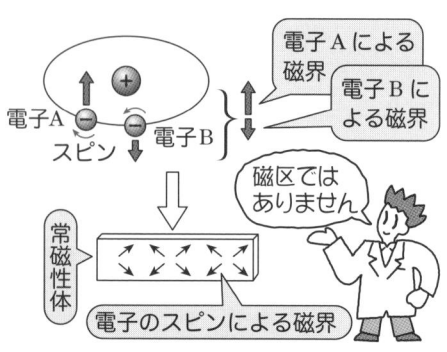

図 1-13 常磁性体のイメージ

1-3 磁気に関するクーロンの法則

(1) クーロンの法則

磁石の磁極は，N極とS極の対で存在します．しかし，ここでは，点磁極の存在を仮定して考えていきます．

図1-14のように，磁極が点と考えられるほど距離 r が大きいとき，クーロン[4]は実験の結果，次のような法則を発見しました．

「2つの点磁極間に働く力は，点磁極の強さの積に比例し，点磁極間の距離の2乗に反比例する．」

これを磁気に関するクーロンの法則といい，点磁極間に働く力を**磁気力**または**磁力**といいます．

2つの磁極の強さをそれぞれ m_1，m_2，磁極間の距離を r，比例定数を k とすると，磁力 F は，次式のような関係になります．

$$F = k \frac{m_1 \cdot m_2}{r^2} \qquad (1\text{-}1)$$

磁極の強さ m は，N極のときは正，S極のときは負で表します．したがって，磁力 F は，同極間では正となって反発力を，異極間では負となって吸引力を表します．

磁力 F は，大きさと方向をもつベクトル量です．磁力の働く方向は，両磁極を結ぶ直線上となります．

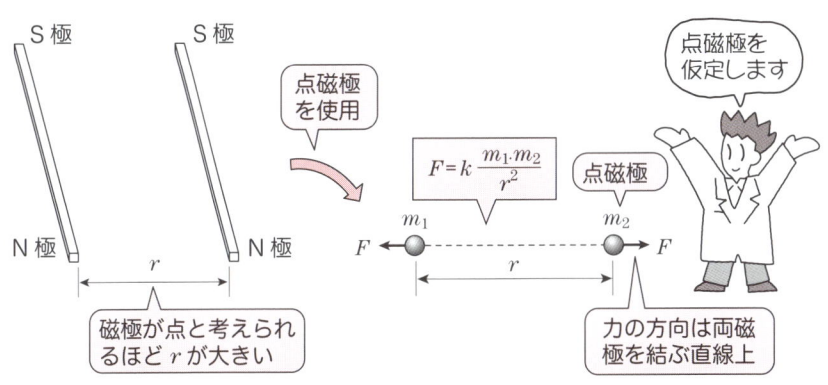

図1-14 クーロンの法則

---

4) Coulomb（仏）1736～1806年

(2) SI単位系での磁力

式(1-1)の関係をSI単位系（8章5節参照）で表してみましょう．

SI単位系では，磁極の強さmは〔Wb〕（ウェーバ），距離rは〔m〕（メートル），磁力Fは〔N〕（ニュートン）を用います．その場合，比例定数kは次のようになります．

$$k = \frac{1}{4\pi\mu} \quad (1\text{-}2)$$

上式の4πは，電気の基本法則（球の表面積）に4πが現れるので，それを打ち消して，式を簡単にするために用いています．

磁界を扱うとき，磁極の置かれた環境によって磁気作用は異なります．μは，**透磁率**（1章6節参照）といい，物質の磁気的性質を表す定数です．

透磁率μの単位記号は，〔H/m〕（ヘンリー毎メートル）が用いられ，次のように表されます．

$$\mu = \mu_r \mu_0 \quad (1\text{-}3)$$

ここで，μ_0は**真空中の透磁率**，μ_rは**比透磁率**といいます．つまり，透磁率μは，真空中の透磁率μ_0を基準に，比透磁率μ_rの値を掛けて表します．

真空中では比透磁率$\mu_r=1$です．SI単位系において，真空中の透磁率μ_0は，$4\pi \times 10^{-7}$〔H/m〕となります（1章6節参照）．

したがって，真空中での磁力を表す式は，式(1-1)より，次式のようになります．

$$\begin{aligned} F &= \frac{1}{4\pi\mu_0} \cdot \frac{m_1 \cdot m_2}{r^2} \\ &= \frac{1}{4\pi \times 4\pi \times 10^{-7}} \cdot \frac{m_1 \cdot m_2}{r^2} \\ &= 6.33 \times 10^4 \times \frac{m_1 \cdot m_2}{r^2} \quad (1\text{-}4) \end{aligned}$$

空気中の比透磁率μ_rは，真空中と同じくほぼ1です．よって，空気中の磁力も式(1-4)を用いて求められます．

また，比透磁率μ_rの物質中での磁力は，次式のようになります．

$$\begin{aligned} F &= \frac{1}{4\pi\mu} \cdot \frac{m_1 \cdot m_2}{r^2} \\ &= 6.33 \times 10^4 \times \frac{m_1 \cdot m_2}{\mu_r r^2} \quad (1\text{-}5) \end{aligned}$$

図1-15　SI単位系での磁力

磁力 F は，大きさと方向をもったベクトル量です．したがって，2つの磁極による力の合成は，図 1-16 のように，ベクトルの合成から求めます．

<u>Reference</u>　**1Wb の大きさ**

磁極の単位 Wb（ウェーバ）は，大変大きな値です．たとえば，真空中に 1Wb の磁極を 1m の間隔に置いたときの磁力 F は，式 (1-4) より，

$$F = 6.33 \times 10^4 \times \frac{1 \times 1}{1^2}$$
$$= 6.33 \times 10^4 \text{[N]}$$

となります．

この値は，1[kgf]＝9.8[N] より，

$$6.33 \times 10^4 \text{[N]} = \frac{6.33 \times 10^4}{9.8} \text{[kg]}$$
$$\fallingdotseq 6.46 \text{[t]}$$

となり，ものすごく大きな値です．

したがって，磁極の強さを表す場合，10^{-6} などの指数表示を用いた小さな値が使われます．

例題 1-1　真空中に 5×10^{-6}Wb と 6×10^{-6}Wb の磁極が 20cm 離れて置かれている．このとき，磁極間に働く磁力を求めなさい．

解答　式 (1-4) より，20[cm]＝0.2[m] と換算して，

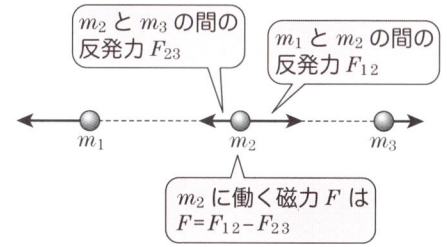

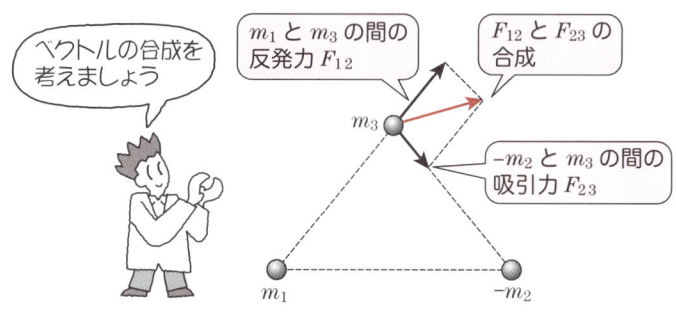

図 1-16　磁力のベクトル合成

1-3　磁気に関するクーロンの法則

$$F = 6.33 \times 10^4 \times \frac{m_1 \cdot m_2}{r^2}$$

$$= 6.33 \times 10^4 \times \frac{5 \times 10^{-6} \times 6 \times 10^{-6}}{0.2^2}$$

$$\fallingdotseq 47.5 \times 10^{-6} \, [\text{N}]$$

例題 1-2 空気中に置かれた 4×10^{-5}Wb と 5×10^{-5}Wb の磁極の間に，10^{-3}N の磁力がある．磁極間の距離を求めなさい．

解答 式(1-4)より，

$$r^2 = 6.33 \times 10^4 \times \frac{m_1 \cdot m_2}{F}$$

$$= 6.33 \times 10^4 \times \frac{4 \times 10^{-5} \times 5 \times 10^{-5}}{10^{-3}}$$

$$= 0.1266$$

したがって，

$$r = \sqrt{0.1266} \fallingdotseq 0.356 \, [\text{m}]$$

例題 1-3 図 1-17 に示すように，空気中に3つの点磁極が直線上に配置されている．点磁極 m_2 に働く磁

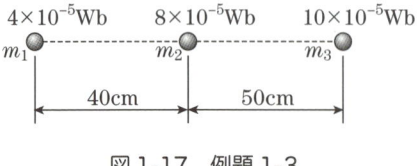

図 1-17 例題 1-3

力の大きさと方向を求めなさい．

解答 点磁極 m_1 と m_2 の間に働く磁力 F_{12} の大きさは，次式のようになります．

$$F_{12} = 6.33 \times 10^4 \times \frac{4 \times 10^{-5} \times 8 \times 10^{-5}}{0.4^2}$$

$$\fallingdotseq 1.27 \times 10^{-3} \, [\text{N}]$$

磁力 F_{12} の方向は，m_1 と m_2 がともに正なので，図 1-18 のように反発力となります．

点磁極 m_2 と m_3 の間に働く磁力 F_{23} の大きさは，次式のようになります．

$$F_{23} = 6.33 \times 10^4 \times \frac{8 \times 10^{-5} \times 10 \times 10^{-5}}{0.5^2}$$

$$\fallingdotseq 2.03 \times 10^{-3} \, [\text{N}]$$

磁力 F_{23} の方向も，図 1-18 のように反発力となります．

したがって，m_2 に働く磁力 F は，F_{12} と F_{23} の差で，m_1 方向に次式のような大きさとなります．

$$F = F_{23} - F_{12}$$

$$= 2.03 \times 10^{-3} - 1.27 \times 10^{-3}$$

$$= 0.76 \times 10^{-3} \, [\text{N}]$$

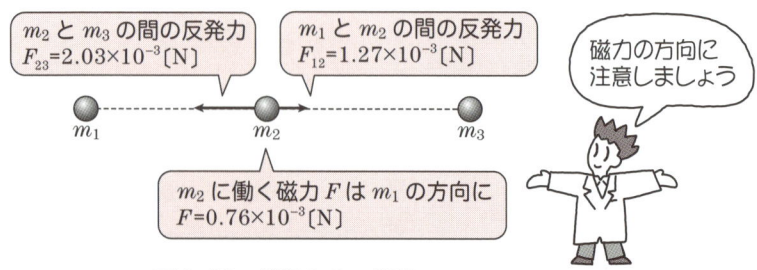

図 1-18 例題 1-3 の解答

1-4 磁界の強さと磁位

(1) 磁界の強さ

磁石に力が働く場を磁界といいました．点磁極による磁界を定量的に表すために，**磁界の強さ**というものを，次のように定義します．

「磁界の強さとは，磁界中に磁界を乱さぬほど小さな点磁極を置いたとき，それに働く＋1Wb当たりの磁力をいい，その磁力の方向を磁界の方向とする．」

磁界の強さはベクトル量で，量記号にH，単位記号にはA/m（アンペア毎メートル）が用いられます．

図1-19(a)のように，真空中において，$+m$[Wb]の点磁極からr[m]離れた点の磁界の強さH[A/m]を求めるには，この点に+1Wbの点磁極を置いたときの磁力を求めることになります．

+1Wb当たりの磁力は，式(1-4)より，次式のように求められます．

$$H = F = \frac{m \times 1}{4\pi\mu_0 r^2} = \frac{m}{4\pi\mu_0 r^2}$$

$$= 6.33 \times 10^4 \times \frac{m}{r^2} \qquad (1\text{-}6)$$

このとき，磁界の方向は，反発力の方向となります．したがって，$+m$[Wb]の点磁極の周囲には，図1-19(b)のような方向に磁界が生じます．

2つの磁極の影響を受ける点の磁界の強さは，**図1-20**のように，ベクトルの合成から求めます．

磁界の強さの定義から，磁界の強さHと磁力Fとの間には，次式のような関係があります．

図1-19 磁界の強さ

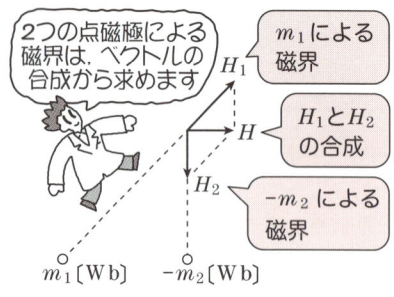

図1-20 磁界の合成

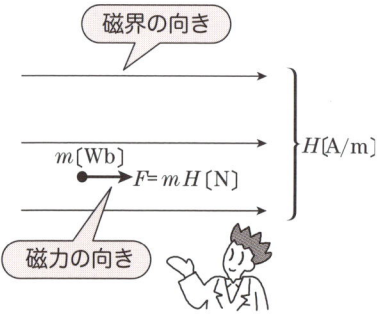

図1-21 磁界中で受ける力

$$F = mH \quad (1\text{-}7)$$

式(1-7)から，図1-21のように，磁界 H〔A/m〕の中に，点磁極 m〔Wb〕があると，点磁極には磁界の強さの方向に，$F=mH$〔N〕の磁力が働きます．

例題 1-4 真空中に $5×10^{-4}$Wb の点磁極がある．この点磁極から 3m 離れた点の磁界の強さを求めなさい．

解答 式(1-6)より，

$$F = 6.33 × 10^4 × \frac{m}{r^2}$$
$$= 6.33 × 10^4 × \frac{5 × 10^{-4}}{3^2}$$
$$≒ 3.52 \text{〔A/m〕}$$

磁界の方向は，点磁極から半径 3m の地点を結ぶ直線上となります．

例題 1-5 $3×10^2$A/m の磁界中に，$4×10^{-5}$Wb の磁極を置いたとき，磁極の受ける力を求めなさい．

解答 式(1-7)より，

$$F = mH = 4 × 10^{-5} × 3 × 10^2$$
$$= 1.2 × 10^{-2} \text{〔N〕}$$

この磁力が磁界の方向に働きます．

例題 1-6 図 1-22 に示すように，空気中に長さ 20cm の棒磁石があります．磁極の強さが $5×10^{-3}$Wb のとき，点 P の磁界の強さを求めなさい．

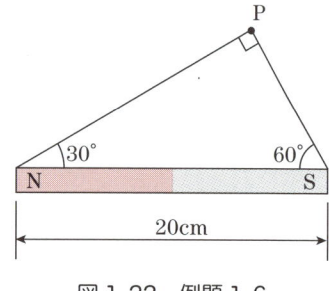

図1-22 例題1-6

解答 図1-23より，N極から点 P までの距離 r_N，S極から点 P までの距離 r_S は，

$$r_N = 20 \cos 30°$$
$$= 20 × \frac{\sqrt{3}}{2}$$
$$= 10\sqrt{3} \text{〔cm〕}$$

$$r_S = 20 \sin 30°$$
$$= 20 × \frac{1}{2}$$
$$= 10 \text{〔cm〕}$$

N極による点 P の磁界の強さ H_N は，

$$H_N = 6.33 \times 10^4 \times \frac{m}{r_N{}^2}$$

$$= 6.33 \times 10^4 \times \frac{5 \times 10^{-3}}{\left(10\sqrt{3} \times 10^{-2}\right)^2}$$

$$= 10550 \text{〔A/m〕}$$

H_N の磁界の方向は，図 1-23 のように，N 極から点 P への直線上となります．S 極による点 P の磁界の強さ H_S は，

$$H_S = 6.33 \times 10^4 \times \frac{m}{r_S{}^2}$$

$$= 6.33 \times 10^4 \times \frac{5 \times 10^{-3}}{\left(10 \times 10^{-2}\right)^2}$$

$$= 31650 \text{〔A/m〕}$$

H_S の磁界の方向は，図 1-23 のように，点 P から S 極への直線上となります．

点 P において，H_N と H_S の角度は 90°なので，合成される磁界 H は，

$$H = \sqrt{H_N{}^2 + H_S{}^2}$$

$$= \sqrt{10550^2 + 31650^2}$$

$$\fallingdotseq 3.34 \times 10^4 \text{〔A/m〕}$$

磁界 H の方向は，図 1-23 のようになります．

$$\theta = \tan^{-1}\frac{H_N}{H_S} = \tan^{-1}\frac{10550}{31650}$$

$$= 18.4°$$

(2) 磁位

磁界中に置かれた点磁極には力が働きます．この点磁極を磁界に逆らって動かすには外部からの仕事が必要になります．

図 1-24(a)のように，磁界中に二つの点 A，B があり，点 B に点磁極 m〔Wb〕があるときを考えます．点 B にある点磁極を点 A まで移動させるには，磁界に逆らって，$W=mH \cdot l$ のエネルギーが必要となります．

また，図 1-24(b)のように，同じ点磁極 m〔Wb〕を A 点に置くと，B 点に置いたときより，$W=mH \cdot l$ のエネルギーを所有していることになります．

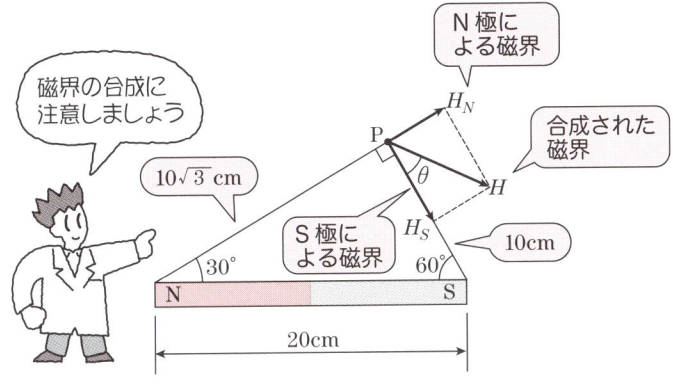

図 1-23　例題 1-6 の解答

■ 1-4　磁界の強さと磁位 ■

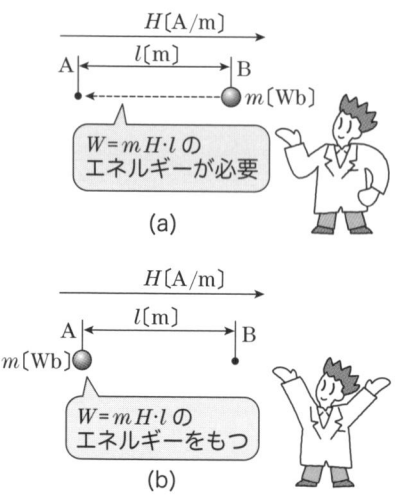

図1-24 磁位

このとき，点Aは点Bより磁位が高いといいます．

つまり，磁位とは磁界中において磁極がもっている位置エネルギーをいい，次のように定義されます．

「磁位とは，磁界中で正の微小な点磁極を無限遠点（磁界の強さが零の点）からある点まで磁界に逆らって運ぶときの＋1Wb当たりの仕事をいう」

磁位はスカラ量で，量記号にU，単位記号にA（アンペア）を用います．

図1-25のように，真空中において，点磁極m〔Wb〕からr〔m〕の点Pにおける磁位U〔A〕は，次のように求めます．

＋1Wb当たりの力とは磁界の強さのことです．したがって，＋1Wb当たりの仕事とは，磁界の強さH〔A/m〕がする仕事です．微小な点磁極を無限遠点から磁界に逆らって（$-H$として扱う）r〔m〕の点まで運ぶときの仕事は，次式のように求められます[5]．

$$U = -\int_{\infty}^{r} H \cdot dr$$
$$= -\frac{m}{4\pi\mu_0} \int_{\infty}^{r} \frac{1}{r^2} dr$$
$$= \frac{m}{4\pi\mu_0} \left[\frac{1}{r}\right]_{\infty}^{r}$$
$$= \frac{m}{4\pi\mu_0 r} \quad (1\text{-}8)$$

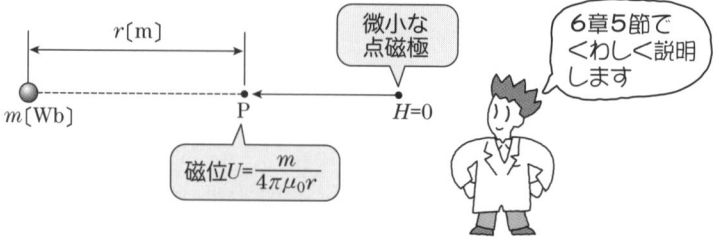

図1-25 磁位の求め方

---

5) 磁位の求め方については，磁界と対応する電界における電位（6章5節）を参照

1-5 磁束と磁束密度

(1) 磁力線の数

磁力線については，1節で説明しました．ここでは，点磁極から出る磁力線の数について考えてみましょう．

図 1-26 のように，真空中において，磁極の強さが m [Wb] の点磁極から，r [m] 離れた地点の磁界の強さは，式 (1-6) より，次式のようになります．

$$H = \frac{m}{4\pi\mu_0 r^2} \text{[A/m]} \quad (1\text{-}9)$$

この値は，点磁極から r [m] 地点の磁力線の密度〔本/m^2〕を表しています（1節「磁力線の性質の④」参照）．

半径 r [m] の球の表面積は，$4\pi r^2$ です．よって，点磁極から出ている磁力線の数 N は，磁力線の密度（磁界の強さ）に球の表面積を掛けて，次式のようになります．

$$N = 4\pi r^2 H = \frac{m}{\mu_0} \quad (1\text{-}10)$$

上式から，点磁極から出る磁力線の数は，透磁率に関係することがわかります．つまり，点磁極が置かれた媒体によって磁力線の数が変化することになります．このことは，図 1-27 のように，透磁率の異なる媒体の境界面では磁力線が不連続になってしまうことを表します．これでは，磁界の影響を知るための仮想的な線としては，役割を果たせず困ってしまいます．

そこで，次に説明する「磁束」という仮想的な線が定義されます．

(2) 磁束

透磁率によって影響を受けない仮想

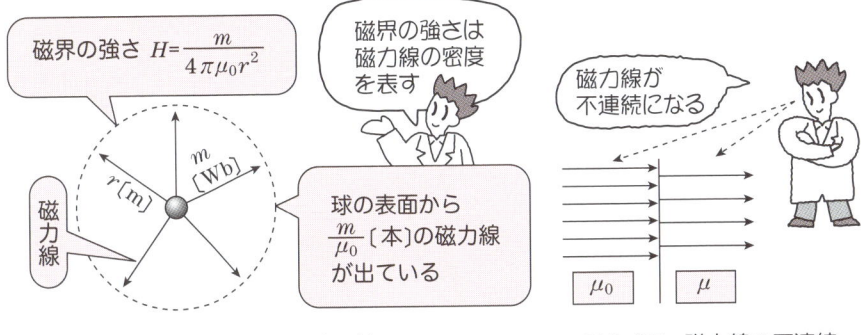

図 1-26　磁力線の数　　　　図 1-27　磁力線の不連続

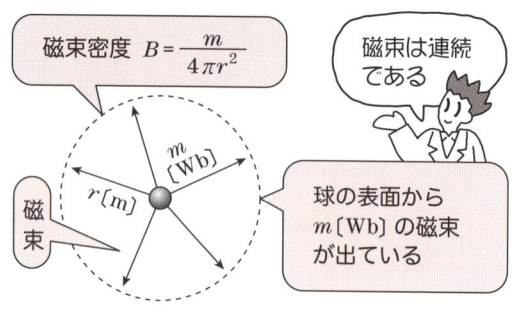

図1-28 磁束

的な線として，次式のように，磁力線の数 N を μ 倍し，新たに仮想的な線を考えます．

$$\phi = \mu N \qquad (1\text{-}11)$$

この線を**磁束**と呼び，量記号は ϕ，単位記号には，磁極と同じ Wb（ウェーバ）を用います．

図 1-28 のように，点磁極 m〔Wb〕からは，m〔Wb〕の磁束が放射状に出ていることになります．

(3) **磁束密度**

磁束の通っている点において，磁束と垂直な単位面積を貫く磁束を，**磁束密度**といいます．磁束密度の量記号は B，単位記号は T（テスラ）を用います．

図 1-29 のように，面積 A〔m^2〕を垂直に貫く磁束が ϕ〔Wb〕の場合，磁束密度 B〔T〕は，次式のようになります．

$$B = \frac{\phi}{A} \qquad (1\text{-}12)$$

また，図 1-28 のような点磁極から放射状に磁束が出ている場合を考えて

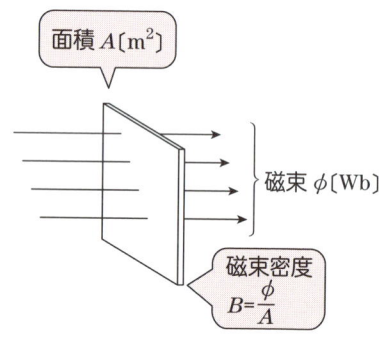

図1-29 磁束密度

みましょう．

点磁極から出ている磁束は m〔Wb〕ですから，球の半径 r〔m〕の地点の磁束密度は，m〔Wb〕を球の表面積 $4\pi r^2$ で除して，次式のようになります．

$$B = \frac{m}{4\pi r^2} \qquad (1\text{-}13)$$

球の半径 r〔m〕地点の磁界の強さ H は，次式で表されます．

$$H = \frac{m}{4\pi \mu r^2} \qquad (1\text{-}14)$$

上式と式 (1-13) から，次の関係が求められます．

$B=\mu H$　　　　　　（1-15）

例題 1-7　図 1-30 のように，$H=0.5$〔A/m〕の磁界と直交する断面積 40cm² を通る磁力線の数を求めなさい．

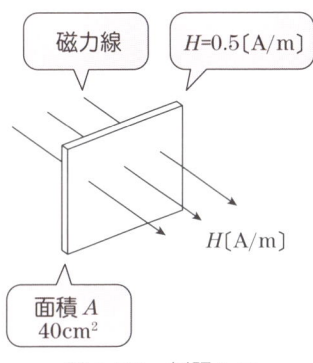

図 1-30　例題 1-7

解答　磁界の強さ H〔A/m〕は，その地点での磁力線の密度〔本/m²〕です．

したがって，磁力線の数 N は，断面積 $A=40$〔cm²〕を 40×10^{-4}〔m〕² として，

$N=AH=40\times10^{-4}\times0.5=2\times10^{-3}$〔本〕

となります．

例題 1-8　真空中において，1×10^{-5}Wb の点磁極から出る磁力線の数を求めなさい．

解答　磁力線の数 N は，式（1-10）より，

$N=\dfrac{m}{\mu_0}=\dfrac{1\times10^{-5}}{4\pi\times10^{-7}}\fallingdotseq 7.96$〔本〕

となります．

例題 1-9　真空中において，1×10^{-5}Wb の点磁極から出る磁束数を求めなさい．

解答　磁束の定義から，1×10^{-5}Wb の点磁極からは 1×10^{-5}Wb の磁束が出ます．

例題 1-10　図 1-31 のように，空気中で，5×10^{-4}Wb の磁束が，断面積 10cm² の面を垂直に貫いている．この面の磁束密度を求めなさい．また，この点の磁界の強さを求めなさい．

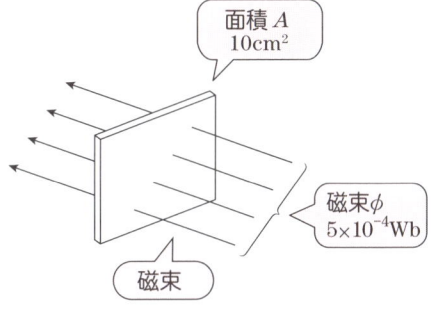

図 1-31　例題 1-10

解答　磁束密度 B〔T〕は，式（1-12）より，10cm² は 10×10^{-4}m として，

$B=\dfrac{\phi}{A}=\dfrac{5\times10^{-4}}{10\times10^{-4}}=0.5$〔T〕

となります．

磁界の強さ H〔A/m〕は，式（1-15）の関係から，

$H=\dfrac{B}{\mu_0}=\dfrac{0.5}{4\pi\times10^{-7}}$

　　　$\fallingdotseq 3.98\times10^{5}$〔A/m〕

となります．

1-6 磁化の強さと透磁率

(1) 磁化の強さと磁化率

磁化については，2節で説明しました．ここでは，磁化の強さと磁化率について考えます．図1-32のように，磁性体に外部磁界 $B_0=\mu_0H$ 〔T〕を与えたとき，磁化は外部磁界 B_0 に比例すると考えて，次の関係を定義します．

$$J=\chi\mu_0H \qquad (1\text{-}16)$$

このときの J を**磁化の強さ**（磁気分極ともいう），比例定数 χ を**磁化率**といいます．

磁化の強さの量記号は J，単位記号はT（テスラ）を用います．

表1-1は，常磁性体，反磁性体の磁化率です．反磁性体の磁化率は，外部磁界と逆方向に磁化されることから，マイナス表示になります．

また，強磁性体の鉄などは，たいへん磁化率が大きいことがわかります．

磁性体内の磁束密度 B は，外部磁界 B_0 と磁化の強さ J から，次式のような関係になります．

$$B=\mu_0H+J=\mu_0H+\chi\mu_0H$$
$$=(1+\chi)\mu_0H \qquad (1\text{-}17)$$

ところで，磁束密度 B と磁界 H の間には，次のような関係がありました．

$$B=\mu H$$

式(1-17)をこの式に対応させて，次式の関係が求まります．

$$\mu=(1+\chi)\mu_0 \qquad (1\text{-}18)$$

この式(1-18)は，透磁率を表す式になります．

ここで，

$$\mu_r=1+\chi \qquad (1\text{-}19)$$

として，μ_r を**比透磁率**といいます．

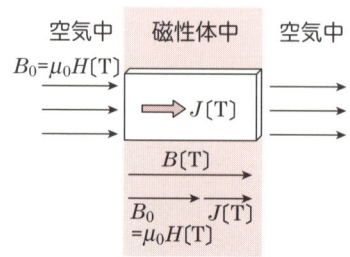

図1-32 磁化の強さ

表1-1 磁化率

	物質	磁化率 (20°C，1気圧)
常磁性体	空気	0.37×10^{-6}
	酸素	0.18×10^{-5}
	アルミニウム	0.21×10^{-4}
	鉄	~ 5000
	Ni-Znフェライト	~ 2500
反磁性体	銅	-0.94×10^{-5}
	水	-0.83×10^{-5}
	水素	-0.21×10^{-8}

(電気工学ポケットブック・電気学会編より)

3節で説明しました透磁率の関係式(1-3)の $\mu=\mu_r\mu_0$ は，ここから定義されました．

(2) 透磁率

透磁率とは，物質の磁気的性質の違いを表すもの，つまり，磁界によって物質の中に，磁化がどの程度発生するかを表す定数をいいます．

透磁率は，量記号として μ，単位記号は H/m（ヘンリー毎メートル）が用いられ，次の関係がありました．

$$\mu=\mu_r\mu_0 \qquad (1\text{-}20)$$

μ_0 は**真空中の透磁率**といい，SI単位系では，$4\pi\times10^{-7}$ H/m という定数になります．

この定数はどのようにして定義されたのでしょうか．

第4章で学習しますが，**図1-33**のように，2本の直線導体の間に生じる単位メートル当たりの力は，次式のように求められます．

$$F=\frac{\mu_0 I_1 I_2}{2\pi r}\text{[N/m]} \qquad (1\text{-}21)$$

SI単位系では，長さはm，質量はkg，時間はs，電流はAを基本単位として用い，その他の諸量を決めていきます（8章5節参照）．

そして，電流「1A」は，次のように定義されています．

「1Aとは，真空中に1mの間隔で平行に置いた，無限に長い2本の直線状導体のそれぞれに流れ，これらの導体の長さ1mにつき 2×10^{-7} N の力を及ぼし合う電流をいう」

SI単位系で磁気的諸量を取り扱う場合，まず，1Aの量が定義されます．したがって，式(1-21)において，1Aの定義の条件から，真空中の透磁率 μ_0 は，次式のように逆算して定義されます．

$$\mu_0=\frac{2\pi r F}{I_1 I_2}$$

$$=\frac{2\pi\times1\times2\times10^{-7}}{1\times1}$$

$$=4\pi\times10^{-7}$$

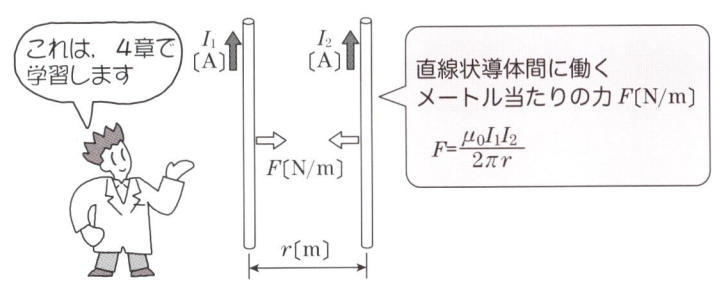

図1-33　直線状導体間に働く力

1-6　磁化の強さと透磁率

(3) 比透磁率

磁性を表すものに比透磁率があります．比透磁率の量記号は μ_r を用います．μ_r は，μ と μ_0 の比を表すもので単位はありません．

強磁性体は，透磁率 μ が非常に大きい物質です．それは式(1-20)の

$$\mu = \mu_r \mu_0$$

から，比透磁率が大きい物質だといえます．

比透磁率の正体は，式(1-19)の

$$\mu_r = 1 + \chi$$

から，「磁化率 χ に +1 加えたもの」です．

表 1-2 は，式(1-19)の関係から，比透磁率を表したものです．

ここで，強磁性体とは，$\mu_r \gg 1$ の物質といえます．また，常磁性体とは，$\mu_r > 1$ の物質，反磁性体とは，$\mu_r < 1$ の物質となります．

Reference　透磁率の単位

透磁率の単位は，H/m を用います．

表 1-2　比透磁率

物質		比透磁率 (20°C，1気圧)
常磁性体	空気	1.00000037
	酸素	1.0000018
	アルミニウム	1.000021
	鉄	～5000
	Ni-Zn フェライト	～2500
反磁性体	銅	0.9999906
	水	0.9999917
	水素	0.9999999979

この単位は次のように組み立てられます．

$\mu_0 = 2\pi rF/(I_1 I_2)$ より，μ_0 の単位は，

$$\left[\frac{m \cdot \frac{N}{m}}{AA}\right] = \left[\frac{J}{m} \cdot \frac{1}{AA}\right] = \left[\frac{VAs}{mAA}\right]$$

$$= \left[\frac{Vs}{Am}\right]$$

ここで，$[N] = \left[\dfrac{J}{m}\right]$，$[J] = [VAs]$

第 5 章で学習するように，インダクタンスの単位 H（ヘンリー）は，

$$[H] = \left[\frac{Wb}{A}\right] = \left[\frac{Vs}{A}\right]$$

したがって，

$$\left[\frac{Vs}{Am}\right] = \left[\frac{H}{m}\right]$$

となります．

(4) 自己減磁力

図 1-34 のように，磁性体の内部が磁化の強さ J[T] に磁化されれば，磁性体の外部と内部に磁束が発生します．このとき，磁性体内部の磁束を磁化線といいます．

磁化の強さ J の単位 T（テスラ）は，

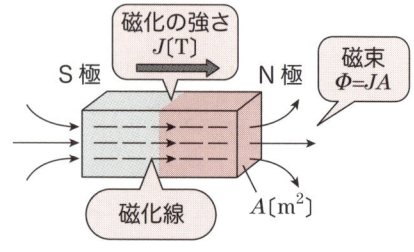

図 1-34　磁性体の磁束

単位面積当たりの磁束〔Wb/m²〕を表します．よって，磁束 Φ〔Wb〕は，磁性体の断面積を A〔m²〕とすると，次式のように表されます．

$$\Phi = JA \tag{1-22}$$

この磁束 Φ が，磁性体の内部ではS極からN極へ，磁性体の外部ではN極から出てS極に入ることになります．

磁化された磁性体の両端には磁極が生じます．この磁極は外部にも内部にも磁界を作っています．ここでは，内部の磁界について考えてみます．

図 1-35 のように，磁化された磁性体内部の磁界は，磁化の強さ J〔T〕とは逆方向の磁界 H_d〔A/m〕となり，磁化の強さ J を弱めるように作用します．このような逆磁界 H_d を**自己減磁力**といいます．

一般に，磁極をもっている磁石には，いくらかの自己減磁力が働いています．そのため，時間の経過によって磁化の強さ J に影響を及ぼし，磁石の磁極の強さを弱めてしまいます．

自己減磁力は，磁極があるために生じます．その影響をなくすには，図 1-36 のように，磁石の両磁極間を鉄片でつないで切れ目のない環状の磁石にします．そうすれば，磁極がないため自己減磁力は生じず，磁極の強さは減少しません．

図 1-35　自己減磁力

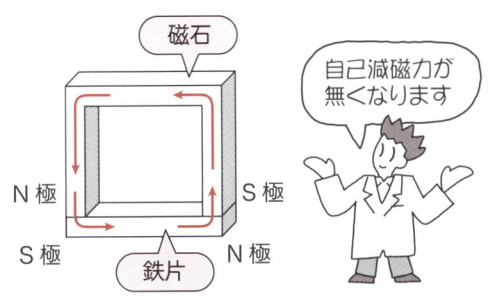

図 1-36　環状の磁石

1-7 磁気双極子モーメント

(1) **磁気双極子モーメント**

磁石はN極とS極の対で存在し、磁極は単独では存在しません．また、磁石の磁極は、2節で説明したように、電子のスピンによる磁界の集まりであるともいえます．第2章で説明しますが、磁界は電流によって生じるという考え方が主流になっています．

そこで、N極とS極の磁極を対として考えた**磁気双極子モーメント**という量を定義します．

磁気双極子モーメント M〔Wb·m〕とは、図 1-37のように、磁極の強さ m〔Wb〕と磁極間隔 l〔m〕との積で表します．

$$M = m \cdot l \quad (1\text{-}23)$$

磁気双極子モーメントの単位記号は、Wb·m（ウェーバメートル）を用います．磁気双極子モーメントはベクトル量で、ベクトルの方向は、磁石のS極からN極の方向です．

磁気双極子モーメントからある点における磁界の影響を考えるとき、式(1-6)を用いて、点磁極による磁界の強さから求めていくと、磁界の合成が大変です．それは、磁界はベクトル（大きさと方向を持つ量：8章参照）のため、N極とS極によるある点の磁界は、その合成が難しいからです．

このようなとき、磁位から考えると大変便利です．それは、磁位はスカラ（大きさだけを持つ量：8章参照）で、

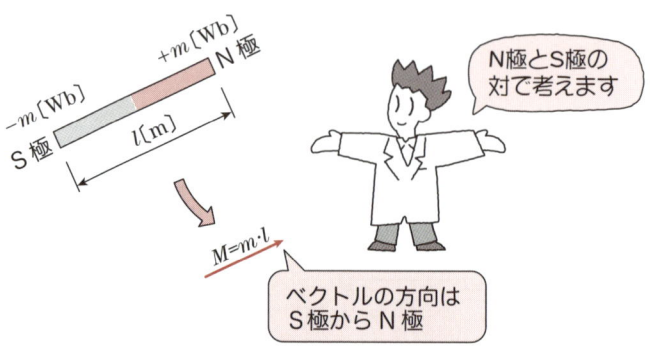

図 1-37　磁気双極子モーメント

磁気双極子モーメントのN極とS極によるある点の影響力は，単純に足すことによって求められるからです．

磁位がわかれば，磁位からその点の磁界の強さを求めることができます．これについては，磁界と対応する電界において，「電界の強さと電位の関係」（6章5節）を参考にしてください．

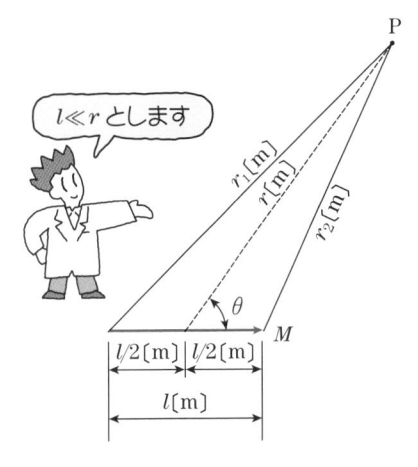

では，磁気双極子モーメントによる磁位を考えていきましょう．図 1-38 のように，磁気双極子モーメント M から点Pにおける磁位 U〔A〕を求めます．ただし，磁気双極子モーメントの長さ l〔m〕より，P点までの距離 r〔m〕の方がはるかに長いとします．

また，磁気双極子モーメントの磁極の強さは m〔Wb〕で，矢印側はプラス，逆側はマイナスとなります．

N極による点Pの磁位 U_1〔A〕は，式(1-8)より，次式のようになります．

$$U_1 = \frac{m}{4\pi\mu_0} \cdot \frac{1}{r_2}$$

同じように，S極による点Pの磁位 U_2〔A〕は，次式のようになります．

$$U_2 = \frac{-m}{4\pi\mu_0} \cdot \frac{1}{r_1}$$

したがって，磁気双極子モーメント M による点Pの磁位 U〔A〕は，次式のようになります．

$$U = \frac{m}{4\pi\mu_0}\left(\frac{1}{r_2} - \frac{l}{r_1}\right) \quad (1\text{-}24)$$

上式の r_1 と r_2 を，磁気双極子モーメントの中心からの距離 r で表します．

図 1-39 のように，磁気双極子モーメントの中心から点Pまでの距離 r と r_2 には，次式のような関係があります．

$$r_2^2 = (r\sin\theta)^2 + \left(r\cos\theta - \frac{l}{2}\right)^2$$

$$= r^2 - lr\cos\theta + \left(\frac{l}{2}\right)^2 \quad (1\text{-}25)$$

図 1-38　磁気双極子モーメントによる磁位

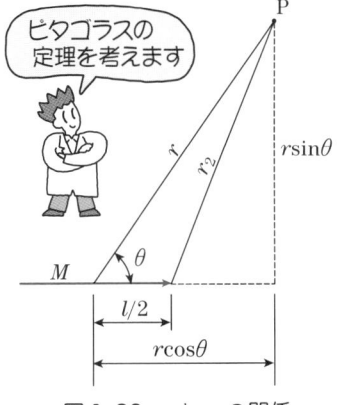

図 1-39　r と r_2 の関係

1-7　磁気双極子モーメント

よって,点Pまでの距離r_2の逆数は,次式のようになります.

$$\frac{1}{r_2} = \left\{ r^2 - lr\cdot\cos\theta + \left(\frac{l}{2}\right)^2 \right\}^{-\frac{1}{2}}$$

$$= \frac{1}{r}\left\{ 1 - \frac{l}{r}\cos\theta + \left(\frac{l}{2r}\right)^2 \right\}^{-\frac{1}{2}}$$

(1-26)

同じように,r_1の逆数について求めると,次式のようになります.

$$\frac{1}{r_1} = \frac{1}{r}\left\{ 1 + \frac{l}{r}\cos\theta + \left(\frac{l}{2r}\right)^2 \right\}^{-\frac{1}{2}}$$

(1-27)

式(1-26)において,$l \ll r$として,$(l/2r)^2$を省略して,次式のようにします.

$$\frac{1}{r_2} = \frac{1}{r}\left(1 - \frac{l}{r}\cos\theta\right)^{-\frac{1}{2}} \quad (1\text{-}28)$$

上式の( )を二項定理[6]によって展開します.

$$\left(1 - \frac{l}{r}\cos\theta\right)^{-\frac{1}{2}} = 1 + \frac{1}{2}\cdot 1 \cdot \frac{l}{r}\cos\theta$$
$$- \frac{\frac{1}{2}\left(-\frac{1}{2}-1\right)}{2}\cdot\frac{l^2}{r^2}\cos^2\theta + \cdots$$

(1-29)

ここで,$l \ll r$から,$(l/r)^2$以下の高次項を省略すると,式(1-28)は,次式のようになります.

$$\frac{1}{r_2} = \frac{1}{r}\left(1 + \frac{l}{2r}\cos\theta\right) \quad (1\text{-}30)$$

同じように,式(1-27)は,次式のようになります.

$$\frac{1}{r_1} = \frac{1}{r}\left(1 - \frac{l}{2r}\cos\theta\right) \quad (1\text{-}31)$$

式(1-30),(1-31)を,式(1-24)に代入すると,磁位は次式のように,距離rで表すことができます.

$$U = \frac{ml\cos\theta}{4\pi\mu_0 r^2} = \frac{M\cos\theta}{4\pi\mu_0 r^2} \quad (1\text{-}32)$$

上式において,磁気双極子モーメントのベクトル表示$\dot{M}$と,点Pまでの距離ベクトル$\dot{r}$を用いて書き換えると,次式のようになります.このベクトルの表記については,8章1節「ベクトル」および2節「ベクトルの内積・外積」を参照してください.

$$U = \frac{\dot{M}\cdot\dot{r}}{4\pi\mu_0 r^3} \quad (1\text{-}33)$$

式(1-32)および(1-33)が磁気双極子モーメントによる磁位を求める式になります.

式(1-33)の磁位から,点Pにおける磁界の強さ$\dot{H}$〔A/m〕は,次式のように求めることができます.

$$\dot{H} = \frac{1}{4\pi\mu_0 r^3}\left(3M\frac{\dot{r}}{r}\cos\theta - \dot{M}\right)$$

(1-34)

式(1-34)の求め方については,付録[5]を参照してください.

図1-40のように,磁気双極子モー

---

[6] 付録[2]二項定理参照

式(1-34)でθが大切です

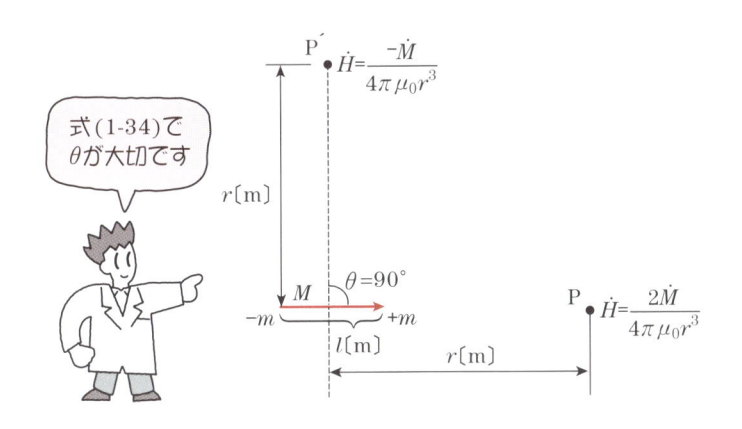

図 1-40 水平方向と垂直方向の磁位

メント M から水平方向に r〔m〕離れた点 P の磁界の強さは，式(1-34)から，次式のようになります．

$$\dot{H} = \frac{1}{4\pi\mu_0 r^3}\left(3M\frac{\dot{r}}{r}\cos 0 - \dot{M}\right)$$

$$= \frac{2\dot{M}}{4\pi\mu_0 r^3} \qquad (1\text{-}35)$$

また，磁気双極子モーメント M から垂直方向に r〔m〕離れた点 P' の磁界の強さは，次式のようになります．

$$\dot{H} = \frac{1}{4\pi\mu_0 r^3}\left(3M\frac{\dot{r}}{r}\cos 90° - \dot{M}\right)$$

$$= \frac{-\dot{M}}{4\pi\mu_0 r^3} \qquad (1\text{-}36)$$

(2) **磁気双極子モーメントに働く力**

図 1-41 のように，磁気双極子モーメント M を，平等な強さの磁界の中に，磁界の方向に対して θ 傾けて置いたときに働く力について考えてみましょう．

回転力が働きます

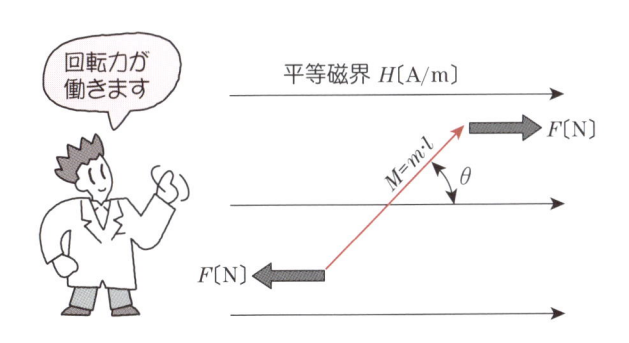

図 1-41 磁気双極子モーメントに働く力

1-7 磁気双極子モーメント

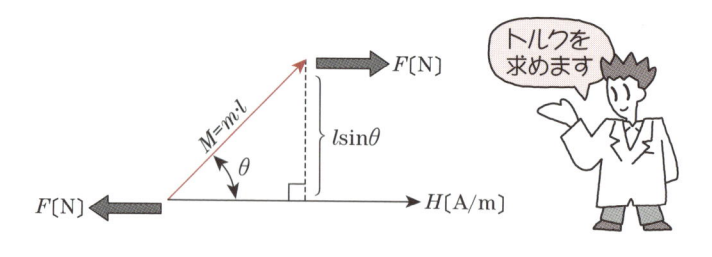

図 1-42　トルクの考え方

磁気双極子モーメントの両端には，N 極と S 極の磁極のため，図のように，互いに反対方向の力 F〔N〕が働きます．この力 F〔N〕は，式 (1-7) より，次式のようになります．

$$F = mH$$

ここで，磁気双極子モーメント M には，右回りにトルク（回転力）が働きます．

このトルク T〔N·m〕は，**図 1-42** のように，2 つの力の間の垂直距離を求めて，次式のようになります．

$$T = (力) \times (2 つの力の間の垂直距離)$$
$$= F \times l \cdot \sin\theta = mHl \cdot \sin\theta$$
$$= MH \sin\theta \qquad (1\text{-}37)$$

上式より，磁気双極子モーメントに働くトルクは，$\sin\theta$ に比例します．$\theta = 90°$ のときトルクは最大になり，$\theta = 0°$ ではトルクを生じません．

磁界中に置かれた磁気双極子モーメントは，$\theta = 0°$ となる磁界の方向にトルクを生じて回転し，磁界の方向に向いて停止します．

例題 1-11　図 1-43 のように，磁界の強さ 2000A/m の平等磁界中に，0.5Wb·m の磁気双極子モーメントを磁界の方向に対して 60°の角度で置いた．磁気双極子モーメントに働くトルクを求めなさい．

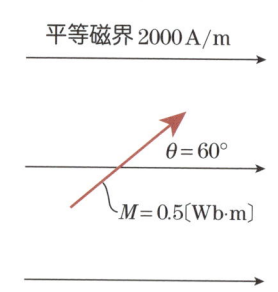

図 1-43　例題 1-11

解答　式 (1-37) より，
$T = MH \sin\theta$
$= 0.5 \times 2000 \times \sin 60°$
$\fallingdotseq 866$〔N·m〕

第 1 章　磁石による磁界

章 末 問 題 1

1 次の磁気に関する物理量の単位記号を答えなさい．
① 磁極の強さ………（　　　）　② 磁力…………（　　　）
③ 磁界の強さ………（　　　）　④ 磁束…………（　　　）
⑤ 磁束密度…………（　　　）　⑥ 透磁率………（　　　）
⑦ 磁気双極子モーメント……（　　　）

2 次の□に適する用語を入れなさい．
① 磁石の周りに存在する力の場を，ⓐ という．
② 磁力線とは，ⓑ の分布を表す仮想的な線をいい，ⓒ が H〔A/m〕の点の磁力線の密度を ⓓ 〔本/m²〕と定義している．
真空中で，m〔Wb〕の磁極から出る磁力線の本数は，ⓔ 本である．
③ 磁束は，m〔Wb〕の磁極から ⓕ の磁束が出ると考え，単位には ⓖ を用いる．
④ 単位面積を垂直に貫く磁束を，ⓗ といい，単位記号には ⓘ を用いる．
⑤ 透磁率 μ は，ⓙ μ_0 と ⓚ μ_r の積で表される．μ_0 の値は，ⓛ 〔H/m〕と定義される．
⑥ 磁性体には，磁界の向きに磁化される ⓜ と，磁界の向きと反対方向に磁化される ⓝ がある．

3 真空中に 4×10^{-6} Wb と 5×10^{-6} Wb の 2 つの点磁極が 20cm 離れてあるとき，2 つの点磁極の間に働く磁力とその方向を求めなさい．

4 図 1-44 のように，真空中に点磁極が直線上に置いてある．磁極 m_2 に働く磁力とその方向を求めなさい．

2×10^{-5} Wb　　4×10^{-5} Wb　　4×10^{-5} Wb
　　m_1　　　　　　m_2　　　　　　m_3
　　　　← 10cm →← 10cm →

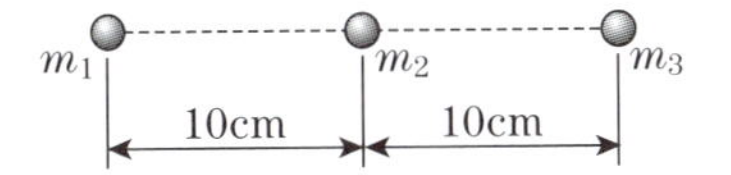

図 1-44

5 真空中に 2×10^{-4} Wb と 4×10^{-4} Wb の点磁極が，ある距離に置かれている．これらの間に働く磁力が 5×10^{-2} N であるとき，両磁極間の距離を求めなさい．

6　真空中に同じ強さの磁極を互いに30cm離して置いたとき，磁極に0.12Nの磁力が働いた．磁極の強さを求めなさい．

7　比透磁率が300であるニッケルの透磁率を求めなさい．

8　空気中で$5×10^{-6}$Wbの点磁極から20cm離れた点の磁界の強さを求めなさい．

9　5A/mの磁界中に$4×10^{-3}$Wbの磁極を置いたとき，磁極に働く磁力を求めなさい．

10　ある磁界中に置かれた$2×10^{-3}$Wbの磁極に働く磁力が$4×10^{-3}$Nであった．磁界の強さを求めなさい．

11　図1-45のように，空気中に長さ20cmの棒磁石がある．磁極の強さが$5×10^{-3}$Wbであるとき，点Pの磁界の強さを求めなさい．

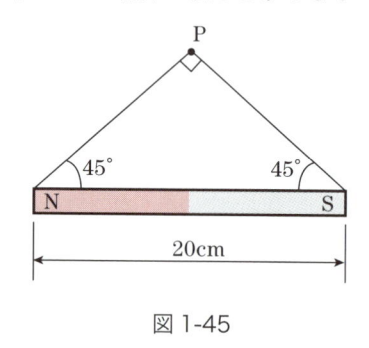

図1-45

12　空気中で，$2×10^{-5}$Wbの磁極から出る磁力線数と磁束数を求めなさい．

13　10A/mの磁界と直交する$40cm^2$の場所を通る磁力線の本数を求めなさい．

14　空気中で，磁界の強さが$2×10^3$A/mの点の磁束密度を求めなさい．

15　比透磁率500の磁界中に$2×10^{-3}$Wbの磁極がある．ここから10cm離れた点の磁束密度を求めなさい．

16　比透磁率が300の磁界内で，$10cm^2$の面に垂直に$5×10^{-3}$Wbの磁束が通っているとき，磁束密度を求めなさい．また，この点の磁界の強さを求めなさい．

17　ある磁性体中の磁束密度が1.5Tで，磁界の強さが$3×10^3$A/mである．この磁性体の透磁率μ，および比透磁率μ_rを求めなさい．

18　$2×10^3$A/mの平等磁界中に$5×10^{-3}$Wb·mの磁気双極子モーメントを磁界の方向に対して45°の角度で置いた．磁気双極子モーメントに働くトルクを求めなさい．

第2章 電流による磁界

　電流が流れると，その周りに磁界が生じます．この章では，電流によって生じる磁界の強さ（磁界の方向と大きさ）について学習します．

　磁界の方向を求めるには，アンペアの右ねじの法則，その大きさを求めるには，ビオ・サバールの法則，アンペアの周回積分の法則など，重要な考え方があります．

　この章では，多少難しい数式を用いますが，途中式はなるべく省略せずに解いています．また，付録の三角関数，微積分表を参考にしてください．

　各法則を理解した上で，電流による磁界の強さが求められるようになることを期待します．

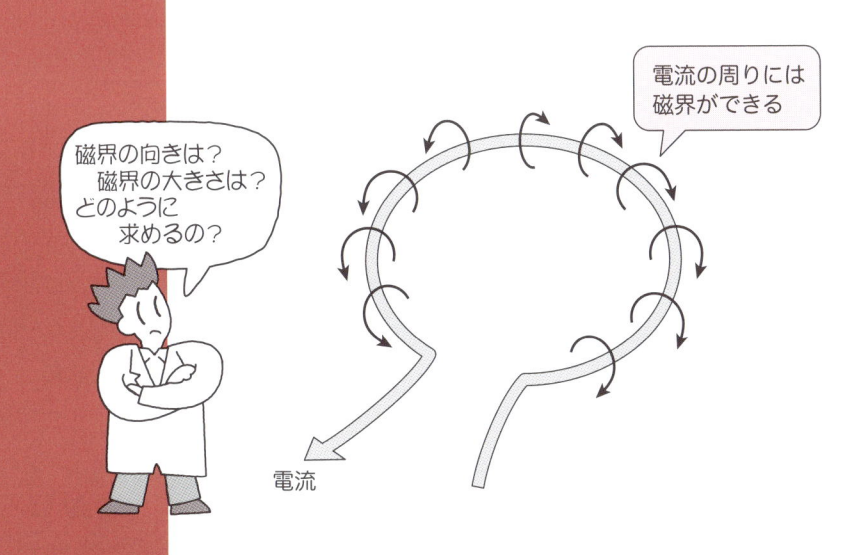

磁界の向きは？
　磁界の大きさは？
どのように
　　求めるの？

電流の周りには
磁界ができる

電流

2-1 磁界の方向

(1) アンペアの右ねじの法則

図2-1のように，電流が流れている導線のそばに磁針を置くと，磁針が一定の方向に振れます．これは導線の周りで，磁針に力を及ぼす場が生じているためです．このことから電流の周りには磁界ができることがわかります．

これらの現象は，実験によって研究がなされ，次のような法則が発見されました．

図2-2のように，

「電流の流れを右ねじの進む方向にとると，磁界は電流を軸として同心円状に，ねじを回す方向にできる．」

これを**アンペア**[1]**の右ねじの法則**といいます．

(2) 磁界の確認法

電流による磁界の方向は，図2-3のように，右手の親指を立てた形で電流と磁界の方向を考えると容易に求め

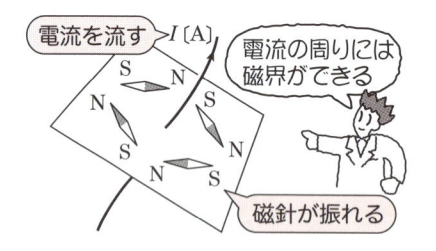

図2-1 電流による磁界

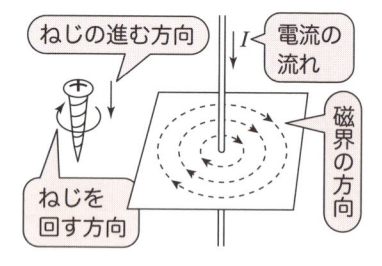

図2-2 右ねじの法則

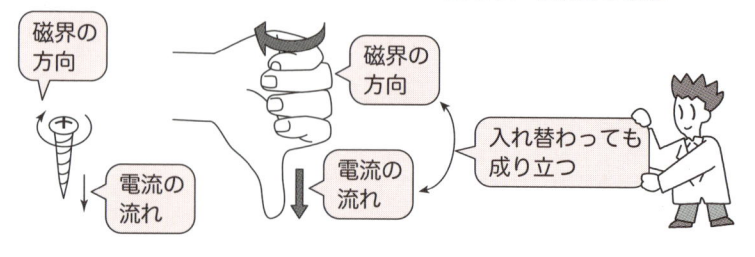

図2-3 磁界の確認法

1) Ampere（仏）1775〜1836年

親指を電流の流れる向きとしたとき，他の4本の指は磁界の方向となります．また，親指を磁界の方向としたとき，他の4本の指は電流の方向となります．すなわち，親指と他の4本の指で，電流の流れと磁界の方向を逆に考えても，その関係は成り立ちます．

(3) 電流の流れの表示法

電流の向きを平面で表す場合，図2-4のような矢の向きで表します．電流が手前に流れてくる場合は，矢を正面から見た場合の記号として⊙（ドット），電流が向こうへ流れていく場合は，矢を後ろから見た場合の記号として⊗（クロス）を用います．

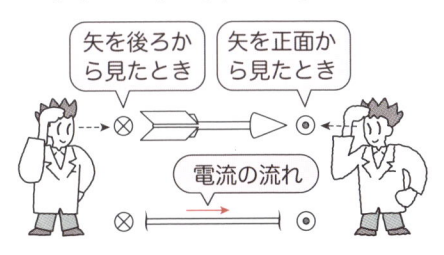

図2-4 電流の流れの表示法

例題 2-1 図2-5のような向きに電流が流れた場合，中心からr[m]地点の磁界の向きを図示しなさい．

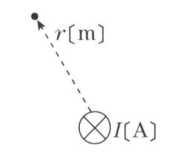

図2-5 例題2-1

解答 電流の向きは⊗（クロス）なので，電流は紙面の手前から向こうへ流れています．

したがって，図2-6のように，電流の流れに対して右ねじの法則を当てはめると，中心からr[m]地点では，円形で右回りの磁界となります．そして，円周上では接線の方向が磁界の方向となります．

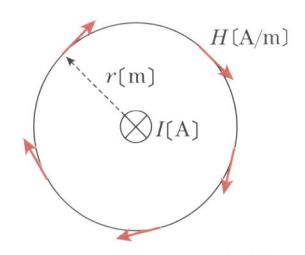

図2-6 例題2-1の解答

(4) 環状電流による磁界

ここでは，電流が環状に流れた場合の磁界について考えてみましょう．

図2-7(a)のように，導線を円形に巻いてコイルとした場合の磁界は，どうなるでしょうか．

コイルに流れる電流によって，導線の各部には同心円状の磁界ができます．これらの同心円状の磁界が合成されると，図(b)のような磁界となります．

図2-8(a)のように，導線を密に巻いてソレノイド（円筒コイル）とした場合の磁界は，どうなるでしょうか．

導線が密に巻かれている場合，図(b)のように，導線の各部で隣同士の磁界は，その大きさは等しく向きが逆のた

2-1 磁界の方向

(a) 正面 　　(b) 右側面

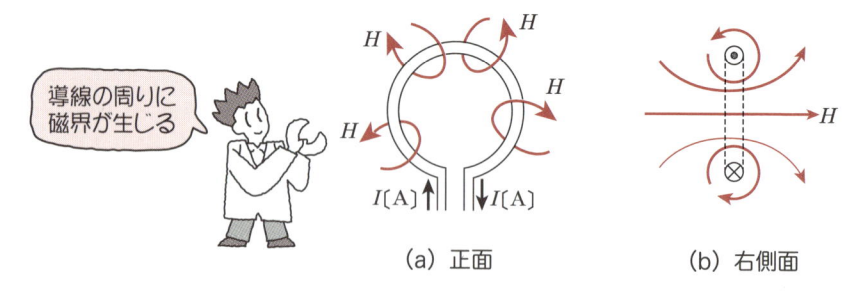

図 2-7　環状電流による磁界

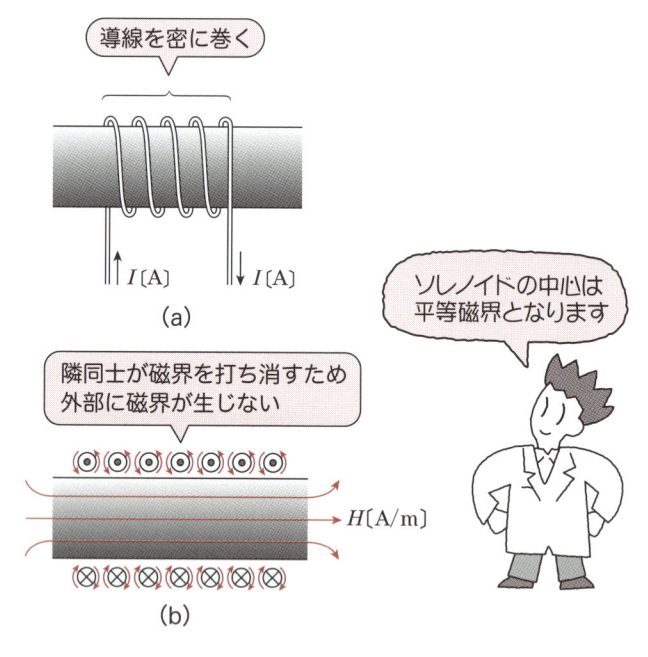

図 2-8　ソレノイドによる磁界

め，打ち消し合って外部に磁界は生じません．

したがって，磁界はすべてソレノイド内に平行に生じ，図(b)のような磁界となります．このソレノイドの両端の磁界の様子は，棒磁石の磁界と似ています．このことから，ソレノイドは，棒磁石と同じ磁気的特性をもつと考えられます．

また，ソレノイドの両端を除いた中心部の磁界は，どこも等しい値となります．もし，ソレノイドの長さが無限に長いか，もしくはソレノイドの直径に比べて長さが十分に長い場合，ソレ

ノイド内部の磁界は，平等磁界となります．

例題 2-2 図 2-9 のような向きに電流が流れたとき，磁界の向きを図示しなさい．

図 2-9　例題 2-2

解答 アンペアの右ねじの法則より，図 2-10 のようになります．

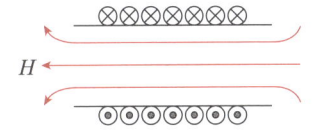

図 2-10　例題 2-2 の解答

例題 2-3 図 2-11 のような U 字形の鉄心にコイルが巻いてある．図のような極性にするには，どのような方向に電流を流せばよいか，図示しなさい．

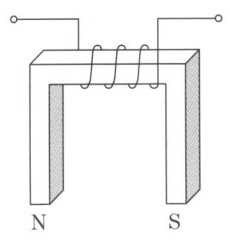

図 2-11　例題 2-3

解答 図 2-11 のような極性にするには，図 2-12 のように電流を流します．

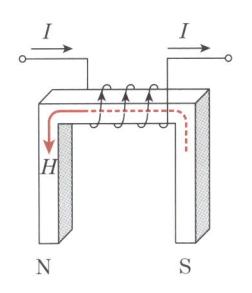

図 2-12　例題 2-3 の解答

例題 2-4 図 2-13 のような U 字形の鉄心に二つのコイルが巻いてある．コイルを直列に接続して，図のような極性になるように配線しなさい．

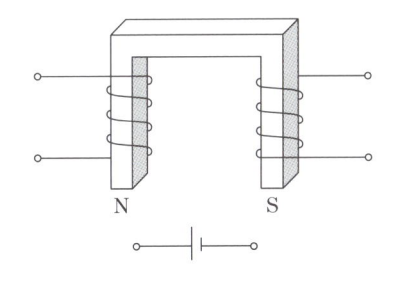

図 2-13　例題 2-4

解答 図のような極性にするには，図 2-14 のように配線します．

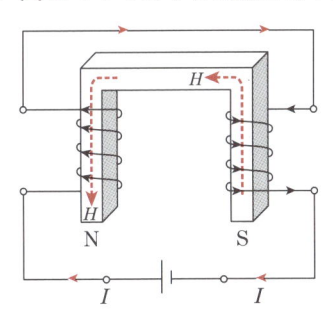

図 2-14　例題 2-4 の解答

2-1　磁界の方向

35

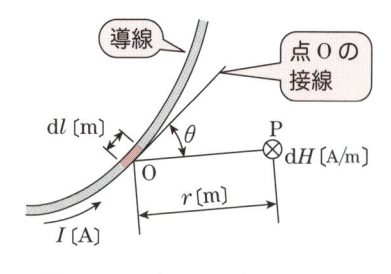

2-2 ビオ・サバールの法則

(1) ビオ・サバールの法則

電流による磁界の強さを求める法則の1つに，**ビオ・サバールの法則**があります．この法則は，ビオ[2]とサバール[3]によって，実験的に見いだされたもので，次のように磁界を求めています．

図2-15のように，導線に電流 I [A] が流れているとき，導線上の任意の点Oの微小な長さ dl [m] を考えます．この部分に流れる電流 I [A] によって，点Oから θ 方向に r [m] 離れた点Pにできる微小な磁界の強さ dH [A/m] は，次式で表されます．

$$dH = \frac{I dl}{4\pi r^2} \sin\theta \quad (2\text{-}1)$$

磁界の強さは，大きさと方向をもつ

図2-15 ビオ・サバールの法則

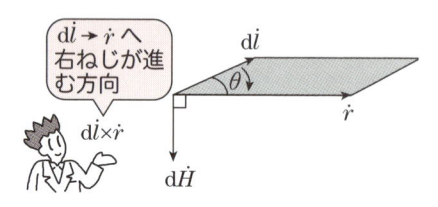

図2-16 ベクトルの外積

ベクトル量です．式(2-1)をベクトルで表すと，次式のようになります．

$$d\dot{H} = \frac{I}{4\pi} \cdot \frac{d\dot{l} \times \dot{r}}{r^3} \quad (2\text{-}2)$$

このとき，磁界の方向 d$\dot{H}$ は，図2-16のように，d$\dot{l}$ と $\dot{r}$ が作る平面に対して直角で，d$\dot{l}$ から $\dot{r}$ へ右ねじが進む方向となります（式(2-2)の表示は，8章「ベクトルの外積」参照）．よって，d$\dot{H}$ は，d$\dot{l}$ と $\dot{r}$ に対しても直角となります．

また，点Pの磁界は，アンペアの右ねじの法則からも紙面に垂直方向で ⊗（クロス）ということがわかると思います．

(2) 円形コイルの中心の磁界

図2-17のように，半径 r [m] の円形コイルに電流 I [A] を流したとき，コイルの中心点Pに生じる磁界の強

---

[2] Jean Baptiste Biot（仏）1774〜1862年
[3] Felix Savart（仏）1791〜1841年

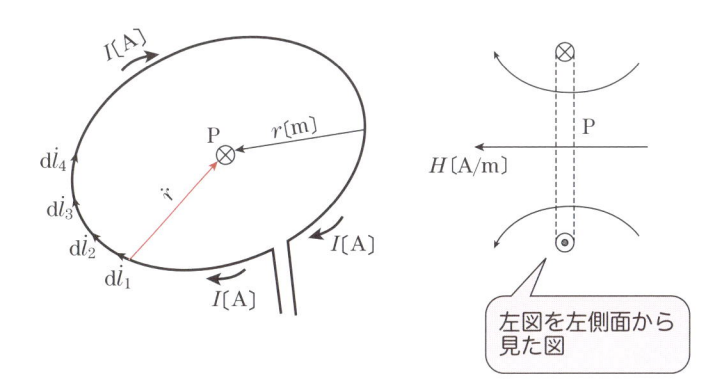

図2-17 円形コイルの中心の磁界

さを，ビオ・サバールの法則を用いて求めてみましょう．

円形コイルの任意の点の微小な長さ dl〔m〕に注目し，そこから点Pまでの距離を r〔m〕，dl と r との角度を θ とします．このとき，点Pにできる微小な磁界の強さ dH〔A/m〕は，式(2-1)より，次式のようになります．

$$dH = \frac{Idl}{4\pi r^2}\sin\theta \quad (2\text{-}3)$$

ここで，ベクトル dl と $\dot{r}$ との角度 θ は 90°で，sin 90°=1 より，式(2-3)は，次式のようになります．

$$dH = \frac{Idl}{4\pi r^2} \quad (2\text{-}4)$$

したがって，磁界の強さ H は，dl を積分して，次式のようになります．

$$H = \frac{I}{4\pi r^2}\int_{\text{全円周}} dl \quad (2\text{-}5)$$

ここで，$\int_{\text{全円周}} dl$ の積分は，円形コイルの円周 $2\pi r$ を表します．よって，

$$H = \frac{I}{4\pi r^2} \times 2\pi r = \frac{I}{2r} \quad (2\text{-}6)$$

となります．

コイルの巻数を N とすると，式(2-6)は，次式のようになります．

$$H = \frac{NI}{2r} \quad (2\text{-}7)$$

円形コイルの中心点Pに生じる磁界の方向は，dl と $\dot{r}$ の平面に対して直角で，dl から $\dot{r}$ へ右ねじが進む方向となります．また，アンペアの右ねじの法則から，紙面に垂直方向で⊗（クロス）の磁界ができることも確認できると思います．

(3) 円形コイルの中心軸上の磁界

図2-18のように，円形コイルの中心Oから x〔m〕離れた点Pの磁界の強さを，ビオ・サバールの法則を用いて求めてみましょう．

円形コイルの任意の点の微小な長さ

2-2 ビオ・サバールの法則

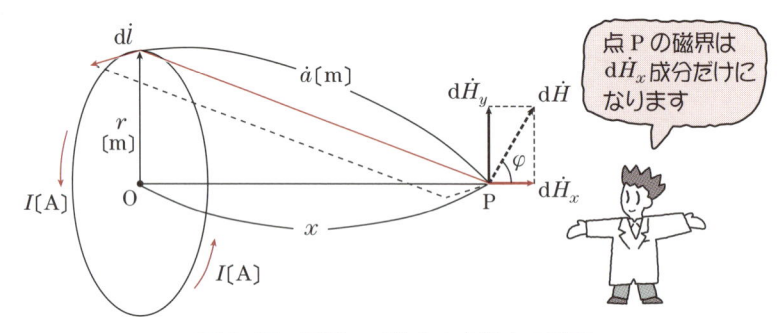

図2-18 円形コイルの中心軸上の磁界

dl [m] に注目し，そこから点Pに生じる微小な磁界の強さ dH [A/m] は，ビオ・サバールの法則より，次式のようになります．

$$dH = \frac{Idl}{4\pi a^2}\sin\theta \qquad (2\text{-}8)$$

ここで，ベクトル d$\dot{l}$ と $\dot{a}$ との角度 θ は，$Id\dot{l}$ の位置にかかわらず90°です．

したがって，式(2-8)は，

$$dH = \frac{Idl}{4\pi a^2} \qquad (2\text{-}9)$$

となります．

点Pに生じる d$\dot{H}$ の方向は，図のように，d$\dot{l}$ と $\dot{a}$ の平面に対して直角で，d$\dot{l}$ から $\dot{a}$ へ右ねじが進む方向となります．

この d$\dot{H}$ を水平成分の d$\dot{H}_x$ と垂直成分の d$\dot{H}_y$ に分けて考えます．

d$\dot{l}$ を全周にわたって合成したときの d$\dot{H}_y$ 成分は，大きさが等しく，逆向きの成分のため，零になります．

したがって，点Pの磁界の強さは，d$\dot{H}_x$ 成分を全周にわたって合成すればよいことになります．

よって，点Pに生じる磁界 dH_x は，次式のようになります．

$$\begin{aligned}dH_x &= dH\cdot\cos\varphi \\ &= \frac{Idl}{4\pi a^2}\cdot\frac{r}{a} \qquad (2\text{-}10)\end{aligned}$$

$$\begin{aligned}\therefore\ H_x &= \frac{Ir}{4\pi a^3}\int_{\text{全円周}}dl \\ &= \frac{Ir}{4\pi a^3}\cdot 2\pi r = \frac{Ir^2}{2a^3} \\ &= \frac{Ir^2}{2(r^2+x^2)^{\frac{3}{2}}} \qquad (2\text{-}11)\end{aligned}$$

式(2-11)で，$x=0$ のとき，

$$H_x = \frac{I}{2r}$$

となり，式(2-6)と一致します．

(4) 直線導体による磁界

図2-19のように，無限に長い直線導体から水平に r [m] 離れた点の磁界の強さを，ビオ・サバールの法則を用いて求めてみましょう．

直線導体から水平に r [m] 離れた点の磁界の強さは，図2-20のように，導体の下半分に着目して考えます．

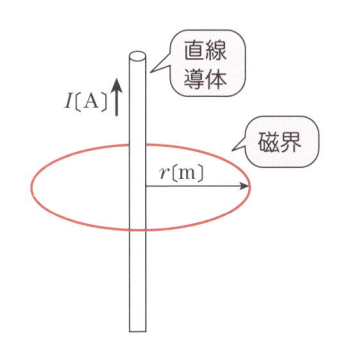

図 2-19 直線導体による磁界

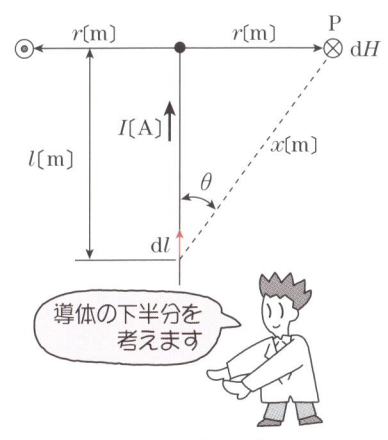

図 2-20 磁界の求め方

微小な長さ dl[m] による点 P に生じる微小な磁界の強さ dH[A/m] は，次式で表されます．

$$dH = \frac{Idl}{4\pi x^2}\sin\theta \quad (2\text{-}12)$$

式 (2-12) を積分で解くために，dl，x を θ の関数に置き換えます．

$$l = \frac{r}{\tan\theta} = r\cdot\cot\theta$$

よって，

$$\frac{dl}{d\theta} = -r\cdot\text{cosec}^2\theta \text{ より}[4]，$$

$$\left.\begin{array}{l} dl = -r\cdot\text{cosec}^2\theta d\theta \\ x = \dfrac{r}{\sin\theta} = r\cdot\text{cosec}\,\theta \end{array}\right\}$$

上式を式 (2-12) に代入して，

$$dH = \frac{I(-r\cdot\text{cosec}^2\theta d\theta)}{4\pi(r\cdot\text{cosec}\,\theta)^2}\sin\theta$$

$$= -\frac{I\sin\theta d\theta}{4\pi r} \quad (2\text{-}13)$$

点 P の磁界の強さ H[A/m] は，式 (2-13) を $\theta=0$ から $\pi/2$ まで積分して，2 倍すれば求めることができます．

$$H = 2\int_0^{\frac{\pi}{2}}\frac{-I\sin\theta}{4\pi r}d\theta$$

$$= -\frac{2I}{4\pi r}\int_0^{\frac{\pi}{2}}\sin\theta d\theta$$

$$= \frac{-I}{2\pi r}\Big[-\cos\theta\Big]_0^{\frac{\pi}{2}}$$

$$= \frac{-I}{2\pi r}$$

$$|H| = \frac{I}{2\pi r} \quad (2\text{-}14)$$

点 P の磁界 H の方向は，ベクトル d$\vec{l}$ と $\dot{x}$ の平面に対して直角で，d$\vec{l}$ から $\dot{x}$ へ右ねじが進む方向，または，アンペアの右ねじの法則から，紙面に垂直方向で ⊗ (クロス) の磁界となります．

例題 2-5 図 2-21 のように，半径 6cm，巻数 100 回の円形コイル

[4] 付録 [3] 微積分表参照

2-2 ビオ・サバールの法則

に 6A の電流を流したとき，コイルの中心 P に生じる磁界の強さを求めなさい．

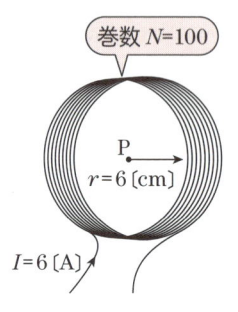

図 2-21　例題 2-5

解答　円形コイルの中心 P に生じる磁界の強さ H〔A/m〕は，式(2-7)より，

$$H = \frac{NI}{2r} = \frac{100 \times 6}{2 \times 6 \times 10^{-2}}$$
$$= 5000 〔A/m〕$$

磁界の方向は，右ねじの法則から紙面に垂直で⊗となります．

例題 2-6　巻数 200 回，直径 20cm の円形コイルがある．コイルの中心の磁界の強さを 3000A/m にするためには，コイルに何 A の電流を流せばよいか．

解答　円形コイルによる磁界の強さ H〔A/m〕を求める式(2-7)から，電流 I を求める式に変形します．

$$I = \frac{H2r}{N} = \frac{3000 \times 2 \times 10^{-2}}{200}$$
$$= 3 〔A〕$$

例題 2-7　図 2-22 のように，半径 10cm，巻数 10 回の円形コイルに 5A の電流が流れている．円形コイルの中心軸上の点 P に生じる磁界の強さを求めなさい．

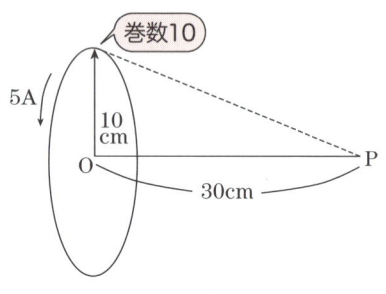

図 2-22　例題 2-7

解答　円形コイルの中心軸上の磁界の強さ H〔A/m〕は，式(2-11)にコイルの巻数 N を乗じて，

$$H = NH_x = \frac{NIr^2}{2(r^2+x^2)^{\frac{3}{2}}}$$

ここで，

r：円形コイルの半径〔m〕

I：コイルに流れる電流〔A〕

x：円形コイルの中心からの距離〔m〕

となります．これらの値を代入して，点 P の磁界 H〔A/m〕は，次式のように求められます．

$$H = \frac{10 \times 5 \times (10 \times 10^{-2})^2}{2 \times \{(10 \times 10^{-2})^2 + (30 \times 10^{-2})^2\}^{\frac{3}{2}}}$$
$$\approx 7.91 〔A/m〕$$

点 P の磁界の方向は，点 P から右側に水平の方向となります．

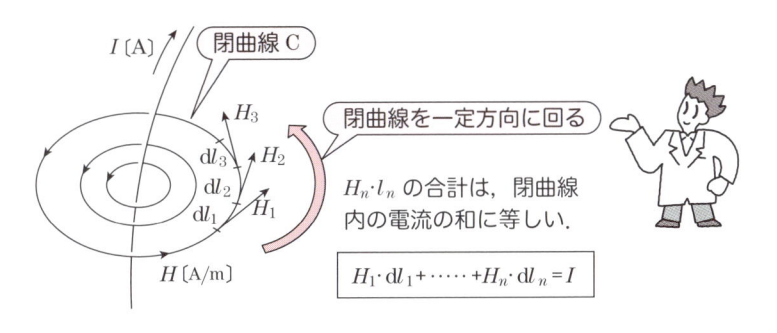

2-3 アンペアの周回積分の法則

(1) アンペアの周回積分の法則

電流による磁界の強さを求める法則には，**アンペアの周回積分の法則**というものもあります．この法則も，電流による磁界の強さを求めるための重要な考え方です．

図2-23のように，直線導体に電流I〔A〕が流れるとき，その周りにはアンペアの右ねじの法則により，同心円状に磁界が生じます．このときの磁力線は，真空中では連続で，必ず閉曲線となります．

図のように，電流の作る磁界中で，任意の閉曲線Cを考えます．ここでは，磁力線上に円形の閉曲線を考えましたが，閉じている曲線ならば，自由な形で考えてかまいません．

この閉曲線上に，微小長さdl_1，dl_2，dl_3，…，dl_nと，その点の磁界の強さH_1，H_2，H_3，…，H_nとの積Hdl_1，Hdl_2，Hdl_3，…，Hdl_nを考えます．

アンペアの周回積分の法則とは，閉曲線に沿って一定方向に一回り$H_1 dl_1$から$H_n dl_n$までを加えたものは，閉曲線内に含まれる電流の和に等しいというものです．

式で表すと，次式のようになります．

$$\sum_{i=1}^{n} H_i \cdot dl_i = I \qquad (2\text{-}15)$$

ここで，磁界と電流の向きは，アンペアの右ねじの方向を正とします．

閉曲線の区分nを限りなく小さくすると，次式のようになります．

図2-23 アンペアの周回積分の法則

$$\lim_{n\to\infty}\sum_{i=1}^{n} H_i \cdot \mathrm{d}l_i = I \qquad (2\text{-}16)$$

上式を積分記号で表すと，次式のようになります．

$$\oint_C H \cdot \mathrm{d}l = I \qquad (2\text{-}17)$$

ここで，記号 $\oint_C$ は周回積分の記号で，閉曲線 C の経路について線積分を行うという意味です．

(2) 閉曲線の考え方

アンペアの周回積分の法則では，閉曲線は任意に考えてかまいません．

図 2-23 の説明では，閉曲線は電流を囲む円周としましたが，**図 2-24** のような閉曲線でもかまいません．この閉曲線の経路について，一定方向に一回り周回積分を行います．

図 2-24 の場合，閉曲線内には電流が存在しませんので，閉曲線の経路を一周した場合，次式のような関係になります．

$$\oint_C H \cdot \mathrm{d}l = 0 \qquad (2\text{-}18)$$

また，**図 2-25** のように，任意の閉曲線内に電流が N 本存在する場合は，次式のようになります．

$$\oint_C H \cdot \mathrm{d}l = NI \qquad (2\text{-}19)$$

図 2-25 閉曲線の考え方 2

（注）閉曲線は，その長さを線積分するため，円や四角など単純な形を考えた方がよい．

(3) 直線導体による磁界

図 2-26 (a)のように，無限に長い直線導体から水平に r〔m〕離れた点の磁界の強さを，アンペアの周回積分の法則を用いて求めてみましょう．

① 任意の閉曲線を考える

直線導体に電流が流れると，アンペアの右ねじの法則より，直線導体の周りには，円形の磁界が生じます．

ここでは，磁界の計算が容易になるように，任意の閉曲線は，図 2-26 (b)のような半径 r の円形とします．

② 周回積分の法則をあてはめる

アンペアの周回積分の法則から，次

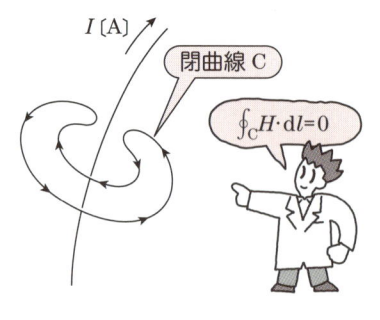

図 2-24 閉曲線の考え方 1

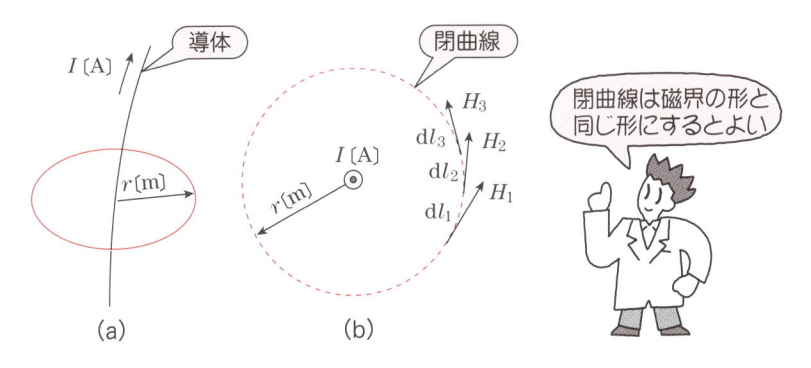

図 2-26　直線導体による磁界

式が成り立ちます．

$$H_1 dl_1 + H_2 dl_2 + H_3 dl_3 + \cdots + H_n dl_n = I \quad (2\text{-}20)$$

③ **微小な長さの和を求める**

閉曲線上では，直線導体からの距離が等しいため，磁界の大きさ H_1 から H_n はすべて同じです．これを H とすると，式 (2-20) は，次式のようになります．

$$H(dl_1 + dl_2 + dl_3 + \cdots + dl_n) = I \quad (2\text{-}21)$$

式 (2-21) において，$dl_1 + dl_2 + dl_3 + \cdots + dl_n$ は閉曲線の長さで，ここでは半径 r の円周 ($2\pi r$) を表します．

したがって，式 (2-21) は，次式のようになります．

$$H \cdot 2\pi r = I \quad (2\text{-}22)$$

④ **磁界の強さ H [A/m] を求める**

式 (2-22) より，

$$H = \frac{I}{2\pi r} \quad (2\text{-}23)$$

上式は，ビオ・サバールの法則で求めた式 (2-14) と一致します．

(4) **円筒状の直線導体による磁界**

図 2-27 のように，無限に長い円筒状の直線導体に，電流 I [A] が流れた場合の磁界について考えてみましょう．

ⓐ **$r > a$ の場合**

円筒の半径 a より外側での磁界は，円筒外に半径 r の閉曲線 C を考えます．

アンペアの周回積分の法則より，

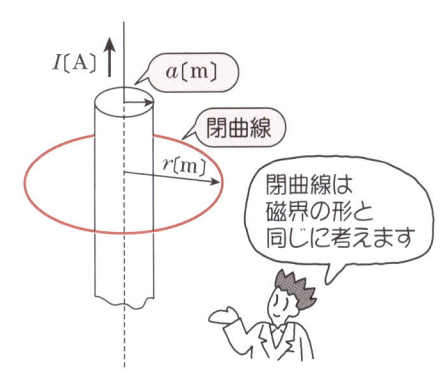

図 2-27　円筒状の直線導体による磁界

2-3　アンペアの周回積分の法則

43

$$\oint_C H \cdot dl = H \cdot 2\pi r = I \quad (2\text{-}24)$$

したがって，磁界の強さ H〔A/m〕は，

$$H = \frac{I}{2\pi r} \quad (2\text{-}25)$$

となります．これは，式(2-23)と同様の磁界になります．

(b) $r \leqq a$ の場合

円筒内部に半径 r〔m〕の閉曲線 C′ を考えます．このとき，閉曲線 C′ に囲まれる電流 I' は，円筒内の電流 I が均一に流れているとして，次のようになります．

$$I' = \frac{\pi r^2}{\pi a^2} I = \frac{r^2}{a^2} I \quad (2\text{-}26)$$

アンペアの周回積分の法則より，

$$\oint_{C'} H \cdot dl = H \cdot 2\pi r = I'$$

したがって，円筒形内部の磁界の強さ H〔A/m〕は，次式のようになります．

$$H = \frac{I'}{2\pi r} = \frac{r}{2\pi a^2} I \quad (2\text{-}27)$$

図2-28は，円筒の中心からの距離 r〔m〕を横軸にしたときの磁界の強さ H〔A/m〕を表したものです．円筒の中心から $r=a$ までは，式(2-27)より，磁界の強さは r に比例して直線的に増加します．また，$r>a$ では，式(2-25)より磁界の強さは r に反比例して減少していきます．

(5) 同軸ケーブルの磁界

図2-29のように，互いに逆方向の電流 I〔A〕が流れている無限に長い同軸ケーブルの磁界を考えてみましょう．ただし，各導体での電流密度は均一であるとします．

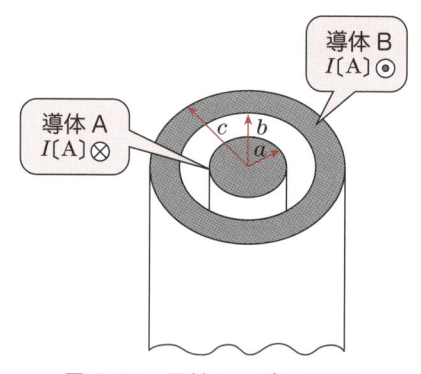

図2-29 同軸ケーブルの磁界

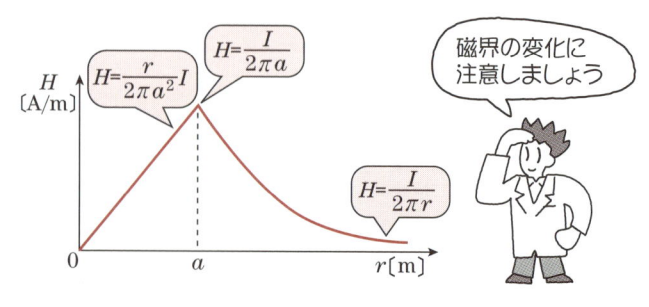

図2-28 円筒内部の磁界の分布

(a) 中心からの距離 r が，$r \leq a$ の場合

導体 A 内に閉曲線 C を考えるとき，閉曲線 C 内の電流 I_A は，

$$I_A = \frac{\pi r^2}{\pi a^2} I = \frac{r^2}{a^2} I \qquad (2\text{-}28)$$

アンペアの周回積分の法則より，

$$\oint_C H \cdot dl = H \cdot 2\pi r$$
$$= \frac{r^2}{a^2} I \qquad (2\text{-}29)$$

$$\therefore H = \frac{r}{2\pi a^2} I \qquad (2\text{-}30)$$

(b) 距離 r が，$a < r \leq b$ の場合

アンペアの周回積分の法則より，

$$\oint_C H \cdot dl = H \cdot 2\pi r = I \qquad (2\text{-}31)$$

$$\therefore H = \frac{I}{2\pi r} \qquad (2\text{-}32)$$

(c) 距離 r が，$b < r \leq c$ の場合

$b < r \leq c$ で閉曲線 C を考えるとき，導体 B 内の電流 I_B は，

$$I_B = \frac{\pi r^2 - \pi b^2}{\pi c^2 - \pi b^2} I$$

$$= \frac{r^2 - b^2}{c^2 - b^2} I \qquad (2\text{-}33)$$

閉曲線 C 内での電流は，$I - I_B$ です．したがって，

$$\oint_C H \cdot dl = H \cdot 2\pi r = I - I_B$$
$$= \frac{c^2 - r^2}{c^2 - b^2} I \qquad (2\text{-}34)$$

$$\therefore H = \frac{I}{2\pi r} \cdot \frac{c^2 - r^2}{c^2 - b^2} \qquad (2\text{-}35)$$

(d) 距離 r が，$r > c$ の場合

$r > c$ で閉曲線を考えると，閉曲線内の電流は $\pm I$ で，全体として零になります．したがって，

$$H = 0 \qquad (2\text{-}36)$$

図 2-30 は，円筒の中心からの距離 r [m] を横軸にしたときの磁界の強さ H [A/m] を表したものです．同軸ケーブルは，外部に磁界の影響がないことがわかります．

例題 2-8 図 2-31 のような無限に長い直線状導体に 50A の電流が流れている．この導体から水平方向 10cm 離れた点の磁界の強さを求めな

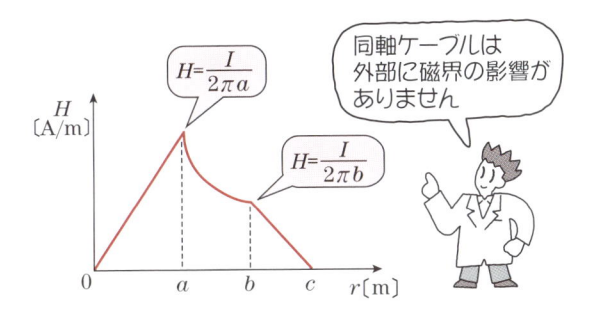

図 2-30 同軸ケーブル内の磁界の分布

2-3 アンペアの周回積分の法則

さい.

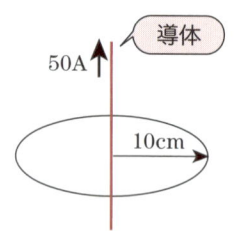

図2-31 例題2-8

解答 直線状導体による磁界の強さ H〔A/m〕は，式(2-23)より，

$$H = \frac{I}{2\pi r} = \frac{50}{2 \times \pi \times 10 \times 10^{-2}}$$

$$\fallingdotseq 79.6 〔A/m〕$$

磁界の方向は，右ねじの法則から左周りの方向となります.

例題 2-9 1本の直線導体に40Aの電流が流れているとき，この導体から離れたある点の磁界の強さが50A/mであった．直線導体からある点までの距離を求めなさい．

解答 直線導体による磁界の強さを求める式(2-23)から，距離 r を求める式に変形します．

$$r = \frac{I}{2\pi H} = \frac{40}{2 \times \pi \times 50} \fallingdotseq 0.127 〔m〕$$

$$= 12.7 〔cm〕$$

例題 2-10 図2-32のように，無限に長い2本の導体が2mの間隔にある．点P，および点Qの磁界の強さを求めなさい．

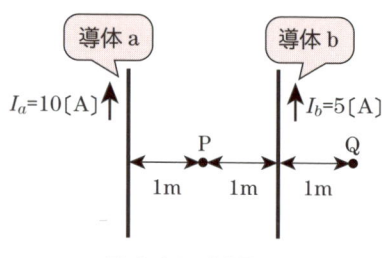

図2-32 例題2-10

解答

① 点Pの磁界の強さ H_P〔A/m〕

右ねじの法則から考えて，P点の磁界は，導体aによる磁界 H_a と導体bによる磁界 H_b の差となります．

$$H_P = H_a - H_b = \frac{I_a}{2\pi r} - \frac{I_b}{2\pi r}$$

$$= \frac{10}{2 \times \pi \times 1} - \frac{5}{2 \times \pi \times 1}$$

$$\fallingdotseq 0.796 〔A/m〕$$

P点の磁界の方向は，紙面に垂直で⊗となります．

② 点Qの磁界の強さ H_Q〔A/m〕

Q点の磁界は，導体aによる磁界 H_a と導体bによる磁界 H_b の和となり，

$$H_P = H_a + H_b = \frac{I_a}{2\pi r} + \frac{I_b}{2\pi r}$$

$$= \frac{10}{2 \times \pi \times 3} + \frac{5}{2 \times \pi \times 1}$$

$$\fallingdotseq 1.33 〔A/m〕$$

Q点の磁界の方向は，紙面に垂直で⊗となります．

第2章 電流による磁界

2-4 コイルの磁界

(1) 無限長ソレノイド(円筒コイル)

導線を密に巻いて円筒状にしたものをソレノイドといいます．図2-33のような形の無限長ソレノイドの磁界について考えてみましょう．

ⓐ ソレノイドの外側の磁界

導線が密に巻かれているソレノイドの外部には，磁界は生じません．(2章1節(4)参照)

ⓑ ソレノイド内の磁界の性質

ソレノイド内で，図2-33のような四角い閉曲線abcdを考えます．閉曲線ab，cd間の距離をl_1〔m〕，磁界の強さをそれぞれH_{ab}，H_{cd}とします．

閉曲線bc，da間の距離をl_2〔m〕，磁界の強さをそれぞれH_{bc}，H_{da}とします．

閉曲線内には電流が存在しませんので，閉曲線abcdの方向で，アンペアの周回積分の法則を適用すると，次式が成り立ちます．

$$\oint_{abcd} H \cdot dl = H_{ab} \cdot l_1 - H_{bc} \cdot l_2 - H_{cd} \cdot l_1 + H_{da} \cdot l_2 = 0 \quad (2\text{-}37)$$

ソレノイド内では，磁界の向きは右ねじの法則より，左から右の水平方向になります．閉曲線daとbcの方向には，磁界は生じません．

したがって，式(2-37)は，次式のようになります．

$$H_{ab} \cdot l_1 - 0 \times l_2 - H_{cd} \cdot l_1 + 0 \times l_2 = 0$$

$$\therefore \quad H_{ab} = H_{cd} \quad (2\text{-}38)$$

上式は，無限長ソレノイド内では，磁界の強さは場所にとらわれず均一であることを意味しています．

以上から，無限長ソレノイド内の磁界は，平等磁界であるといえます．

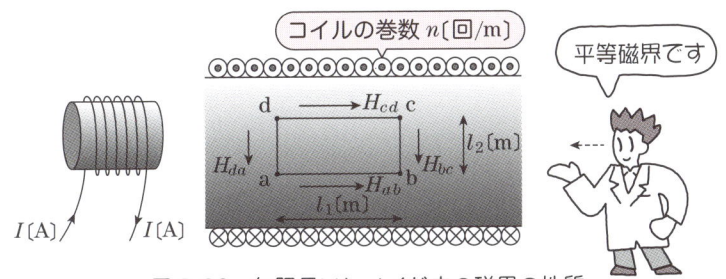

図2-33 無限長ソレノイド内の磁界の性質

(c) ソレノイド内の磁界

図2-34のように，ソレノイド内と外部との間で，閉曲線efghを考えてみましょう．

ソレノイドの外部には磁界が生じませんので，閉曲線gh方向の磁界は零です．また，閉曲線he, fg方向の磁界も前項で説明したように零となります．

閉曲線ef方向の磁界は前項で均一とわかりましたので，これをHとします．

ソレノイドの導線の巻数は，単位長さ当たりn回とします．したがって，閉曲線内の電流の総和$\sum I$は，次式のようになります．

$$\sum I = nl_1 I \qquad (2\text{-}39)$$

図2-34において，閉曲線efghの方向で，アンペアの周回積分の法則を適用すると，次式が成り立ちます．

$$\oint_{efgh} H \cdot dl = H \cdot l_1 + 0 \times l_2 + 0 \times l_1 + 0 \times l_2$$
$$= nl_1 I \qquad (2\text{-}40)$$
$$\therefore \quad H = nI \qquad (2\text{-}41)$$

式(2-41)は，無限長ソレノイドの磁界の強さを表す式になります．

ただし，nは単位長さ当たりの巻数〔回/m〕（ターン毎メートル）を表しています．

(2) 有限長ソレノイド

図2-35のような有限長ソレノイドの磁界について考えてみましょう．

有限長ソレノイドの磁界は，ビオ・サバールの法則から求めた円形コイルの中心軸上の磁界の式(2-11)を応用します．

円形コイルの中心軸上の磁界は，中心軸上の磁界の成分だけとなり，次式のように表されました．

$$H = \frac{Ir^2}{2a^3} = \frac{Ir^2}{2(r^2+x^2)^{\frac{3}{2}}} \qquad (2\text{-}42)$$

図2-35において，ソレノイドの微小長さdxを考えます．各巻線の電流をI〔A〕とし，この部分に含まれるコイル全体の電流i〔A〕は，ソレノイドの単位長さ当たりの巻数をn〔回/m〕とすると，次式のようになります．

$$i = nI dx \qquad (2\text{-}43)$$

このdx部分による点Pの磁界dHは，式(2-42)を用いて，次式のよう

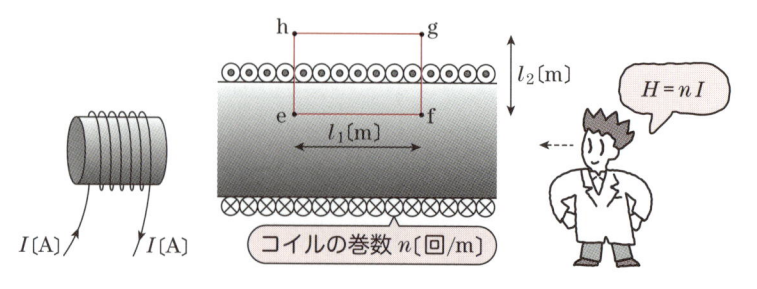

図2-34　無限長ソレノイド内の磁界

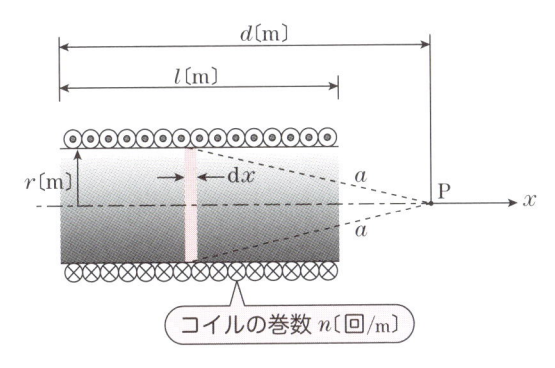

図 2-35　有限長ソレノイドの磁界

に表されます.

$$dH = \frac{nIr^2 dx}{2(r^2+x^2)^{\frac{3}{2}}} \quad (2\text{-}44)$$

ソレノイド全体による点 P の磁界の強さは，式 (2-44) で x を $d-l$ から d まで積分し，次式のように表されます.

$$H = \int_{d-l}^{d} dH$$
$$= \frac{nIr^2}{2} \int_{d-l}^{d} \frac{dx}{(r^2+x^2)^{\frac{3}{2}}} \quad (2\text{-}45)$$

ここで，式 (2-45) を解くために，積分範囲および点 P までの距離を θ の関数に変換します.

図 2-36 のように，dx から点 P までの角度を θ，ソレノイドの各端から点 P までの角度を θ_1，θ_2 とします.

微小長さ dx から点 P までの距離 x は，次式のように表されます.

$$x = \frac{r}{\tan\theta} = r\cdot\cot\theta \quad (2\text{-}46)$$

したがって，次式のように θ の関数に変換できます.

$$dx = -r\cdot\csc^2\theta d\theta \quad (2\text{-}47)$$

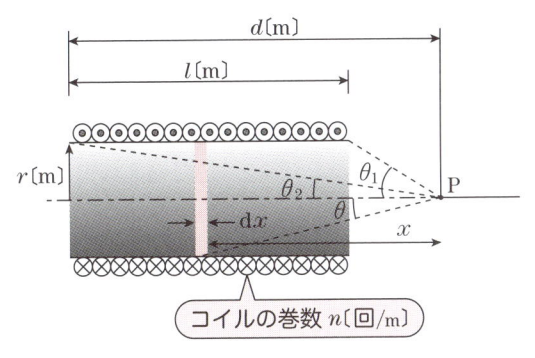

図 2-36　有限長ソレノイドの磁界の計算

2-4　コイルの磁界

$$(r^2+x^2)^{\frac{3}{2}} = (r^2+r^2\cdot\cot^2\theta)^{\frac{3}{2}}$$
$$= \{r^2(1+\cot^2\theta)\}^{\frac{3}{2}}$$
$$= (r^2\cdot\operatorname{cosec}^2\theta)^{\frac{3}{2}}$$
$$= r^3\cdot\operatorname{cosec}^3\theta \quad (2\text{-}48)$$

式 (2-47), (2-48) を式 (2-45) へ代入し, 解きます.

$$H = \frac{nIr^2}{2}\int_{\theta_1}^{\theta_2} \frac{-r\cdot\operatorname{cosec}^2\theta}{r^3\cdot\operatorname{cosec}^3\theta}\,d\theta$$
$$= -\frac{nI}{2}\int_{\theta_1}^{\theta_2} \frac{1}{\operatorname{cosec}\theta}\,d\theta$$
$$= -\frac{nI}{2}\int_{\theta_1}^{\theta_2} \sin\theta\cdot d\theta$$
$$= \frac{nI}{2}\bigl[\cos\theta\bigr]_{\theta_1}^{\theta_2}$$
$$= \frac{nI}{2}(\cos\theta_2 - \cos\theta_1) \quad (2\text{-}49)$$

式 (2-49) の θ_1, θ_2 を距離の関数に戻すと, 次式のように表されます.

$$H = \frac{nI}{2}\left(\frac{d}{\sqrt{r^2+d^2}} - \frac{d-l}{\sqrt{r^2+(d-l)^2}}\right)$$
$$(2\text{-}50)$$

式 (2-49) および式 (2-50) は, 有限長ソレノイドによる磁界の強さの式になります.

ソレノイドの右端の磁界 H_r は, 式 (2-49), (2-50) で, $\theta_1 = \pi/2$, $d = l$ とおいて, 次式のようになります.

$$H_r = \frac{nIl}{2\sqrt{r^2+l^2}} \quad (2\text{-}51)$$

ここで, $r \ll l$ ならば, 次式のようになります.

$$H_r = \frac{nI}{2} \quad (2\text{-}52)$$

ソレノイドの中心の磁界 H_o は, 式 (2-49), (2-50) で, $\theta_1 = \pi - \theta_2$, $d = l/2$ とおいて,

$$H_o = \frac{nI}{2}\{\cos\theta_2 - \cos(\pi - \theta_2)\}$$
$$= nI\cdot\cos\theta_2 = nI\cdot\frac{\frac{l}{2}}{\sqrt{r^2+\left(\frac{l}{2}\right)^2}}$$
$$= \frac{nIl}{\sqrt{4r^2+l^2}} \quad (2\text{-}53)$$

ここで, $r \ll l$ ならば, 次式のようになります.

$$H_o = nI \quad (2\text{-}54)$$

上式は, 無限長ソレノイドの磁界の強さと同じです. つまり, 有限長ソレノイドでも, ソレノイドの長さがその半径よりも十分に長い場合, その中心の磁界の強さは, 無限長ソレノイドと同じと見なせます.

また, 式 (2-52) と式 (2-54) を比べてみましょう.

$$H_o = 2H_r \quad (2\text{-}55)$$

上式のように, 有限長ソレノイドの両端の磁界の強さ H_r は, 中心の磁界の強さ H_o の 1/2 であることがわかります.

図 2-37 は, 有限長ソレノイドの磁力線を描いたものです. 磁力線の密度は, 磁界の強さを表します. 式 (2-55) のように, 両端の磁界の強さが, 中心に比べて小さくなるのは, この図のように, 磁界が分布するためだと考

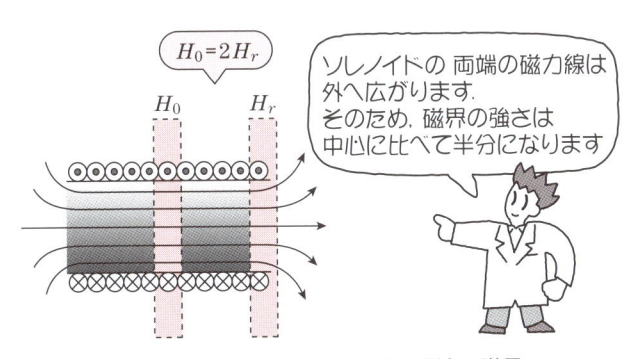

図2-37 有限長ソレノイドの両端の磁界

ソレノイドの両端の磁力線は外へ広がります．そのため，磁界の強さは中心に比べて半分になります．

$H_0 = 2H_r$

えられます．

(3) ヘルムホルツコイル

図 2-38 のように，半径の等しい2つの円形コイルを半径の距離に並べたものを**ヘルムホルツコイル**といいます．2つのコイルには，同じ向きに電流を流します．

ヘルムホルツコイルは，中心部の磁界が広い範囲で均一[5]となるため，磁界発生装置などに応用されています．

ここでは，ヘルムホルツコイルの中心部の磁界について考えてみましょう．

円形コイルの中心軸上の磁界の強さは，次式のように表されました．

$$H = \frac{Ir^2}{2a^3} = \frac{Ir^2}{2(r^2+x^2)^{\frac{3}{2}}} \quad (2\text{-}56)$$

図 2-39 において，点 P の磁界 H_P は，$x = r/2$ として，両コイル分で2倍すると，次式のようになります．

$$H_P = 2H = 2 \times \frac{Ir^2}{2\left\{r^2 + \left(\frac{r}{2}\right)^2\right\}^{\frac{3}{2}}}$$

$$= \frac{I}{r\left(\frac{5}{4}\right)^{\frac{3}{2}}} \fallingdotseq 0.716 \frac{I}{r} \quad (2\text{-}57)$$

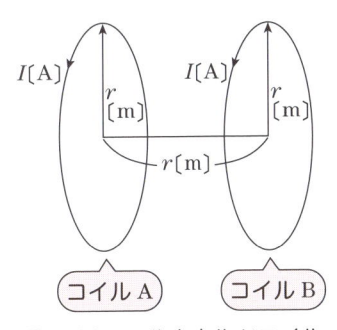

図 2-38 ヘルムホルツコイル

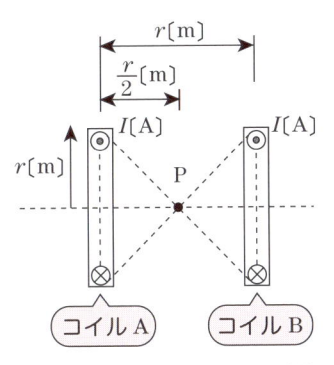

図 2-39 ヘルムホルツコイルの磁界

5) 付録 [4] 参照

2-4 コイルの磁界

両コイルの巻数を N とした場合は，次式のようになります．

$$H_P = 0.716 \frac{NI}{r} \qquad (2\text{-}58)$$

ヘルムホルツコイルは，2つの円形コイルを中心軸が一致するように半径 r で配置するとき，その中心部の磁界の強さは，式(2-58)より，コイルの半径 r，コイルの巻数 N，コイルに流す電流 I の変数で決定されます．

(4) 環状コイル

図2-40のように，導線を密に巻いてドーナツ状にしたものを環状コイルといいます．

ここでは，環状コイルの磁界について考えてみましょう．

ソレノイドのところでも説明しましたが，環状コイルの導線が密に巻かれていれば，外部に磁界は生じません．

環状コイルの内部の磁界の向きは，アンペアの右ねじの法則から，右回り（時計回り）に生じます．

では，磁界の強さはどのように求めたらよいでしょうか．環状コイル内部の磁界は，環の半径に沿って円状に生じます．この場合，磁界の方向にアンペアの周回積分の法則を用いると簡単に磁界を求めることができます．

図2-40において，環状コイルの内部に生じる磁界 H〔A/m〕に沿って，閉曲線Cを考えます．環状コイルの環の中心からコイル内部までの距離を r〔m〕とします．環状コイル全体の巻数を N とすると，閉曲線C内の電流の総数は，NI となります．したがって，アンペアの周回積分の法則から，次式が成り立ちます．

$$\oint_C H \cdot dl = H \cdot 2\pi r = NI \qquad (2\text{-}59)$$

よって，磁界の強さ H〔A/m〕は，次式のようになります．

$$H = \frac{NI}{2\pi r} \qquad (2\text{-}60)$$

式(2-60)において，$N/2\pi r$ は，単位長さ当たりの巻数を表しますので，これを n とすれば，

$$H = nI \qquad (2\text{-}61)$$

となり，無限長ソレノイドの場合の式(2-41)と一致します．

例題 2-11 図2-41のような円筒コイルがある．このコイルに5Aの電

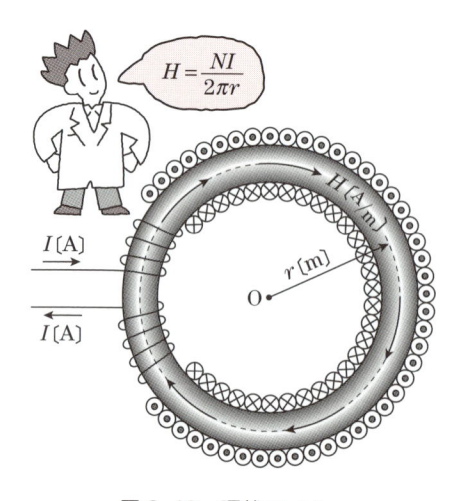

図2-40 環状コイル

流を流したとき，コイル内部の磁界の強さを求めなさい．ただし，コイルの1cm当たりの巻数は10回とする．

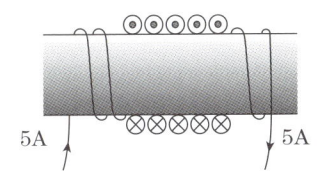

図 2-41　例題 2-11

解答　円筒コイルの巻数は，1cm当たり10回です．これは，1m当たり1000回に相当します．

円筒コイル内部の磁界の強さは，式(2-41)より，

$H = nI = 1000 \times 5 = 5000 \,[\text{A/m}]$

例題 2-12　図 2-42 のようなヘルムホルツコイルを用いて，2つのコイル間の中心点Pに1000A/mの均一な磁界を作りたい．コイルの半径 $r = 30$ cm，コイルの巻数 $N = 500$ 回とするとき，コイルに何Aの電流を流せばよいか．

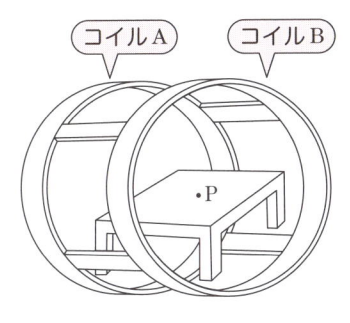

図 2-42　例題 2-12

解答　ヘルムホルツコイルに流す電流 $I\,[\text{A}]$ は，式(2-58)より，

$$I = \frac{H \cdot r}{0.716 N}$$

$$= \frac{1000 \times 30 \times 10^{-2}}{0.716 \times 500}$$

$$\fallingdotseq 0.838 \,[\text{A}]$$

例題 2-13　図 2-43 のような空心の環状コイルが真空中にある．コイルの巻数2000回，電流 $I = 200\,[\text{mA}]$ の場合，中心Oからコイルの平均半径20cmの円周上の磁界の強さと磁束密度を求めなさい．

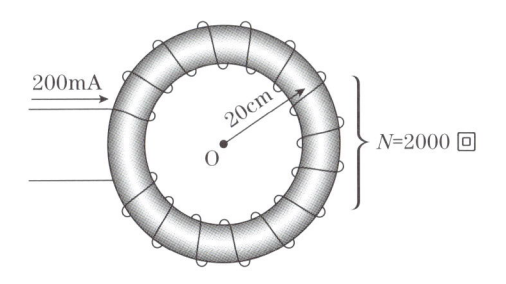

図 2-43　例題 2-13

解答　環状コイルの磁界の強さ $H\,[\text{A/m}]$ は，式(2-60)より，

$$H = \frac{NI}{2\pi r} = \frac{2000 \times 200 \times 10^{-3}}{2 \times \pi \times 20 \times 10^{-2}}$$

$$\fallingdotseq 318 \,[\text{A/m}]$$

磁束密度 $B\,[\text{T}]$ は，式(1-15)より，

$B = \mu_0 H = 4\pi \times 10^{-7} \times 318$

$\fallingdotseq 4 \times 10^{-4} \,[\text{T}]$

2-4　コイルの磁界

章末問題 2

1 図 2-44 のような U 字形の鉄心に 2 つのコイルが巻いてある．2 つのコイルを直列に接続して，図のような極性になるように配線しなさい．

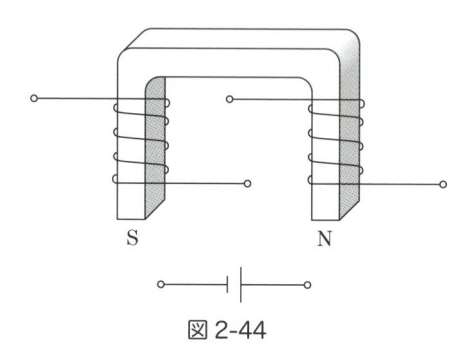

図 2-44

2 半径 10cm，巻数 200 回の円形コイルに 2A の電流を流したとき，コイルの中心に生じる磁界の強さを求めなさい．

3 巻数 200 回，直径 20cm の円形コイルの中心の磁界の強さを 2000A/m にしたい．コイルに流す電流の値を求めなさい．

4 巻数 400 回の円形コイルに 2A の電流を流したとき，コイル中心の磁界の強さは 1000A/m であった．コイルの平均半径を求めなさい．

5 図 2-45 のように，円形コイルの中心軸から 20cm の点の磁界の強さを求めなさい．

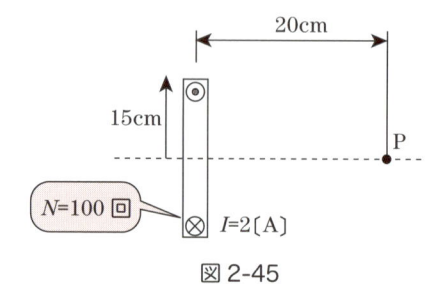

図 2-45

6 図 2-45 において，円形コイルの中心軸から 15cm の点の磁界の強さを 1000A/m にしたい．コイルに流す電流の値を求めなさい．

7 無限に長い1本の直線導体に10Aの電流が流れている．この導体から水平方向に10cm離れた点の磁界の強さを求めなさい．

8 1本の直線導体に20Aの電流が流れている．この導体から水平方向に離れた点の磁界の強さが100A/mであった．この地点の距離を求めなさい．

9 図2-46のように，無限に長い2本の直線導体が1mの間隔にある．点Pの磁界の強さを求めなさい．

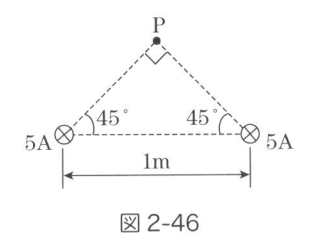

図2-46

10 1cm当たりの巻数が20回の無限長ソレノイドがある．このソレノイドに10Aの電流を流したとき，内部の磁界の強さを求めなさい．

11 非常に長い円筒コイルに2Aの電流を流したとき，コイル内の磁界の強さが1000A/mであった．コイルの1cm当たりの巻数を求めなさい．

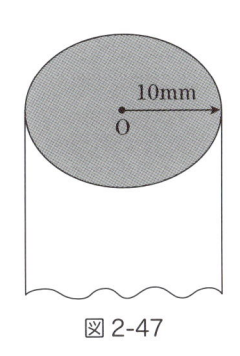

12 図2-47のような無限に長い円筒状の直線導体に10Aの電流が流れている．中心Oから水平に5mmと20cmの点の磁界の強さを求めなさい．ただし，電流は円筒内部では均一に分布しているとする．

図2-47

13. 図 2-48 のような同軸ケーブルにおいて，導体 A と B に逆方向の電流が 5A 流れている．中心 O から水平に 5mm，20mm，35mm の点の磁界の強さを求めなさい．ただし，電流は導体内部では均一に分布しているとする．

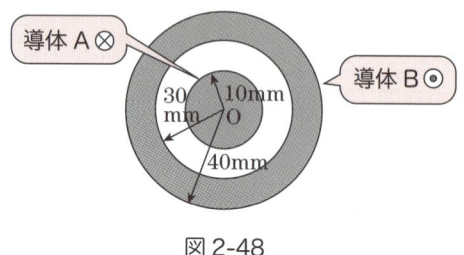

図 2-48

14. 図 2-49 のような環状コイルが真空中にある．巻数 $N=1000$ 回，電流 $I=100$ [mA] のとき，中心 O からコイルの平均半径 $r=30$ [cm] 上の磁界の強さと磁束密度を求めなさい．

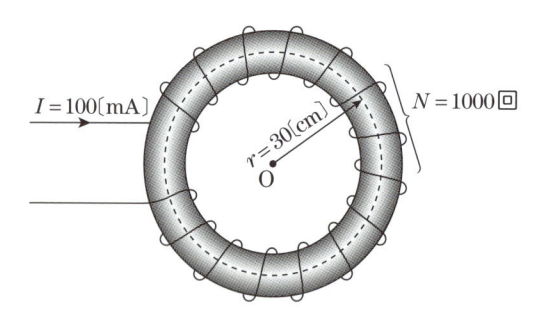

図 2-49（追加）

15. 平均半径 20cm，巻数 500 回の環状コイルがある．コイル内の磁界の強さを 300A/m にしたい．コイルに流す電流を求めなさい．

16. コイルの半径 30cm，コイルの巻数 2000 回のヘルムホルツコイルに 0.5A の電流を流した．コイル間の中心にできる磁界の強さを求めなさい．

17. コイルの半径 20cm，コイルの巻数 1000 回のヘルムホルツコイルを用いて，コイル間の中心点に 600A/m の磁界を作りたい．コイルに流す電流を求めなさい．

第3章 磁気回路

　電気回路を学習するとき，起電力，電流，電気抵抗の関係，すなわち，オームの法則を理解したと思います．
　この章で学習する磁気回路は，起磁力，磁束，磁気抵抗という電気回路に対応させて理解できる物理量があります．
　「磁気回路は，電気回路に対応させて理解する．」
　これがこの章のキーワードとなります．むずかしい物理量も思考をチェンジさせて，磁気回路の性質を学習しましょう．

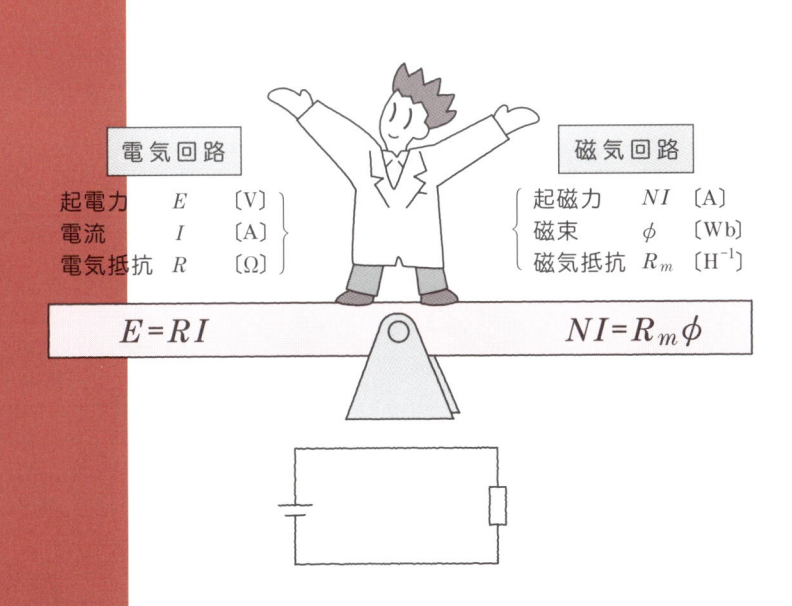

電気回路
起電力　　E　〔V〕
電流　　　I　〔A〕
電気抵抗　R　〔Ω〕

$$E = RI$$

磁気回路
起磁力　　NI　〔A〕
磁束　　　ϕ　〔Wb〕
磁気抵抗　R_m　〔H^{-1}〕

$$NI = R_m \phi$$

3-1 磁気回路のオームの法則

(1) 磁気回路

図3-1のように，鉄心にコイルを巻いて電流を流すと，鉄心に磁束が生じます．この磁束の通路を**磁路**または**磁気回路**といいます．

図3-1において，磁気回路に流れる磁束を求めてみましょう．

鉄心の透磁率を μ〔H/m〕，コイルの巻数を N，コイルに流す電流を I〔A〕，磁路の平均の長さを l〔m〕とすると，アンペアの周回積分の法則から，次式が成り立ちます．

$$\oint_l H \cdot dl = H \cdot l = NI \tag{3-1}$$

したがって，磁界の強さ H〔A/m〕は，次式のようになります．

$$H = \frac{NI}{l} \tag{3-2}$$

磁束密度 B〔T〕は，式(1-15)より，次式のようになります．

$$B = \mu H = \mu \frac{NI}{l} \tag{3-3}$$

磁気回路に流れる磁束 ϕ〔Wb〕は，鉄心の断面積を A〔m^2〕とすると，

$$\phi = BA = \mu \frac{NI}{l} A$$

$$= \frac{NI}{\dfrac{l}{\mu A}} \tag{3-4}$$

となります．

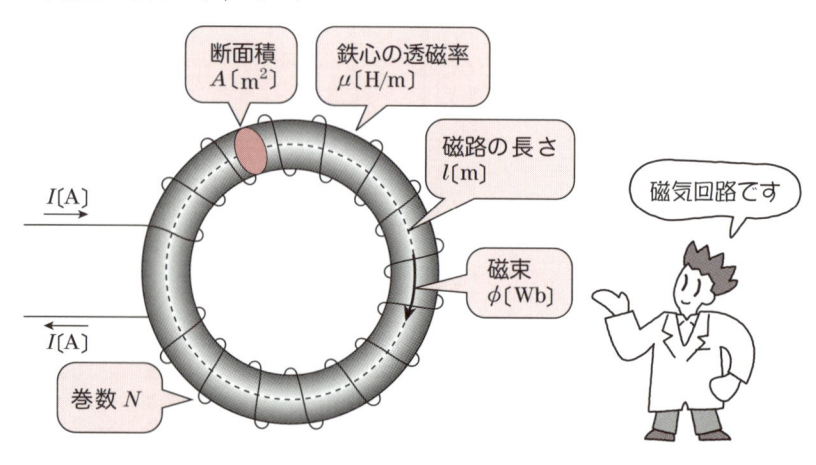

図 3-1 磁気回路

(2) 磁気回路のオームの法則

式(3-4)において，分子の NI を起磁力といい，次式のように，量記号として F_m，単位記号として A が用いられます．

$$F_m = NI \, [\text{A}] \qquad (3\text{-}5)$$

磁気回路を電気回路に当てはめて考えてみると，起磁力とは，磁束が生じる源であり，起電力に相当します．また，磁束は磁気回路に流れる電流に相当します．

電気回路では，起電力と電流の比を電気抵抗といいます．そこで，起磁力と磁束の比を磁気抵抗 R_m とし，次式のように表します．磁気抵抗の単位記号は，H^{-1}（毎ヘンリー）を用います．

$$R_m = \frac{l}{\mu A} \, [\text{H}^{-1}] \qquad (3\text{-}6)$$

磁気回路	
起磁力	$NI\,[\text{A}]$
磁束	$\phi\,[\text{Wb}]$
磁気抵抗	$R_m = \frac{1}{\mu} \cdot \frac{l}{A} \, [\text{H}^{-1}]$
透磁率	$\mu\,[\text{H/m}]$

電気回路	
起電力	$E\,[\text{V}]$
電流	$I\,[\text{A}]$
電気抵抗	$R = \frac{1}{\sigma} \cdot \frac{l}{A} \, [\Omega]$
導電率	$\sigma\,[\text{S/m}]$

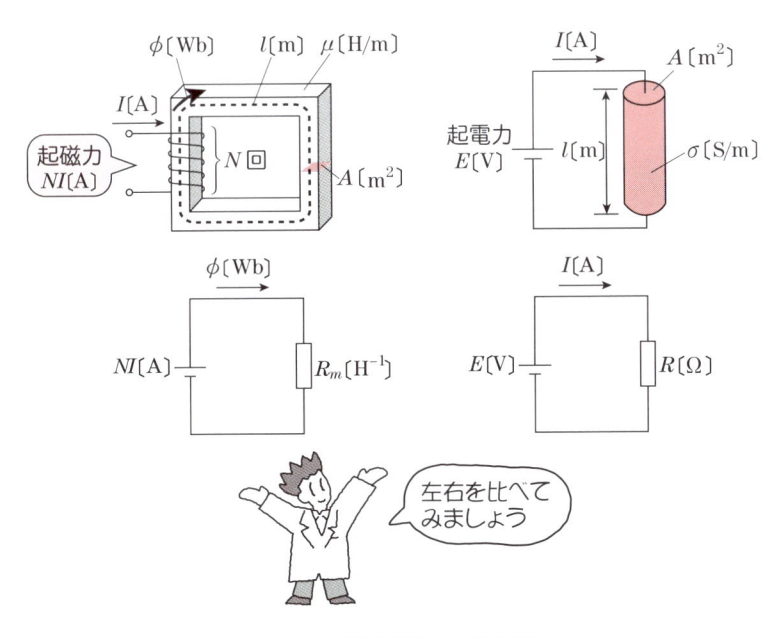

図 3-2 磁気回路と電気回路

起磁力，磁束，磁気抵抗の間には，次式のような関係があります．

$$\phi = \frac{NI}{R_m} \qquad (3\text{-}7)$$

この関係を**磁気回路のオームの法則**といいます．図3-2は，磁気回路と電気回路の比較を表したものです．

(3) 漏れ磁束

電気回路において，電流はすべて導体の中を流れ，空気中に漏れることはありません．それは，低い電圧では絶縁体としてみなすことのできる空気に比べて，導体の導電率は10^{20}倍以上と大きいためです．

しかし，磁気回路における磁性体の比透磁率は，空気に比べて10^4程度でしかありません．そのため，磁束がすべて磁気回路中を流れず，空気中に漏れる場合があります．この磁束を**漏れ磁束**といいます．

図3-3は，電気回路と磁気回路における電流と磁束の流れの様子を表したものです．磁気回路では，コイルの端から磁束の漏れが生じます．

例題 3-1 起磁力400Aの磁気回路で，2×10^{-6}Wbの磁束が生じている．この磁気回路の磁気抵抗を求めなさい．

解答 式(3-7)より，

$$R_m = \frac{NI}{\phi} = \frac{400}{2 \times 10^{-6}}$$
$$= 2 \times 10^8 \,[\text{H}^{-1}]$$

例題 3-2 鉄心の断面積$A=20$ [cm^2]，磁路の長さ$l=40$ [cm]，透磁率$\mu=5 \times 10^{-3}$ [H/m]の磁気回路がある．この磁気回路の磁気抵抗を求めなさい．

解答 式(3-6)より，

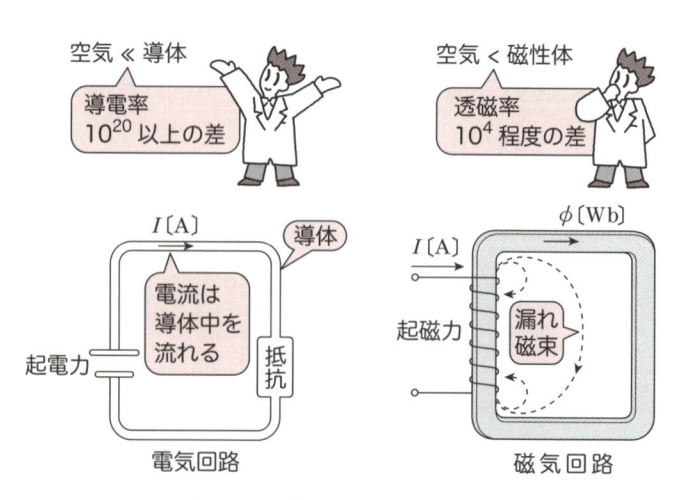

図3-3 磁気回路の漏れ磁束

$$R_m = \frac{l}{\mu A} = \frac{40 \times 10^{-2}}{5 \times 10^{-3} \times 20 \times 10^{-4}}$$
$$= 4 \times 10^4 \, [\text{H}^{-1}]$$

例題 3-3 図3-4のように，比透磁率が2000，磁路の平均長さが1mの磁気回路において，巻数1000のコイルに10Aの電流を流した．回路に発生する磁束密度を求めなさい．

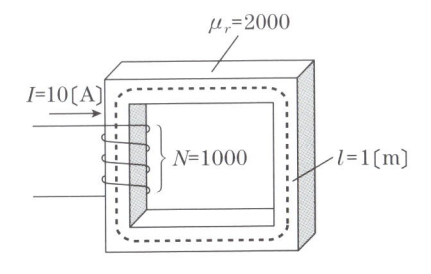

図3-4　例題 3-3

解答 $H \cdot l = NI$ より，

$$H = \frac{NI}{l}$$

$B = \mu H$ より，

$$B = \mu \frac{NI}{l} = \mu_r \mu_0 \frac{NI}{l}$$

$$= 2000 \times 4\pi \times 10^{-7} \times \frac{1000 \times 10}{1}$$

$$\fallingdotseq 25.1 \, [\text{T}]$$

例題 3-4 鉄心にコイルを巻いた磁気回路に 4×10^{-4} Wb の磁束が生じている．鉄心を取り除くと，磁束が 2×10^{-7} Wb に変わった．鉄心の比透磁率はいくらか．

解答 鉄心があった場合の磁束 ϕ_1 [Wb] は，

$$\phi_1 = \frac{NI}{R_{m1}} = \frac{NI}{\dfrac{l}{\mu_r \mu_0 A}} = \frac{NI \mu_r \mu_0 A}{l}$$

鉄心を取り除いた場合の磁束 ϕ_2 [Wb] は，

$$\phi_2 = \frac{NI}{R_{m2}} = \frac{NI}{\dfrac{l}{\mu_0 A}} = \frac{NI \mu_0 A}{l}$$

つまり，磁束の変化は，比透磁率の変化である．したがって，比透磁率 μ_r は，

$$\mu_r = \frac{\phi_1}{\phi_2} = \frac{4 \times 10^{-4}}{2 \times 10^{-7}} = 2000$$

例題 3-5 図3-5のような磁気回路に生じる磁束を求めなさい．

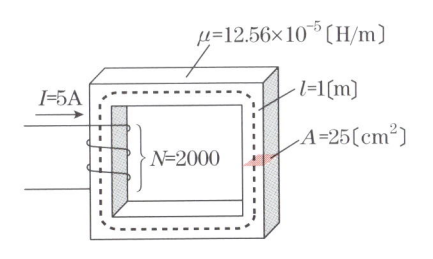

図3-5　例題 3-5

解答 磁気抵抗 R_m [H^{-1}] は，

$$R_m = \frac{l}{\mu A} = \frac{1}{12.56 \times 10^{-5} \times 25 \times 10^{-4}}$$

$$\fallingdotseq 3.185 \times 10^6 \, [\text{H}^{-1}]$$

磁気回路のオームの法則より，

$$\phi = \frac{NI}{R_m} = \frac{2000 \times 5}{3.185 \times 10^6}$$

$$\fallingdotseq 3.14 \times 10^{-3} \, [\text{Wb}]$$

3-1　磁気回路のオームの法則

3-2 磁気回路のキルヒホッフの法則

電気回路におけるオームの法則が磁気回路でも成立したように、キルヒホッフの法則も磁気回路で成立します。

電気回路におけるキルヒホッフの法則は、電流と起電力の関係を表しますが、磁気回路の場合は、磁束と起磁力の関係になります。

磁気回路で漏れ磁束は無いものとして、キルヒホッフの法則について説明していきます。

(1) 第1法則（磁束に関する法則）

キルヒホッフの第1法則は、次のように、磁束に関するものです。

「磁気回路中の任意の分岐点に流れ込む磁束の和は、流れ出る磁束の和に等しい」

図3-6(a)のような磁気回路において、分岐点aに注目すると、流れ込む磁束は、起磁力によって生じるϕ_3〔Wb〕、流れ出る磁束は、ϕ_1とϕ_2〔Wb〕です。このϕ_1とϕ_2が分岐点bに流れ込み、ϕ_3〔Wb〕となって流れ出ています。

したがって、次式が成立します。

$$\phi_3 = \phi_1 + \phi_2 \qquad (3\text{-}8)$$

図3-6(b)は、図(a)を電気回路の図記号で表したものです。分岐点aから左回りの磁気抵抗をR_{m1}〔H^{-1}〕、右回りの磁気抵抗をR_{m2}〔H^{-1}〕としています。この各磁気抵抗は、式(3-6)を用いて求めます。

(a) 磁気回路

(b) 電気用図記号で表した図

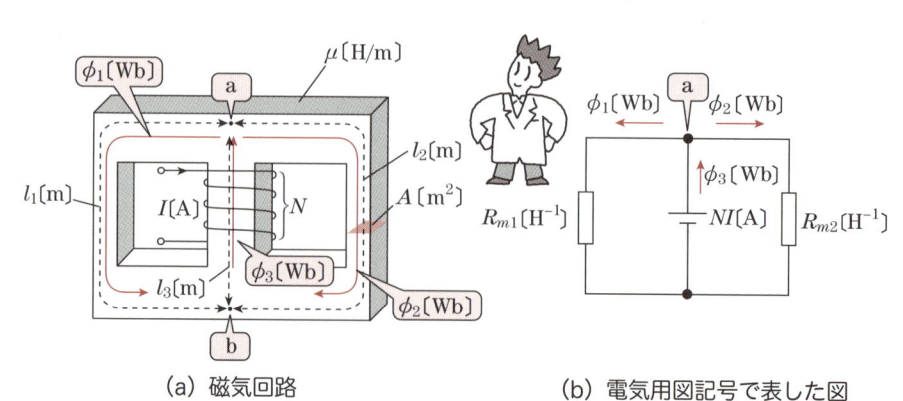

図3-6 キルヒホッフの第1法則

(2) 第2法則（起磁力に関する法則）

第2法則は，次のように，起磁力に関するものです．

「任意の閉回路を一定の向きにたどるとき，各部の磁気抵抗と磁束の積の総和は，その閉回路に存在する起磁力の総和に等しい」

図3-7(a)のような磁気回路において，この法則を考えてみましょう．

この磁気回路は，鉄心が途中で切れており，そこにエアギャップが存在します．磁束は起磁力によって，点aから点bの鉄心の部分，さらにエアギャップを通過して点cから点d，そして点aに戻ってきます（ここでは，漏れ磁束がないものとしていますが，実際にはエアギャップの部分で漏れ磁束が生じます）．

この閉回路を磁束と同じ方向にたどるとき，起磁力の総和はNI〔A〕となります．

このとき，鉄心の部分の磁気抵抗を R_{m1}〔H^{-1}〕，エアギャップの部分の磁気抵抗を R_{m2}〔H^{-1}〕とすると，次式が成立します．

$$R_{m1}\phi + R_{m2}\phi = NI \qquad (3\text{-}9)$$

したがって，磁束 ϕ〔Wb〕は，次式のようになります．

$$\phi = \frac{NI}{R_{m1} + R_{m2}} \qquad (3\text{-}10)$$

式(3-10)から，エアギャップを含む磁気回路の合成磁気抵抗 R_m〔H^{-1}〕は，次式のように，鉄心部分の磁気抵抗 R_{m1} とエアギャップ部分の磁気抵抗 R_{m2} の和になります．

$$R_m = R_{m1} + R_{m2} \qquad (3\text{-}11)$$

図3-7(b)は，図(a)を電気回路の図記号で表したものです．

例題 3-6 図3-8(a)のような鉄心がある．中央部の断面積は A_2〔m^2〕，他のすべての断面積は A_1〔m^2〕である．磁路の平均長は，それぞれ l_1, l_2, l_3〔m〕である．この鉄心に，図(b)のような巻数 N_1, N_2 のコイルを設け，

(a) 磁気回路　　　　　　　　　　(b) 電気用図記号で表した図

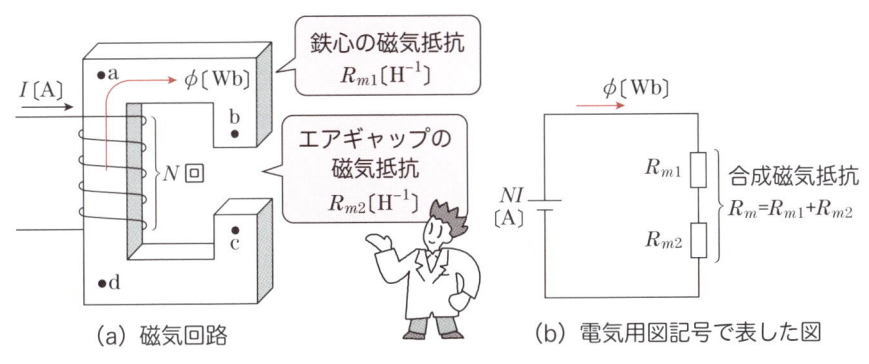

図3-7　キルヒホッフの第2法則

■ 3-2　磁気回路のキルヒホッフの法則 ■

(a) 鉄心

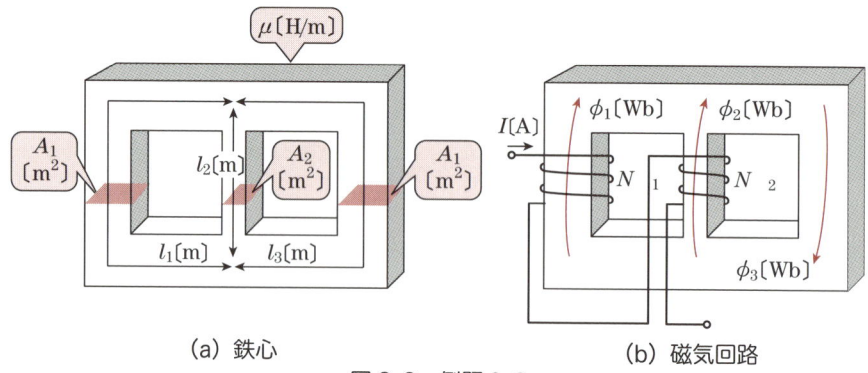

(b) 磁気回路

図3-8 例題3-6

電流 I〔A〕を流した．磁気回路に流れる磁束 ϕ_1, ϕ_2, ϕ_3〔Wb〕を求めなさい．

解答 l_1, l_2, l_3 部分の磁気抵抗 R_{m1}, R_{m2}, R_{m3}〔H^{-1}〕は，式(3-6)より，以下のようになります．

$$R_{m1}=\frac{l_1}{\mu A_1},\ R_{m2}=\frac{l_2}{\mu A_2},\ R_{m3}=\frac{l_3}{\mu A_1}$$

キルヒホッフの第1法則より，

$$\phi_1+\phi_2=\phi_3 \quad (1)$$

キルヒホッフの第2法則より，

$$\begin{cases} R_{m1}\phi_1+\phantom{R_{m2}\phi_2}+R_{m3}\phi_3=N_1I & (2) \\ \phantom{R_{m1}\phi_1+}R_{m2}\phi_2+R_{m3}\phi_3=N_2I & (3) \end{cases}$$

(1)式を(2), (3)式へ代入します．

$$\begin{cases} (R_{m1}+R_{m3})\phi_1+R_{m3}\phi_2=N_1I \\ R_{m3}\phi_1+(R_{m2}+R_{m3})\phi_2=N_2I \end{cases}$$

上の連立方程式を，クラーメルの公式[1]によって解くと，

$$\phi_1=\frac{\begin{vmatrix} N_1I & R_{m3} \\ N_2I & R_{m2}+R_{m3} \end{vmatrix}}{\begin{vmatrix} R_{m1}+R_{m3} & R_{m3} \\ R_{m3} & R_{m2}+R_{m3} \end{vmatrix}}$$

$$=\frac{(R_{m2}+R_{m3})N_1I-R_{m3}N_2I}{(R_{m1}+R_{m3})(R_{m2}+R_{m3})-R_{m3}^2}$$

$$\phi_2=\frac{\begin{vmatrix} R_{m1}+R_{m3} & N_1I \\ R_{m3} & N_2I \end{vmatrix}}{\begin{vmatrix} R_{m1}+R_{m3} & R_{m3} \\ R_{m3} & R_{m2}+R_{m3} \end{vmatrix}}$$

$$=\frac{(R_{m1}+R_{m3})N_2I-R_{m3}N_1I}{(R_{m1}+R_{m3})(R_{m2}+R_{m3})-R_{m3}^2}$$

ϕ_3 は，式(1)より，

$\phi_3=\phi_1+\phi_2$（計算は省略します）

Reference クラーメルの公式

連立方程式の解法の一つにクラーメルの公式があります．

次の2元の連立方程式の解を求める場合を考えてみましょう．

$$\begin{cases} a_1x+b_1y=c_1 \\ a_2x+b_2y=c_2 \end{cases}$$

上式の連立方程式から，変数 x と y に関する行列式を作成します．

行列式の作り方は，以下のようにします（図3-9(a)参照）．

---

1) Reference 参照

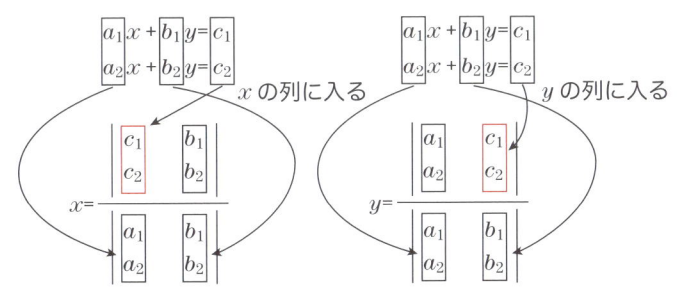

(a) 行列式の作り方

$$x = \frac{\begin{vmatrix} c_1 & b_1 \\ c_2 & b_2 \\ (-) & (+) \end{vmatrix}}{\begin{vmatrix} a_1 & b_1 \\ a_2 & b_2 \\ (-) & (+) \end{vmatrix}} = \frac{b_2 c_1 - b_1 c_2}{a_1 b_2 - a_2 b_1}$$

(b) 行列式の計算方法

図 3-9　クラーメルの公式

① 連立方程式の x と y の定数 2 行 2 列を，変数 x と y の分母の行列式とします．

② x の解を求めるときの分子の行列式は，分母の行列式で x の定数の列を，連立方程式の定数 c_1, c_2 の列に置き換えます．y の解を求める場合も，同じように y の定数の列を c_1, c_2 の列に置き換えます．

各変数の求め方は，分子・分母の行列式を計算します．計算の方法は，図(b)のように，斜め右下に掛け算したものを + (プラス)，斜め左下に掛け算したものを − (マイナス) として計算します．

例題 3-7　次の連立方程式の解を求めなさい．

$$\begin{cases} 4x + 5y = 16 \\ 6x + 3y = 15 \end{cases}$$

解答

$$x = \frac{\begin{vmatrix} 16 & 5 \\ 15 & 3 \end{vmatrix}}{\begin{vmatrix} 4 & 5 \\ 6 & 3 \end{vmatrix}} = \frac{16 \times 3 - 5 \times 15}{4 \times 3 - 5 \times 6}$$

$$= \frac{-27}{-18} = 1.5$$

$$y = \frac{\begin{vmatrix} 4 & 16 \\ 6 & 15 \end{vmatrix}}{\begin{vmatrix} 4 & 5 \\ 6 & 3 \end{vmatrix}} = \frac{4 \times 15 - 16 \times 6}{4 \times 3 - 5 \times 6}$$

$$= \frac{-36}{-18} = 2$$

3-2　磁気回路のキルヒホッフの法則

3-3 環状鉄心の磁気回路

(1) 磁気抵抗

図3-10のような環状鉄心の磁気回路における磁気抵抗について考えてみましょう。ただし、漏れ磁束はないものとします。

(a) 磁路の平均の長さを用いた場合

磁路の平均の長さを用いて、磁気抵抗を求めてみましょう。

図3-10において、磁路の平均の長さ l [m] は、次式のようになります。

$$l = 2\pi r \quad (3\text{-}12)$$

磁路の断面積 A [m^2] は、

$$A = (b-a)c \quad (3\text{-}13)$$

となります。したがって、磁気抵抗 R_m [H^{-1}] は、次式のようになります。

$$R_m = \frac{l}{\mu A} = \frac{2\pi r}{\mu(b-a)c} \quad (3\text{-}14)$$

環状鉄心の平均半径 r [m] は、環状鉄心の外径 b [m]、内径 a [m] を用いると、

$$r = \frac{a+b}{2} \quad (3\text{-}15)$$

で表されます。この式を (3-14) に代入して、

$$R_m = \frac{\pi(a+b)}{\mu(b-a)c} \quad (3\text{-}16)$$

となります。

上式は、磁路の平均長さを用いた磁気抵抗の近似値になります。

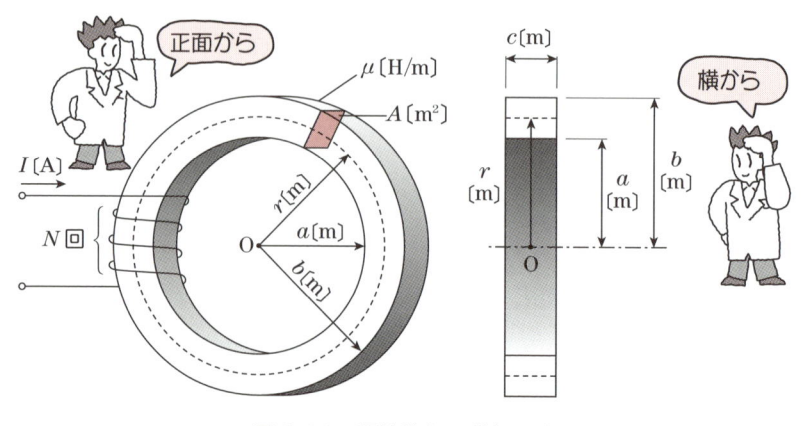

図3-10 環状鉄心の磁気回路

(b) 積分を用いた場合

積分を用いて磁気抵抗を求めてみましょう．

図 3-11のように，環状鉄心の半径 r〔m〕の点で，微小長さ dr〔m〕を考えます．このときの磁路の微小面積 dA〔m²〕は，次式で表されます．

$$dA = cdr \tag{3-17}$$

この微小面積による磁気抵抗 dR_m〔H^{-1}〕は，次式で表されます．

$$dR_m = \frac{l}{\mu dA} = \frac{2\pi r}{\mu c dr} \tag{3-18}$$

この磁気抵抗によって，磁気回路に生じる磁束 $d\phi$〔Wb〕は，磁気回路のオームの法則から，次式のようになります．

$$d\phi = \frac{NI}{dR_m} = \frac{NI\mu c dr}{2\pi r} \tag{3-19}$$

上式の $d\phi$ を半径 a から b まで積分すれば，全磁束が求められます．

$$\phi = \int_a^b d\phi = \frac{NI\mu c}{2\pi} \int_a^b \frac{1}{r} dr$$

$$= \frac{NI\mu c}{2\pi} \Big[\log r\Big]_a^b$$

$$= \frac{NI\mu c}{2\pi} \log \frac{b}{a} \tag{3-20}$$

磁気抵抗 R_m〔H^{-1}〕は，磁気回路のオームの法則から，次式のようになります．

$$R_m = \frac{NI}{\phi} = \frac{2\pi}{\mu c \log \frac{b}{a}} \tag{3-21}$$

積分を用いて求めた式(3-21)と，近似式の式(3-16)を比較したとき，環の平均半径 r（$=(a+b)/2$）に比べて，鉄心断面の長さ $(b-a)$ が十分に小さければ，両式はほぼ同じ値になります（**図 3-12** 参照）．

つまり，環状鉄心による磁気回路では，環の半径が鉄心の断面に比べて十分に大きければ，磁路の平均の長さを用いて計算をしても誤差が少ないことになります．

両方の式に，具体的にいくつか数値を代入して確認してみると，理解が深まると思います．

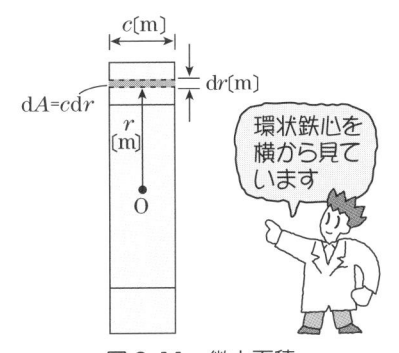

図 3-11 微小面積

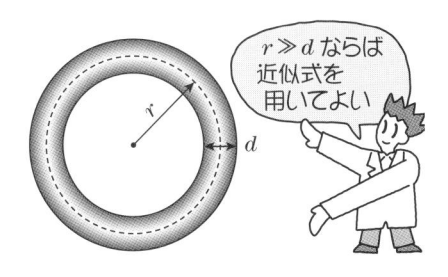

図 3-12 近似式を用いる条件

(2) 磁束

磁束 ϕ〔Wb〕は，磁気抵抗を求めることで，磁気回路のオームの法則から，次式のように計算することができます．

$$\phi = \frac{NI}{R_m} \quad (3\text{-}22)$$

しかし，ここでは磁界の強さから磁束を求めてみましょう．

図3-13のような鉄心の断面が円形の磁気回路で考えます．環の中心から鉄心内の任意の点までの距離を R〔m〕とすれば，アンペアの周回積分の法則から，

$$\oint H \cdot dl = H \cdot 2\pi R = NI \quad (3\text{-}23)$$

が成立します．したがって，磁界の強さ H〔A/m〕は，次式のようになります．

$$H = \frac{NI}{2\pi R} \quad (3\text{-}24)$$

ここで，鉄心の断面の半径 r〔m〕に比べて R が十分に大きいときは，断面内の磁界は均一と考えられます．このとき R は，環の中心から鉄心の断面までの平均半径となります．

磁束密度 B〔T〕は，$B = \mu H$ より，

$$B = \mu H = \mu \frac{NI}{2\pi R} \quad (3\text{-}25)$$

磁束 ϕ〔Wb〕は，磁束密度 B に鉄心の断面積 A を掛けて，次式のように求めることができます．

$$\begin{aligned}\phi &= BA = \mu HA \\ &= \mu_r \mu_0 HA \\ &= \mu_r \mu_0 \frac{NI}{2\pi R} A \quad (3\text{-}26)\end{aligned}$$

例題 3-8 図3-14のような環状鉄心にコイルを巻いた磁気回路がある．磁気回路に生じる起磁力，磁界の強さ，磁束密度，磁束，および磁気抵抗を求めなさい．ただし，鉄心の比透磁率 $\mu_r = 2000$，環の平均半径 $R = 30$〔cm〕，鉄心の半径 $r = 5$〔mm〕，

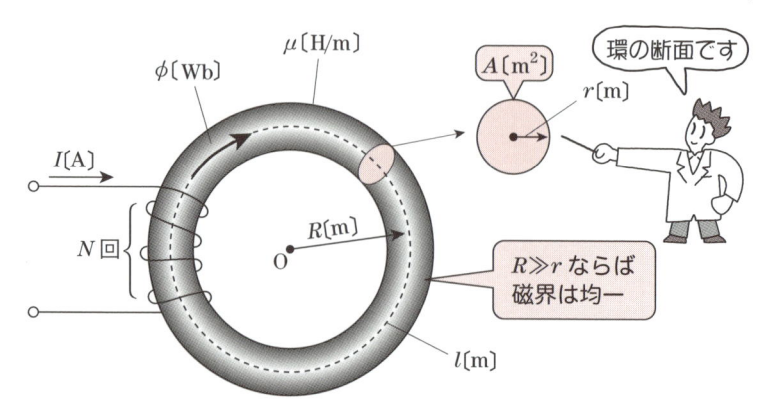

図3-13 磁束の計算

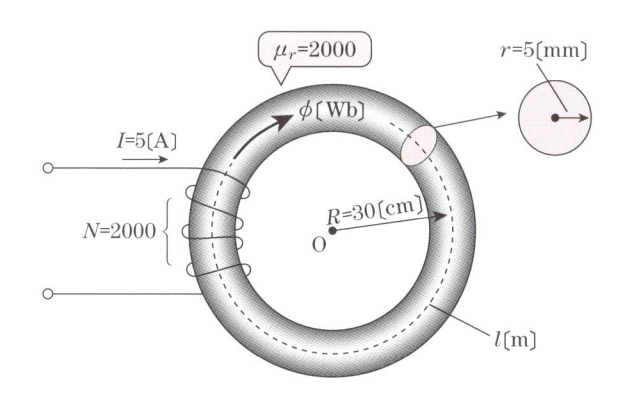

図3-14 例題3-8

コイルの巻数 $N=2000$，コイルに流れる電流 $I=5$〔A〕とする．

[解答] 鉄心の半径 r に比べて，環の半径 R は十分に大きいので，計算には磁路の平均の長さを用います．

起磁力 F_m〔A〕は，式(3-5)より，

$$F_m = NI = 2000 \times 5 = 10^4 \text{〔A〕}$$

となります．

磁路の平均の長さ l〔m〕は，

$$l = 2\pi R = 2 \times \pi \times 30 \times 10^{-2}$$
$$\fallingdotseq 1.88 \text{〔m〕}$$

となります．

磁路の長さに対して，アンペアの周回積分の法則を適用すると，次式が成立します．

$$\oint H \cdot dl = H \cdot l = NI$$

したがって，磁界の強さ H〔A/m〕は，

$$H = \frac{NI}{l} = \frac{10^4}{1.88}$$
$$\fallingdotseq 5.32 \times 10^3 \text{〔A/m〕}$$

となります．

磁束密度は，$B = \mu H$ より，

$$B = \mu H = \mu_r \mu_0 H$$
$$= 2000 \times 4\pi \times 10^{-7} \times 5.32 \times 10^3$$
$$\fallingdotseq 13.4 \text{〔T〕}$$

となります．

鉄心の断面積 A〔m^2〕は，

$$A = \pi r^2 = \pi \times (5 \times 10^{-3})^2$$
$$\fallingdotseq 7.85 \times 10^{-5} \text{〔}m^2\text{〕}$$

となり，

磁束 ϕ〔Wb〕は，式(3-4)より，

$$\phi = BA = 13.4 \times 7.85 \times 10^{-5}$$
$$\fallingdotseq 1.05 \times 10^{-3} \text{〔Wb〕}$$

となります．

磁気抵抗 R_m〔H^{-1}〕は，磁気回路のオームの法則より，

$$R_m = \frac{NI}{\phi} = \frac{10^4}{1.05 \times 10^{-3}}$$
$$\fallingdotseq 9.52 \times 10^6 \text{〔}H^{-1}\text{〕}$$

となります．

3-3 環状鉄心の磁気回路

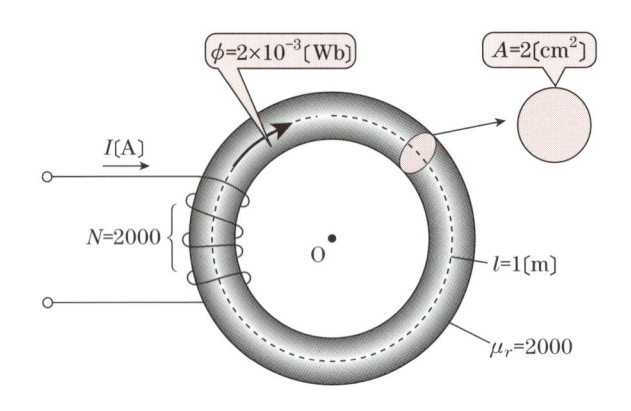

図3-15 例題3-9

例題 3-9 図3-15のような環状鉄心にコイルを巻いた磁気回路がる．コイルに電流 I [A] を流すと，鉄心を貫く磁束 ϕ が 2×10^{-3} Wb であった．コイルに流した電流を求めなさい．ただし，コイルの巻数 $N=2000$，鉄心の断面積 $A=2$ [cm²]，磁路の長さ $l=1$ [m]，比透磁率 $\mu_r=2000$ とする．

解答 磁気回路のオームの法則

$$NI = R_m \phi \qquad (1)$$

より，磁気抵抗 R_m を求めれば，電流 I を算出することができます．

磁気抵抗 R_m [H⁻¹] は，

$$R_m = \frac{l}{\mu A} = \frac{l}{\mu_r \mu_0 A}$$

$$= \frac{1}{2000 \times 4\pi \times 10^{-7} \times 2 \times 10^{-4}}$$

$$\fallingdotseq 1.99 \times 10^6 \ [\text{H}^{-1}]$$

となります．

コイルに流す電流 I [A] は，式 (1) より，

$$I = \frac{R_m \phi}{N} = \frac{1.99 \times 10^6 \times 2 \times 10^{-3}}{2000}$$

$$= 1.99 \ [\text{A}]$$

となります．

別解 磁束密度 B は，単位面積当たりの磁束 ϕ [Wb] の密度です．したがって，磁束を貫いている面積 A [m²] で除して，

$$B = \frac{\phi}{A} \qquad (2)$$

と表されます．また，磁束密度 B と磁界の強さ H との関係から，

$$B = \mu H = \mu_r \mu_0 \frac{NI}{l} \qquad (3)$$

とも表されます．

式 (2), (3) より，電流 I を求めます．

$$I = \frac{Bl}{\mu_r \mu_0 N} = \frac{\phi l}{\mu_r \mu_0 NA}$$

$$= \frac{2 \times 10^{-3} \times 1}{2000 \times 4\pi \times 10^{-7} \times 2000 \times 2 \times 10^{-4}}$$

$$\fallingdotseq 1.99 \ [\text{A}]$$

3-4 エアギャップのある磁気回路

(1) 磁界と磁束密度の関係

図3-16のような，鉄心の一部にエアギャップのある磁気回路の磁界と磁束密度について考えてみましょう．

この磁気回路で，もしエアギャップがなく，鉄心だけで構成されていたら，アンペアの周回積分の法則より，

$$\oint_l H dl = H(l_1 + l_2) = NI \quad (3\text{-}27)$$

から，磁界の強さ H〔A/m〕は，次式のようになります．

$$H = \frac{NI}{l_1 + l_2} \quad (3\text{-}28)$$

また，磁束密度は，鉄心の比透磁率を μ_r として，次式のようになります．

$$B = \mu H = \mu_r \mu_0 \frac{NI}{l_1 + l_2} \quad (3\text{-}29)$$

しかし，図3-16のように，エアギャップがある場合，エアギャップの部分は磁化されて磁極が生じます．そのため，鉄心部分の磁界は自己減磁力[2]によって弱まります．一方，エアギャップの部分の磁界は，電流による磁界の強さに，磁化による磁極の影響が加わり強まります．

このように，鉄心部とエアギャップ部で磁界の強さに違いがでます．

鉄心部の磁界の強さを H_1，エアギャップ部の磁界の強さを H_2 として，アンペアの周回積分の法則を考えると，次式のようになります．

$$\oint_l H dl = H_1 l_1 + H_2 l_2 = NI \quad (3\text{-}30)$$

次に，エアギャップがある場合の磁束密度について考えてみます．

図3-17のように，磁束は，透磁率によって影響を受けない仮想的な線です（1章5節(2)「磁束と磁束密度」参照）．よって，鉄心部とエアギャップ部では，磁束は連続します．

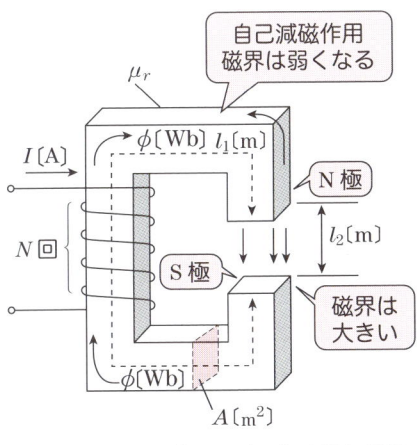

図3-16 エアギャップのある磁気回路

---
[2] 1章6節(4)参照

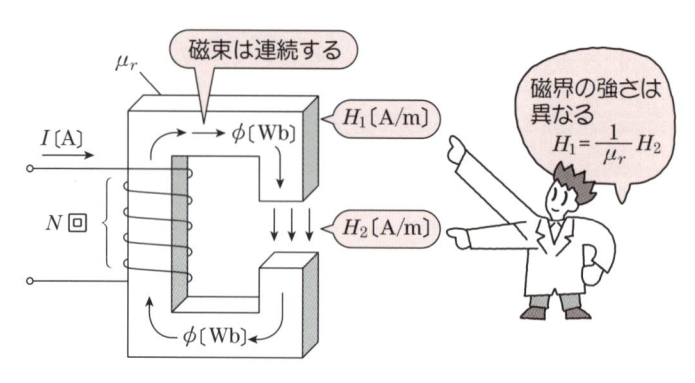

図 3-17 磁束は連続する

磁束密度は，単位面積当たりの磁束を表します．したがって，磁気回路の鉄心の部分とエアギャップの部分の断面積が同じならば，どちらの磁束密度も等しくなります．

鉄心部の磁束密度を B_1〔T〕，エアギャップ部の磁束密度を B_2〔T〕とすると，

$$B_1 = B_2 \qquad (3\text{-}31)$$

上式に，$B = \mu H$ の関係を代入すると，

$$\mu_r \mu_0 H_1 = \mu_0 H_2 \qquad (3\text{-}32)$$

となります．したがって，両方の磁界の強さには，次式のような関係があります．

$$H_1 = \frac{1}{\mu_r} H_2 \qquad (3\text{-}33)$$

上式を式(3-30)に代入して，

$$\frac{l_1}{\mu_r} H_2 + H_2 l_2 = NI \qquad (3\text{-}34)$$

上式から，エアギャップの磁界 H_2〔A/m〕を求めると，次式のようになります．

$$H_2 = \frac{NI}{\dfrac{l_1}{\mu_r} + l_2}$$

$$= \frac{NI}{l_1 \left(\dfrac{l_2}{l_1} + \dfrac{1}{\mu_r} \right)} \qquad (3\text{-}35)$$

上式において，鉄心などの強磁性体は，$\mu_r \gg 1$ なので，

$$H_2 \fallingdotseq \frac{NI}{l_2} \qquad (3\text{-}36)$$

となります．

式(3-36)におけるエアギャップの間隔 l_2〔m〕は，磁路の全長 $(l_1 + l_2)$ に比べて，$l_2 \ll (l_1 + l_2)$ です．また，式(3-33)において $\mu_r \gg 1$ のため，磁界の強さ H_2 は，鉄心部だけで構成される磁界の強さ H_1 より極めて大きいものになることがわかります．

(2) **合成磁気抵抗**

図 3-18 において，磁気回路に生じる磁束 ϕ〔Wb〕を求めてみましょう．

磁束 ϕ は，鉄心部とエアギャップ部を連続して流れます．鉄心部の磁束密

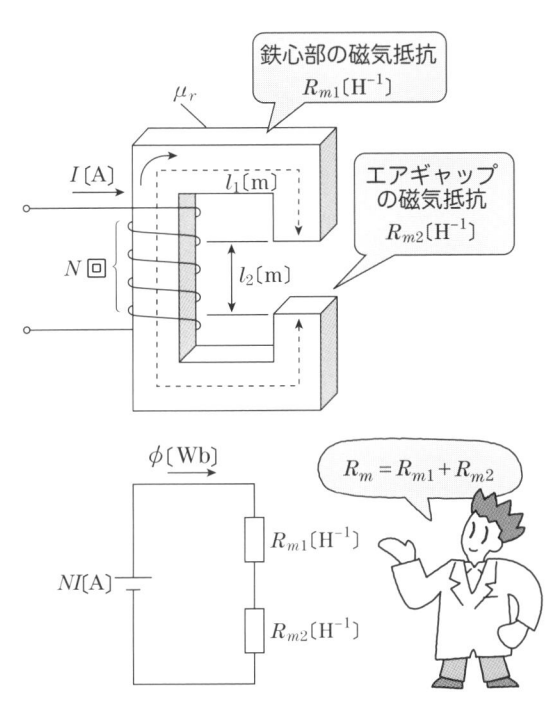

図3-18 合成磁気抵抗

度をB_1〔T〕,エアギャップ部の磁束密度をB_2〔T〕,磁路の断面積をA〔m²〕とすると,次式のように表されます.

$$\phi = B_1 A = B_2 A = \mu_0 H_2 A \qquad (3\text{-}37)$$

上式に,式(3-35)のH_2を代入します.

$$\phi = \mu_0 \frac{NI}{\dfrac{l_1}{\mu_r} + l_2} A$$

$$= \frac{NI}{\dfrac{l_1}{\mu_r \mu_0 A} + \dfrac{l_2}{\mu_0 A}} \qquad (3\text{-}38)$$

上式は,磁束と起磁力の関係を表すもので,分母を磁気抵抗といいました.

分母の2つの項は,それぞれ次のように,鉄心の磁気抵抗R_{m1},エアギャップの磁気抵抗R_{m2}を表します.

$$R_{m1} = \frac{l_1}{\mu_r \mu_0 A} \qquad (3\text{-}39)$$

$$R_{m2} = \frac{l_2}{\mu_0 A} \qquad (3\text{-}40)$$

2節でも説明しましたが,エアギャップのある磁気回路の合成磁気抵抗R_m〔H⁻¹〕は,次式のように,鉄心部とエアギャップ部の磁気抵抗を加えたものになります.

$$R_m = R_{m1} + R_{m2}$$
$$= \frac{l_1}{\mu_r \mu_0 A} + \frac{l_2}{\mu_0 A} \qquad (3\text{-}41)$$

3-4 エアギャップのある磁気回路

(3) 磁気回路のエネルギー

前項で，エアギャップ部は鉄心部に比べて大きな磁界が生じることを説明しました．ここでは，鉄心部やエアギャップ部などに蓄えられるエネルギーについて説明します．

磁気回路には，コイルに電流が流れることにより磁束が発生し，磁界が生じます．つまり，磁気回路には，エネルギーが蓄えられることになります．

磁気回路内に蓄えられる単位体積当たりの磁界のエネルギー w 〔J/m³〕は，次式で表されます（式の導入については，「5章6節 電磁エネルギー」を参照）．

$$w = \frac{1}{2}BH = \frac{1}{2}\cdot\frac{B^2}{\mu} \quad (3\text{-}42)$$

したがって，鉄心部の磁界のエネルギー w_1〔J/m³〕とエアギャップ部の磁界のエネルギー w_2〔J/m³〕は，次式のようになります．

$$w_1 = \frac{1}{2}\cdot\frac{B^2}{\mu_r\mu_0} \quad (3\text{-}43)$$

$$w_2 = \frac{1}{2}\cdot\frac{B^2}{\mu_0} \quad (3\text{-}44)$$

上の両式を比べると，

$$w_1 = \frac{1}{\mu_r}w_2 \quad (3\text{-}45)$$

という関係になります．

磁気回路に使われる鉄などの強磁性体の比透磁率 μ_r は，$\mu_r \gg 1$ です．

つまり，鉄心部は，エアギャップ部に比べてエネルギー密度は小さく，ほとんどのエネルギーは，エアギャップ部に集中することになります．

このように，エアギャップのある鉄心を用いて，磁気回路内に蓄えられるエネルギーをエアギャップに集中させ，その部分に強い磁場を発生させる装置に，電磁石などがあります．

例題 3-10 図 3-20 のような磁路の長さが40cmのうち，2mmのエアギャップがある磁気回路において，回路に生じる磁束および磁束密度を求めなさい．

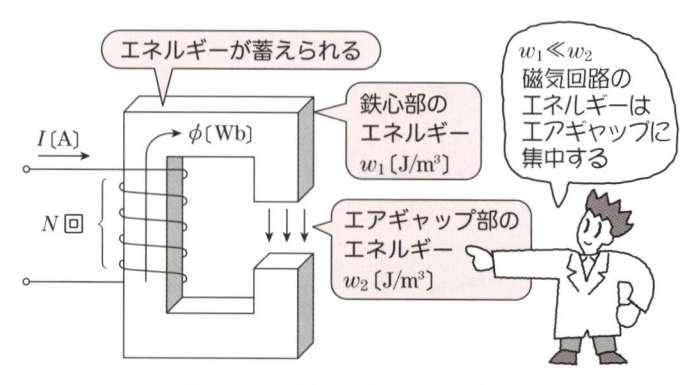

図 3-19 磁気回路のエネルギー

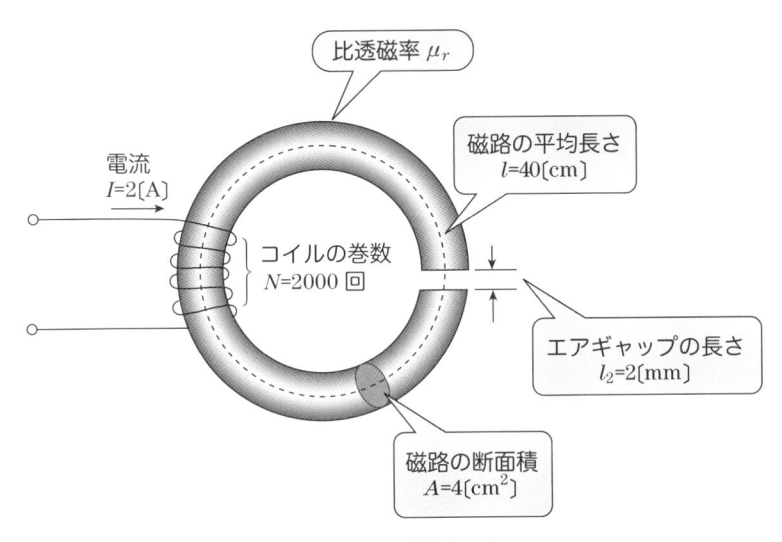

図 3-20 例題 3-10

ただし，コイルの巻数 $N=2000$ 回，コイルに流れる電流 $I=2$ [A]，磁路の断面積 $A=4$ [cm^2]，鉄心の比透磁率 $\mu_r=2000$ とする．

[解答] 鉄心部とエアギャップ部の磁気抵抗を求めて，磁気回路のオームの法則から，磁束 ϕ を求めます．

鉄心部の磁路の長さ l_1 [m] は，

$l_1 = 0.4 - 0.002 = 0.398$ [m]

となります．

鉄心部の磁気抵抗 R_{m1} [H^{-1}] は，式(3-39) より，

$$R_{m1} = \frac{l_1}{\mu_r \mu_0 A}$$

$$= \frac{0.398}{2000 \times 4\pi \times 10^{-7} \times 4 \times 10^{-4}}$$

$$\fallingdotseq 3.96 \times 10^5 \text{[H}^{-1}\text{]}$$

となります．

エアギャップ部の磁気抵抗 R_{m2} [H^{-1}] は，式(3-40) より，

$$R_{m2} = \frac{l_2}{\mu_0 A} = \frac{2 \times 10^{-3}}{4\pi \times 10^{-7} \times 4 \times 10^{-4}}$$

$$\fallingdotseq 39.8 \times 10^5 \text{[H}^{-1}\text{]}$$

となります．

磁気回路に生じる磁束 ϕ [Wb] は，式(3-38) より，

$$\phi = \frac{NI}{R_{m1} + R_{m2}}$$

$$= \frac{2000 \times 2}{3.96 \times 10^5 + 39.8 \times 10^5}$$

$$\fallingdotseq 9.14 \times 10^{-4} \text{[Wb]}$$

磁束密度 B [T] は，磁束 ϕ を磁気回路の断面積 A [m^2] で除して，

$$B = \frac{\phi}{A} = \frac{9.14 \times 10^{-4}}{4 \times 10^{-4}} \fallingdotseq 2.23 \text{[T]}$$

となります．

3-4 エアギャップのある磁気回路

3-5 磁化曲線

(1) 磁化曲線

磁界の強さ H [A/m] と磁束密度 B [T] の関係を表したものを**磁化曲線**, または, ***B-H曲線***といいます.

図3-21は, 磁性体の磁化曲線の例です. 磁性体に磁界 H を与えたときの磁束密度 B の変化を表しています.

磁性体に, 磁界の強さ H を与えたときの磁束密度 B は, 式 (1-17) より,

$$B = \mu_0 H + J$$

と表され, J [T] を磁化の強さといいました.

真空中では $B = \mu_0 H$ で, 磁束密度 B と磁界の強さ H は比例します.

しかし, 鉄などの強磁性体では, 磁束密度 B と磁界の強さ H は比例しません. 図3-21のように, 磁束密度 B は, 磁界の増加に従って, 磁化の強さ J の影響を受け, 飽和してしまう性質があります. これを飽和特性といいます.

このことは, 磁性体の磁区を用いて説明できます.

最初, 磁性体の磁区はばらばらになっています (図①). そこに磁界を加えると, その強さに応じて磁区の向きがそろいます (図②). しかし, 磁区が全部そろってしまうと, それ以上磁化されず, 磁束密度 B は飽和することになります (図③).

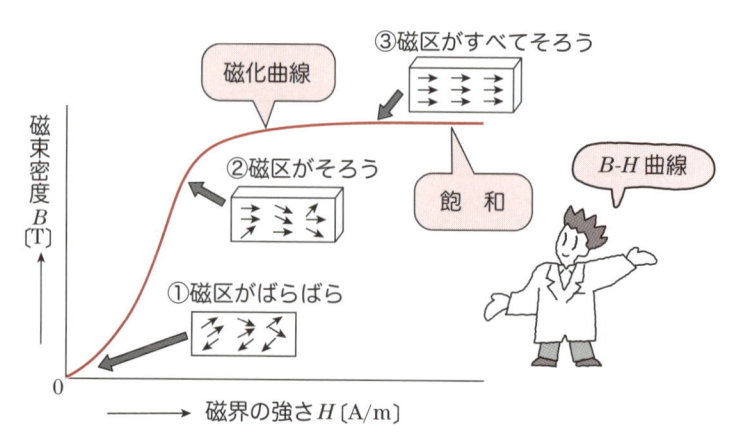

図 3-21 磁化曲線

また，磁性体によって磁区は，磁界に対して向きがそろいやすいものと，そうでないものがあります．つまり，磁化曲線も磁性体によってかなり異なります．

磁性体の透磁率 μ は，いままで一定として考えてきました．しかし，実際の磁性体において，磁束密度 B と磁界の強さ H が，$B=\mu H$ の比例関係にありません．つまり，透磁率 μ の値は，磁界 H の値によって変化することになります．

図 3-22 は，磁界の強さ H によって，透磁率 μ がどのように変化するかを表したもので，**透磁率曲線**といいます．

(2) ヒステリシスループ

磁性体は，変圧器の鉄心などのように，交流で使われることが多い材料です．そこで，磁界の加え方をプラスとマイナスの両方に変化させて特性の評価をします．

図 3-23 は，磁界の強さ H〔A/m〕を，$-H_m \leqq H \leqq H_m$ の範囲で変化させたとき，それに対応する磁束密度 B〔T〕の変化を表したものです．

図において，最初磁化されていない強磁性体を磁化すると，O～ⓐに沿っ

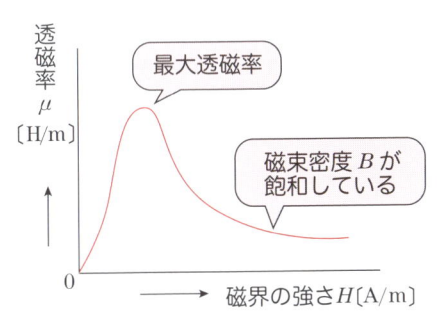

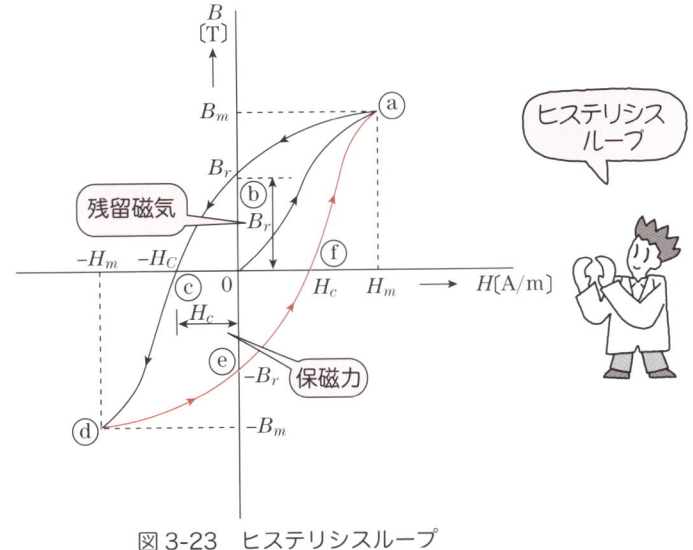

図 3-22 透磁率曲線

図 3-23 ヒステリシスループ

3-5 磁化曲線

て磁束密度 B が増加し，飽和値 B_m に達します．

次に磁界 H を減少させていくと，磁束密度 B はⓐ〜0をたどらず，ⓐ〜ⓑに沿って減少し，磁界 H を零にしても磁束密度 B は零にはならず，B_r が残ります．さらに，磁界 H を負の方向に増加させると，磁束密度 B は減少し，$H=H_c$ の点ⓒで零になります．

さらに，磁界 H を負の方向に増加させると，磁束密度 B は負の飽和値 $-B_m$ の点ⓓに達します．

次に，磁界 H を正に増加させると，磁束密度 B は，ⓓからⓔ，ⓕをたどって点ⓐに戻ります．

このように，磁界 H が，$-H_m \leq H \leq H_m$ の範囲で変化するとき，B-H 曲線は1つのループを描きます．このループⓐ-ⓑ-ⓒ-ⓓ-ⓔ-ⓕを**ヒステリシスループ**といいます．

ヒステリシスループで，$H=0$ のときの磁束密度 B_r を残留磁気，残留磁気を零にするため反対方向に加えた磁界の強さ H_c を保磁力といいます．磁性体は，ヒステリシスループの特性によって，次のような特徴があります．

図 3-24 (a)のように，残留磁気 B_r が大きく保磁力 H_c も大きい磁性体は，永久磁石の材料に向いています．永久磁石の目的は，周りに強い磁場を作ることです．そのためには，残留磁気が大きいことが必要です．しかし，H_c が小さいと，磁極の自己減磁力によって，すぐに磁極が消えてしまいます．そのため，永久磁石は，B_r と H_c の積で評価されます．

図 3-24 (b)のように，保磁力 H_c が小さいものは，小さい磁界で大きく磁化することができます．これは，大きい

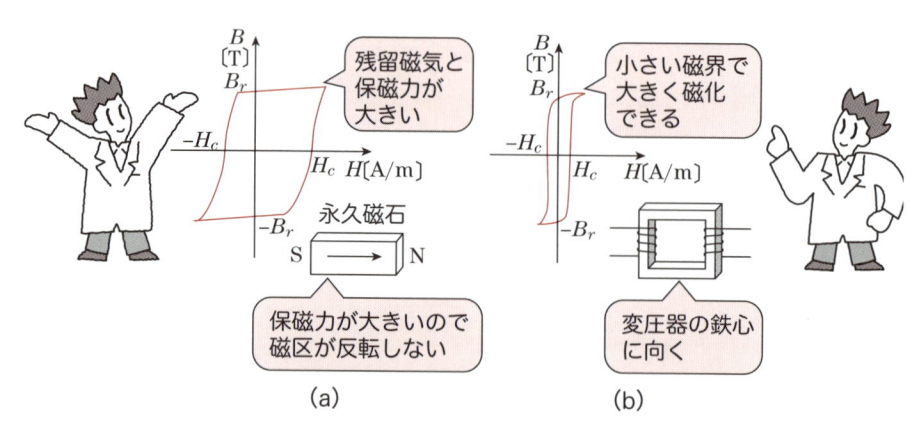

図 3-24　ヒステリシスループの特性

透磁率をもつことで，変圧器の鉄心や電磁石などの材料に向いています．

(3) ヒステリシス損

磁性体に交流電流を流して，磁界の方向を周期的に変化させると，磁区の方向がそのたびに変化するので，鉄心中に熱が生じて温度が上昇します．この熱による損失を**ヒステリシス損**といい，その大きさはヒステリシスループの面積に比例します（**図3-25**参照）．

ヒステリシス損は，電気機器の温度を上昇させて効率を下げます．したがって，電気機器の材料は，ヒステリシスループの小さな磁性体を選ぶ必要があります．

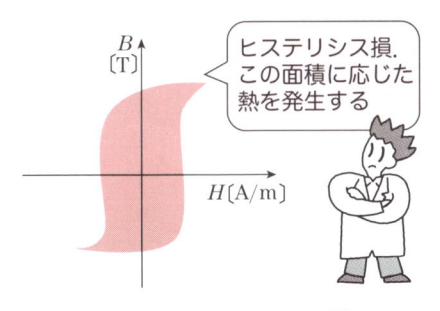

図 3-25　ヒステリシス損

例題 3-11　図 3-26 のような磁化曲線において，$H=4000$〔A/m〕のときの透磁率と比透磁率を求めなさい．また，この材料で作った磁路の長さ 25cm，断面積 $6cm^2$ の磁気回路に，コイルを 1000 回巻いて，0.5A の電流を流したとき，回路に生じる磁束を求めなさい．

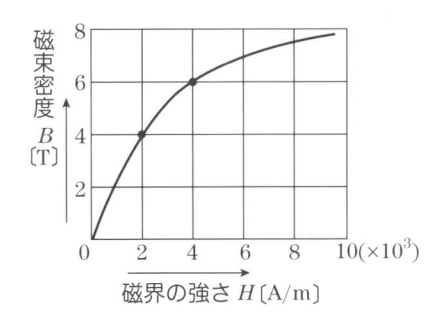

図 3-26　例題 3-11

解答　$H=4000$〔A/m〕のときの磁束密度 B〔T〕は，磁化曲線から 6T です．
$B=\mu H$ より，

$$\mu = \frac{B}{H} = \frac{6}{4000}$$
$$= 1.5 \times 10^{-3} \text{〔H/m〕}$$

$\mu = \mu_r \mu_0$ より，

$$\mu_r = \frac{\mu}{\mu_0} = \frac{1.5 \times 10^{-3}}{4\pi \times 10^{-7}} \fallingdotseq 1190$$

コイル内の磁界の強さ H〔A/m〕は，

$$H = \frac{NI}{l} = \frac{1000 \times 0.5}{25 \times 10^{-2}}$$
$$= 2000 \text{〔A/m〕}$$

$H=2000$〔A/m〕のときの磁束密度 B〔T〕は，磁化曲線より，
$B=4$〔T〕

したがって，磁気回路に生じる磁束 ϕ〔Wb〕は，

$$\phi = BA = 4 \times 6 \times 10^{-4}$$
$$= 24 \times 10^{-4} \text{〔Wb〕}$$

3-5　磁化曲線

章末問題 3

1 ある磁気回路において，巻数 1000 回のコイルに 2A の電流を流したら，4×10^{-3}Wb の磁束が生じた．この磁気回路の磁気抵抗を求めなさい．

2 図 3-27 のような磁気回路がある．コイルに生じる磁束を 2×10^{-3}Wb にしたい．磁路の断面積をいくらにすればよいか．ただし，比透磁率 $\mu_r = 1000$，磁路の平均長さ $l = 1$〔m〕，コイルの巻数 $N = 1000$，コイルに流す電流 $I = 5$〔A〕とする．

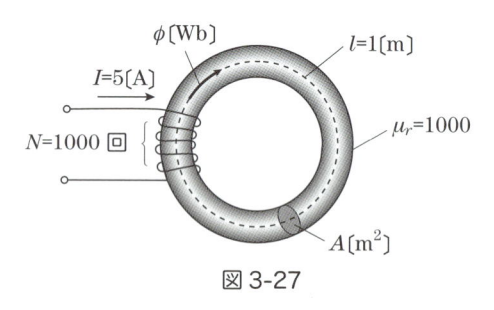

図 3-27

3 図 3-28 のようなエアギャップのある磁気回路がある．比透磁率 $\mu_r = 2000$，鉄心部の磁路の平均長さ $l_1 = 1$〔m〕，エアギャップの長さ $l_2 = 2$〔mm〕，磁路の断面積 $A = 5$〔cm^2〕，コイルの巻数 $N = 1000$ 回，コイルに流す電流 $I = 2$〔A〕である．次の各問に答えなさい．

① 鉄心部の磁気抵抗を求めなさい．
② エアギャップ部の磁気抵抗を求めなさい．
③ 磁気回路全体の磁気抵抗を求めなさい．
④ 磁気回路に生じる磁束を求めなさい．

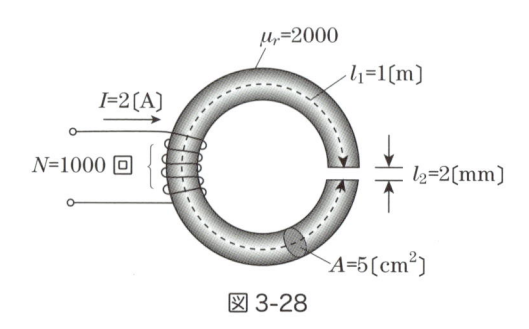

図 3-28

第4章 電磁力

　これまでに，導体に電流が流れると，その周囲に磁界が発生することを学習しました．つまり，電流の流れている導体は，磁界を発生する磁石と同じであると考えられます．

　磁界の中では，磁石に力が働くように，電流が流れている導体にも力が働くという現象があります．この力を電磁力といいます．直流のモータが回転するのは，この電磁力によるものです．

　私たちの周りで，磁界と電流の作用によって，どのような電磁力の働きが起こるのでしょうか．さあ，電磁力について学習していきましょう．

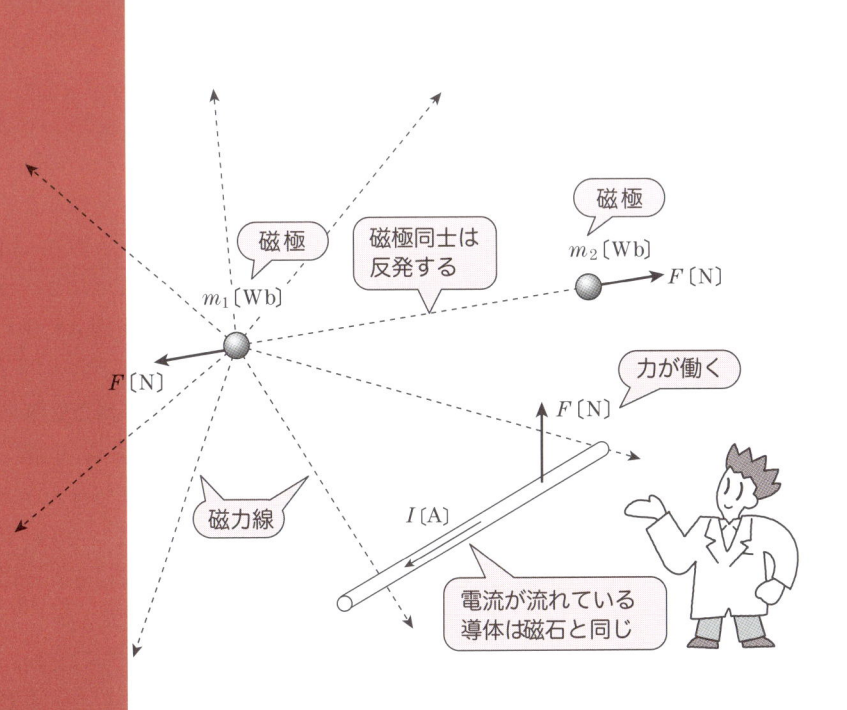

4-1 電磁力の作用と方向

(1) 電磁力

磁界中にある導体に電流を流すと力が働きます。この力を**電磁力**といいます。

この電磁力が働く理由は簡単に説明できます。たとえば、磁界中に磁石を置くと力が働くことは、第1章で学習しました。電流が流れている導体も、第2章で学習したように、その周りには磁界が生じます。つまり、磁石と同じように考えることができるからです。

図4-1のように、磁界中に置かれた導体に働く電磁力について考えてみましょう。導体には、磁石のN極からS極へ磁界が生じています。また、導体には、矢印のような電流が流れているとします。

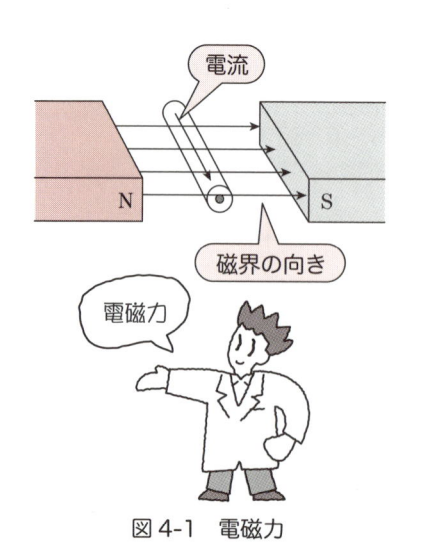

図4-2(a)は、このときの磁束を表したものです。左側から右側に、磁石による磁界（実線）が生じています。また、導体に流れる電流の向きは⊙（ドット）です。導体を中心に右ねじの方向に、電流による磁界（破線）が生じます。

ここで、導体の上部と下部の磁界に注目してみます。導体の上部は、磁石による磁界と電流による磁界の向きが異なるため、磁束は互いに打ち消しあって磁束密度は小さくなります。導体の下部は、磁石による磁界と電流による磁界の向きが同じになるため、磁束が合成されて磁束密度が大きくなります。

図4-2(b)は、合成された磁束の分布を表したものです。導体の上部では磁束密度が小さく、下部では大きくなるので、導体は磁束密度の大きい下部から小さい上部へ力を受けることになります。

(2) フレミングの左手の法則

電磁力は、導体に生じる磁束密度の

図4-1 電磁力

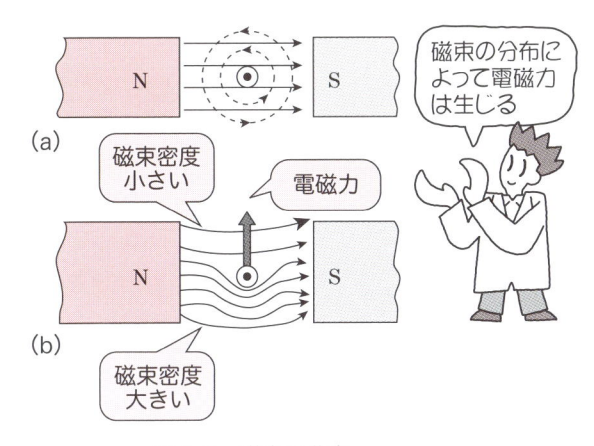

図 4-2　磁束の分布

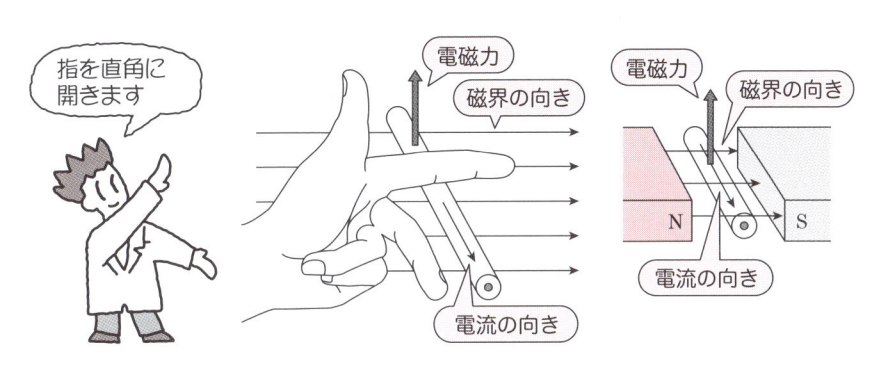

図 4-3　フレミングの左手の法則

向き，導体に流れる電流の向きによって変わります．

電磁力の方向を見つける方法として，**フレミングの左手の法則**があります．

これは，**図 4-3**のように，「左手の親指・人差し指・中指を互いに直角になるように開き，人差し指を磁界の向きに，中指を電流の向きに向けると，親指の向きが力の向きになる」というものです．

例題 4-1　図 4-4 において，導体に働く電磁力の方向を示しなさい．

図 4-4　例題 4-1

解答　フレミングの左手の法則をあてはめると，**図 4-5**のような方向になります．

(3) 電流による電磁力の大きさ

磁界中を流れる電流は，磁界から力

4-1　電磁力の作用と方向

図 4-5　例題 4-1 解答

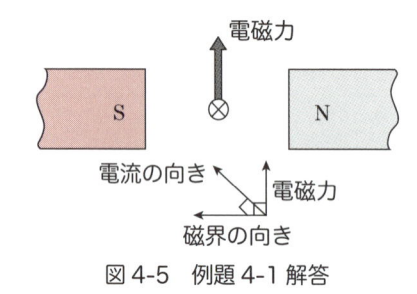

を受けます．この力の大きさを，ビオ・サバールの法則を用いて考えてみましょう．

図 4-6 のように，導線に電流 I〔A〕が流れているとき，導線上の任意の点 O に微小な長さ dl を考えます．点 O から θ 方向に r〔m〕離れた点 P にできる微小な磁界の強さ dH〔A/m〕は，式 (2-1) より，次式で表されました．

$$dH = \frac{Idl}{4\pi r^2}\sin\theta \qquad (4\text{-}1)$$

このとき，点 P の磁界の向きは，⊗（クロス）になります．

ここで，導線が磁界の中にあると仮定するために，点 P に点磁極 m〔Wb〕を考えます．すると，点 P の点磁極 m には，次式のような力 dF〔N〕が，磁界の向き⊗方向に働きます．

$$dF = mdH$$
$$= \frac{mIdl}{4\pi r^2}\sin\theta \qquad (4\text{-}2)$$

この点 P に働く力 dF は，力の作用と反作用の関係から，導線上の dl にも⊙方向の力として働きます．

つまり，導線上の dl は，P 点に仮定した点磁極 m の影響によって，力を受けたことになります．

点磁極 m による点 O の磁界の強さ H〔A/m〕は，次式で表されます．

$$H = \frac{m}{4\pi\mu_0 r^2} \qquad (4\text{-}3)$$

この点の磁束密度 B〔T〕は，

$$B = \frac{m}{4\pi r^2} \qquad (4\text{-}4)$$

となり，これを式 (4-2) に代入します．

すると，導線上の dl に生じた磁束密度 B によって，dl が受ける力の大きさ dF が求まります．

$$dF = IBdl\sin\theta \qquad (4\text{-}5)$$

上式は，点磁極の磁界によって，導

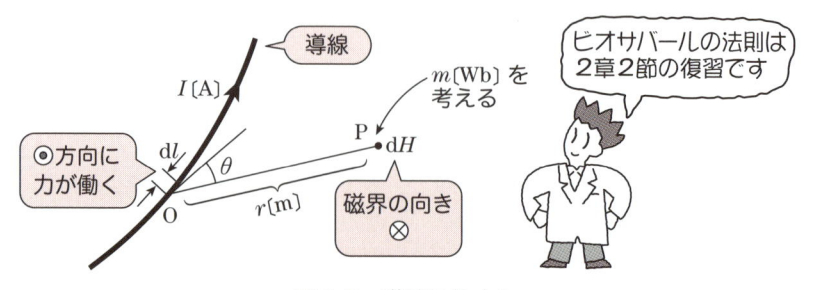

図 4-6　導線に働く力

線が受けた力を表します．点磁極による導線各部に生じる磁束密度は異なります．したがって，導線に働く力 dF は一様ではありません．

しかし，**図 4-7** のように，導線全体が磁束密度 B〔T〕という平等磁界の中にあれば，電線各部の磁束密度は等しいので，式 (4-5) は次式のように表すことができます．

$$F = IBl \sin\theta \qquad (4\text{-}6)$$

また，導体の単位長さ当たりに作用する力 f〔N/m〕は，次式のようになります．

$$f = IB \sin\theta \qquad (4\text{-}7)$$

角度 θ は，図 4-7 のように，磁界の方向に対して，電流が流れる導体との角度を表します．

図 4-8 のように，導体を磁界と垂直に置いた場合，$\theta=90°$ となり，導体の受ける電磁力 F〔N〕は，次式のようになります．

$$F = IBl \qquad (4\text{-}8)$$

図 4-9 のように，導体を磁界と平行に置いた場合，$\theta=0$ で，電磁力は零になります．

電磁力 F〔N〕は，大きさと方向をもったベクトル量です．式 (4-6) をベクトルで表すと，次式のようになります．

$$\dot{F} = (\dot{I} \times \dot{B})l \qquad (4\text{-}9)$$

上式で，$\dot{I} \times \dot{B}$ は，ベクトルの外積を表します．この表示については，8 章 2 節「ベクトルの外積」を参照してください．

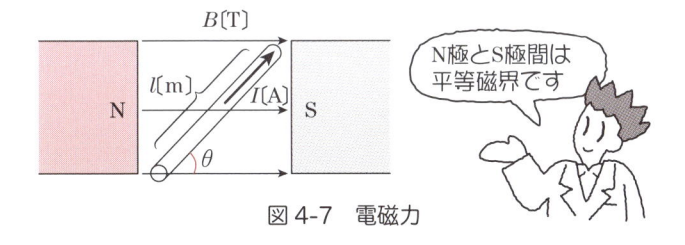

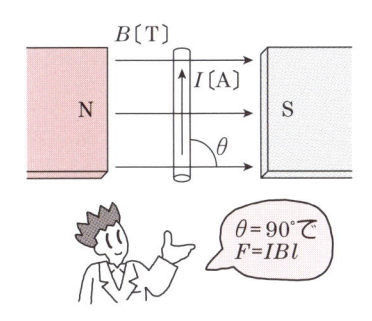

図 4-7　電磁力

図 4-8　$\theta=90°$ の電磁力

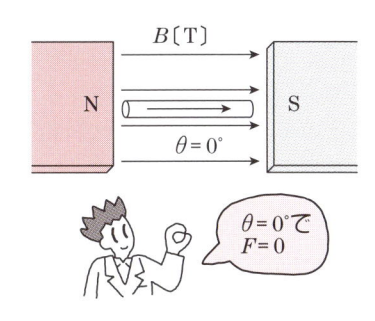

図 4-9　$\theta=0°$ の電磁力

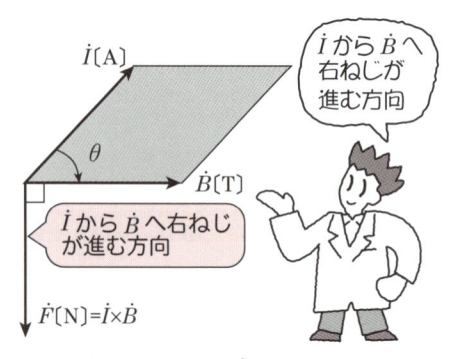

図4-10 $\dot{F}$ の方向

$\dot{F}$ の方向は，図4-10のように，電流 $\dot{I}$ と磁束密度 $\dot{B}$ が作る平面に対して，$\dot{I}$ から $\dot{B}$ へ右ねじが進む方向となります．これは，フレミングの左手の法則で説明した左手の形になります．

| Reference | 電磁力の単位

磁界の強さ H の単位は，A/m ですが，$F=mH$ より，N/Wb とも表されます．

透磁率 μ の単位は，H/m ですが，$H=m/4\pi\mu r^2$ より，Wb/A·m とも表されます．

したがって，磁束密度 B の単位は，$B=\mu H$ より，

〔Wb/A·m〕〔N/Wb〕＝〔N/A·m〕

となります．

以上の単位を組み合わせて，電磁力の単位は，次のように，N（ニュートン）になります．

$F=IBl$ より，

〔A〕$\left[\dfrac{\text{N}}{\text{A}\cdot\text{m}}\right]$〔m〕＝〔N〕

例題 4-2 図4-11のように，磁束密度 $B=0.5$〔T〕の平等磁界中に直線導体を磁界の方向に対して 30°の角度に置いた．導体に 2A の直流電流を流したとき，導体の単位長さ当たりに働く力を求めなさい．

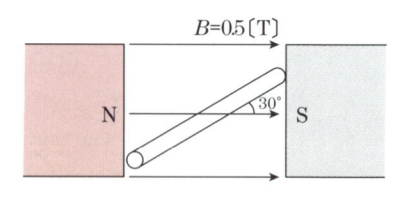

図4-11 例題 4-2

解答 磁界中の電流に働く単位長さ当たりの力 f〔N/m〕は，式(4-7)より，

$f = IB\sin\theta = 2\times 0.5 \times \sin 30°$
$= 0.5$〔N/m〕

(4) 電荷による電磁力の大きさ

前項で，磁界中に流れる電流に働く力について説明しました．

ところで，電流は電荷[1]の移動によって生じます．1秒間に 1C（クーロン[2]）の電荷の移動を 1A の電流といいます．

図4-12のように，電荷 q〔C〕が速度 v〔m/s〕で，磁界中にある長さ l〔m〕の距離を移動した場合，電流 I〔A〕は，次式のようになります．

---

1) 6章1節参照
2) 電荷量の単位，6章1節参照

$$I = \frac{qv}{l} \,[\text{A}] \quad (4\text{-}10)$$

上式を,電流による電磁力の式(4-6)に代入すると,

$$F = qvB\sin\theta \quad (4\text{-}11)$$

となります.上式は,電荷 q が磁界中を移動するときに,磁界から受ける力を表します.この力は,**ローレンツ力**とも呼ばれています.

この式をベクトルで表すと,次式のようになります.

$$\dot{F} = q\dot{v} \times \dot{B} \quad (4\text{-}12)$$

力の方向は,**図4-13**のように,電荷の速度 $\dot{v}$ と磁束密度 $\dot{B}$ が作る平面に対して,$\dot{v}$ から $\dot{B}$ へ右ねじが進む方向となります.また,この関係は,フレミングの左手の法則にも従います.その場合,電荷の移動方向を電流の方向の中指とします.

磁界中に電荷が静止している場合は,$v=0$ なので,力は働きません.電荷による電磁力は,電荷が磁界中を動いていないと働かないことに注意しましょう.

また,電子などのように電気量が負の場合は,力の方向は逆になります.

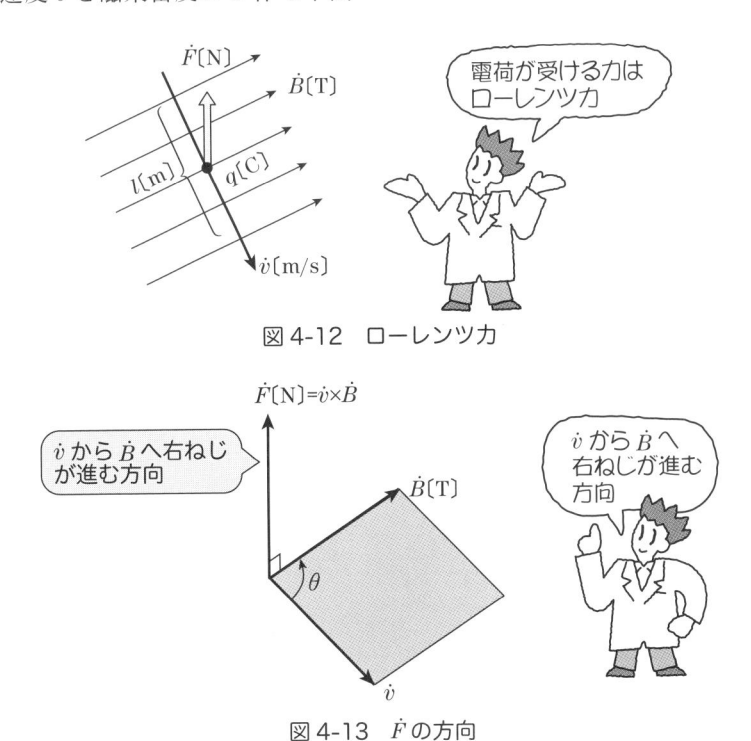

図4-12 ローレンツ力

図4-13 $\dot{F}$ の方向

4-1 電磁力の作用と方向

4-2 方形コイルに働く力とトルク

(1) 方形コイルに働く力

前節では，磁界中において，電流が流れている直線導体に働く力について説明しました．

ここでは，図4-14のような方形コイルを磁界内に置いた場合について考えてみましょう．

図4-14において，電源のプラスから出た電流は，ブラシと整流子を介して方形コイルのa→b→c→dと流れ，マイナス側に戻ってきます．

図4-15は，正面から見た図です．コイル辺abとcdには，フレミングの左手の法則から，上下逆向きの力が働きます．

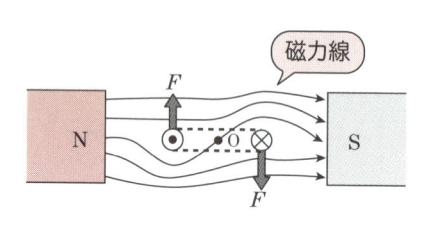

図4-15 コイル辺に働く力

コイル辺ab，cdの長さをl[m]とすれば，ここに生じる力F[N]は，各コイル辺が磁界の向きと垂直に置かれているため，次式のようになります．

$$F = IBl \qquad (4\text{-}13)$$

コイル辺bcとdaは，この位置では磁界の向きと平行なため，力は生じません．

したがって，方形コイルには，点O

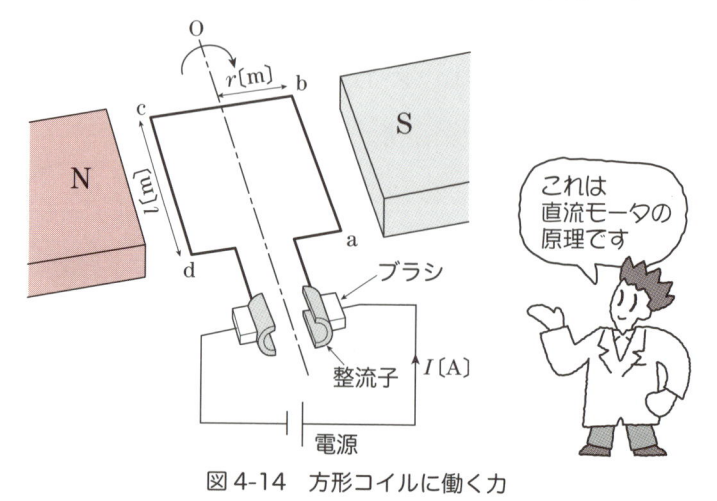

図4-14 方形コイルに働く力

これは直流モータの原理です

を軸として時計方向に回転させようとする力，すなわちトルクが生じます．

(2) トルクの求め方

トルク T〔N·m〕は，第1章7節でも説明しましたが，次の2つの考え方があります．

① 図4-16のように求める

トルク T〔N·m〕は，次のように，コイル辺に生じる力 F と，2つの力の間の水平距離との積で求めます．

$T =$ (力) × (2つの力の間の水平距離)
$T = F \times 2r\cos\theta = 2IBlr\cos\theta$

② 図4-17のように求める

トルク T〔N·m〕は，コイル辺に直角な分力 F' と，2つの力の間の距離との積で求めます．

$T =$ (コイルに直角な分力) × (2つの力の間の距離)
$T = F' \times 2r = F\cos\theta \times 2r$
$\quad = 2IBlr\cos\theta$

(3) コイル面が磁界の向きと平行な場合のトルク

図4-18のように，方形コイルの面が磁界の向きと水平に置かれている場合，トルク T〔N·m〕は，次式のようになります．

$T = F \times 2r = 2IBlr \qquad (4\text{-}14)$

ここで，$2rl$ は方形コイルの面積を表します．これを，A〔m²〕とし，また，

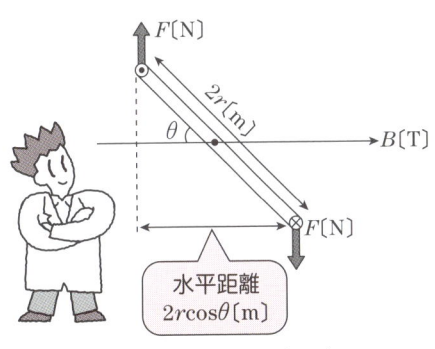

図4-16 トルクの求め方1

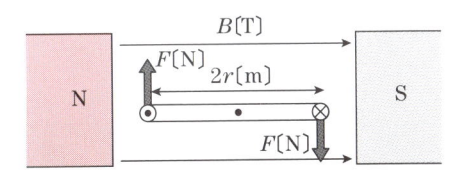

図4-18 $\theta=0$ の場合

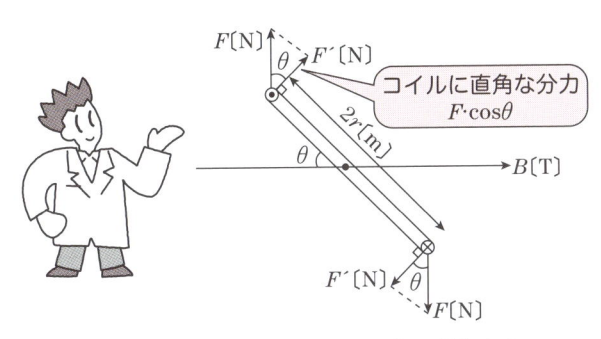

図4-17 トルクの求め方2

■ 4-2 方形コイルに働く力とトルク ■

コイルの巻数を N とすると，次式のようになります．

$$T = IBAN \quad (4\text{-}15)$$

(4) コイル面が磁界の向きと角度 θ 傾いている場合のトルク

図4-19のように，方形コイルが磁界の向きに対して θ だけ傾いている場合，トルク T〔N·m〕は，次式のようになります．

$$T = 2IBlr\cos\theta \quad (4\text{-}16)$$

上式において，方形コイルの面積を A〔m^2〕，コイルの巻数を N とすると，次式のようになります．

$$T = IBAN\cos\theta \quad (4\text{-}17)$$

(5) コイルの面が磁界の向きと 90° の場合

図4-20は，方形コイルの面が磁界の向きと 90° になった場合です．

このとき，方形コイルの4つの辺は，すべて外側へ向かって広がろうとする力が働きます．したがって，トルクは生じません．

(6) コイルを連続して回転させる

コイルを連続して回転させようとするとき，次の2つが問題になります．

ⓐ コイルの面が磁界の向きと 90° になるとき，トルクが生じない．

ⓑ コイル面が 90° を超えて回転すると，トルクの向きが逆になり，回転が逆になる．回転を持続させるためには，電流の流れを変えなければならない．

以上の問題を解決するためには，次のような対策をとります．

図4-21のように，コイル辺を増やして，常にトルクが生じるようにします．

そして，方形コイルが半回転するごとに，整流子とブラシの働きによって，同じ極側にあるコイル辺には，常に同じ方向の電流が流れるようにします．ブラシ B_1 には ⊗ の電流，ブラシ B_2 には ⊙ の電流というように，電流は常

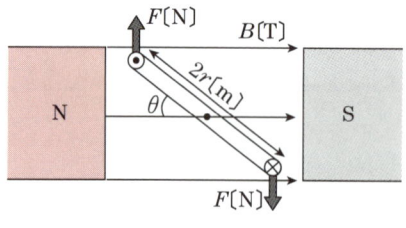

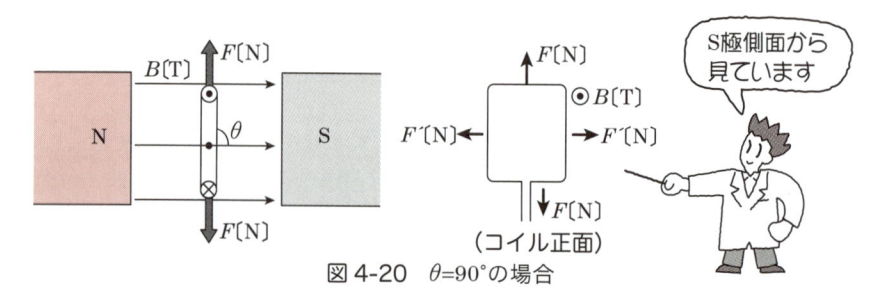

図4-19 θ の場合

図4-20 $\theta=90°$ の場合

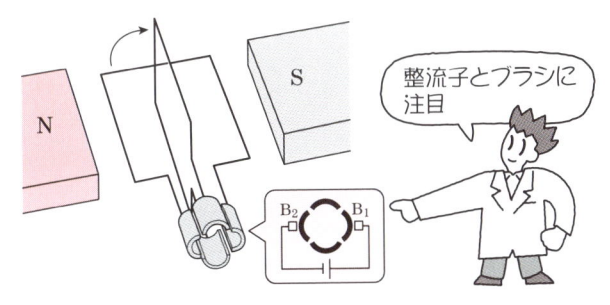

に B_1 から B_2 に流れます．

この図は，コイル辺は4つですが，もっと増やすことで回転は滑らかになります．これが，直流電動機の原理になります．

例題 4-3 図4-22のように，方形コイルが磁束密度 $B=0.5$〔T〕の磁界中に30°傾けて置かれている．コイルの面積 $A=100$〔cm²〕，コイルの巻数 $N=100$，コイルに流す電流 $I=0.5$〔A〕のとき，コイルに生じるトルクを求めなさい．

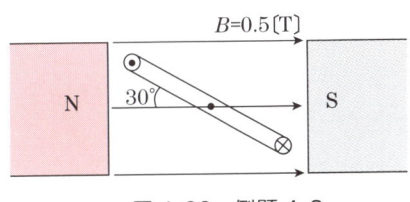

図4-22 例題4-3

解答 式(4-17)より，

$T = IBAN \cos\theta$
$= 0.5 \times 0.5 \times 100 \times 10^{-4} \times 100 \times \cos 30°$
$\fallingdotseq 0.217$〔N·m〕

例題 4-4 図4-23のように，磁束密度 $B=0.5$〔T〕の平等磁界内に，半径 $r=5$〔cm〕，巻数100回の円形コイルを，磁界と平行に置いた．コイルに流れる電流 $I=2$〔A〕のとき，コイルに働くトルクを求めなさい．

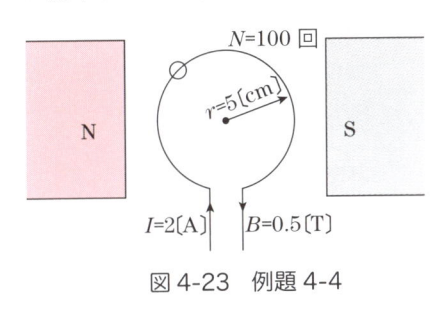

図4-23 例題4-4

解答 コイルの面を磁界と平行に置いた場合のトルク T〔N·m〕は，式(4-15)より，次式のように表されます．

$T = IBAN$ (1)

この式は，方形コイルの場合ですが，コイルの形は方形，円など，どのような形でも式は成立します．つまり，トルクはコイルの面積に比例することになります．

したがって，式(1)から，

$T = IB\pi r^2 N = 2 \times 0.5 \times \pi \times 0.05^2 \times 100$
$\fallingdotseq 0.785$〔N·m〕

■ 4-2 方形コイルに働く力とトルク ■

4-3 平行導体間に働く力

(1) 導体が2本の場合

図4-24のように，平行に置かれた2本の無限に長い導体間には電磁力が働きます．ここでは，この電磁力について考えてみましょう．

導体aと導体bには，同じ方向に電流I_1〔A〕，I_2〔A〕が流れています．

導体aに流れている電流I_1によって，r〔m〕離れた導体bにおける磁界の強さH_1〔A/m〕は，式(2-23)より，

$$H_1 = \frac{I_1}{2\pi r} \tag{4-18}$$

となります．磁界の向きは，アンペアの右ねじの法則から，紙面に対して⊗です．

この点の磁束密度B_1〔T〕は，導体は空気中にあるとして，次式のようになります．

$$B_1 = \mu_0 H_1 = \frac{\mu_0 I_1}{2\pi r} \tag{4-19}$$

この点で，導体bには電流I_2〔A〕が流れているので，フレミングの左手の法則を適用すれば，電磁力は導体aの方向に働き，吸引力となります．

導体bに働く単位長さ当たりの電磁力f〔N/m〕は，磁界の向きH_1と電流の向きI_2の角度は90°なので，式(4-7)から，次式のようになります．

$$f = I_2 B_1 \sin 90° = I_2 \mu_0 H_1$$
$$= \frac{\mu_0 I_1 I_2}{2\pi r} \tag{4-20}$$

上式において，$\mu_0 = 4\pi \times 10^{-7}$を代

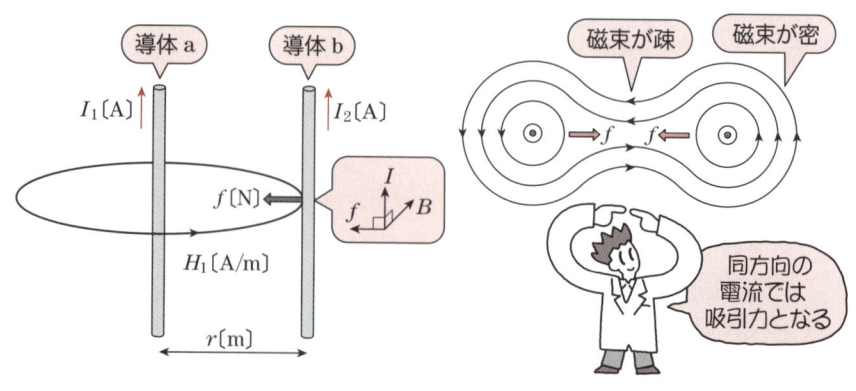

図4-24 導体間に働く力（同方向の電流）

入して,

$$f = \frac{2I_1I_2}{r} \times 10^{-7} \qquad (4\text{-}21)$$

となります.

導体bに流れる電流I_2によって,r〔m〕離れた導体aに生じる電磁力は,力の作用と反作用の関係から,式(4-21)と同じになります.ここでは,確認のため求めてみましょう.

導体bに流れる電流I_2によって,r〔m〕離れた導体aにおける磁界の強さH_2〔A/m〕は,

$$H_2 = \frac{I_2}{2\pi r} \qquad (4\text{-}22)$$

となります.磁界の向きは,アンペアの右ねじの法則から,紙面に対して⊙です.

この点の磁束密度B_2〔T〕は,

$$B_2 = \mu_0 H_2 = \frac{\mu_0 I_2}{2\pi r} \qquad (4\text{-}23)$$

導体aに働く単位長さ当たりの電磁力f〔N/m〕は,磁界の向きH_2と電流の向きI_1の角度は90°なので,式(4-7)から,

$$f = I_1 B_2 \sin 90° = I_1 \mu_0 H_2 = \frac{\mu_0 I_1 I_2}{2\pi r}$$

$$= \frac{2I_1 I_2}{r} \times 10^{-7}$$

となり,式(4-20)と同じになります.

図4-25は,2本の導体に流れる電流の向きが逆方向の場合を表しています.

この場合,力の向きは反発力になります.電磁力の大きさは,式(4-21)と同じです.

(2) **導体が3本の場合**

電磁力は,大きさと方向をもったベクトル量です.したがって,**図4-26**のように,導体が3本配置されている場合,力の大きさと向きは,導体間に生じる電磁力の大きさと向きを考え,ベクトルの合成から求めます.

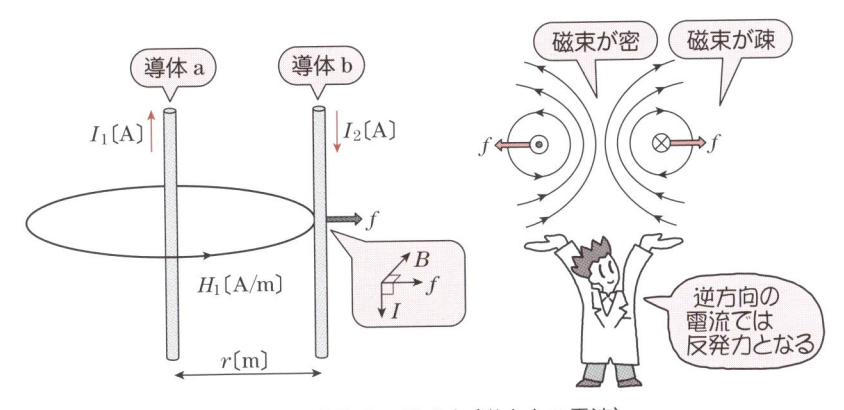

図4-25 導体間に働く力(逆方向の電流)

4-3 平行導体間に働く力

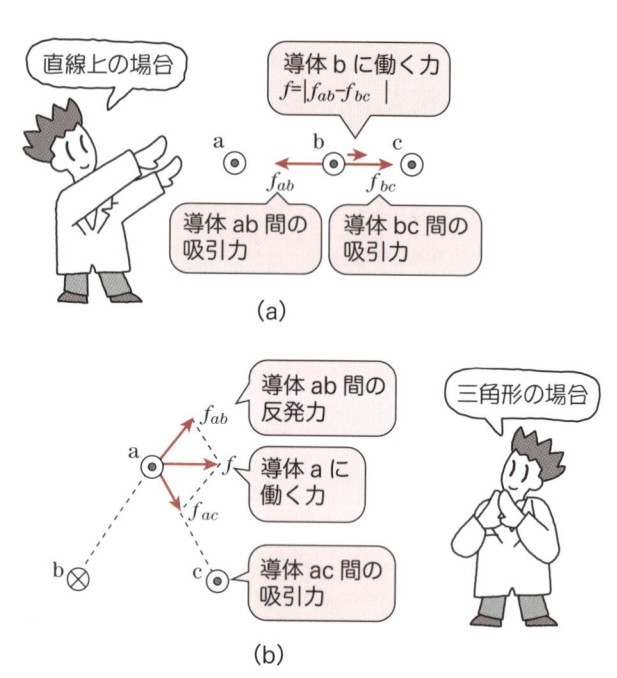

図(a)は，導体 a, b, c が直線上に置かれている場合です．たとえば，導体 b に働く力を求めるときは，導体 ab 間の力，導体 bc 間の力を求めます．導体 b に働く力は，導体 ab 間の力と導体 bc 間の力の差になります．

図(b)は，三角形に配置されている場合です．この場合も，まず，各電線間の力を求めます．そして，電線間の力の方向を考えながら，ベクトルの合成をします（ベクトルの合成については8章1節を参照）．

例題 4-5 10cm の間隔で平行に並んだ2本の無限に長い電線に，それぞれ 10A の電流を同方向に流した．電線1m 当たりに働く力を求めなさい．

解答 式(4-21)より，

$$f = \frac{2I_1 I_2}{r} \times 10^{-7}$$

$$= \frac{2 \times 10 \times 10}{10 \times 10^{-2}} \times 10^{-7}$$

$$= 2 \times 10^{-4} \,[\text{N/m}]$$

電線に流れる電流は同方向なので，力は吸引力となります．

例題 4-6 平行に並んだ2本の電線に 20A の電流を流したとき，電線1m 当たりに働く力が 10^{-3}N であった．電線間の距離を求めなさい．

解答 式(4-21)より，

$$r = \frac{2I_1 I_2}{f} \times 10^{-7} = \frac{2 \times 20 \times 20}{10^{-3}} \times 10^{-7}$$
$$= 8 \times 10^{-2} [\text{m}] = 8 [\text{cm}]$$

例題 4-7 図 4-27 のように，平行に並んだ無限に長い 3 本の電線に電流が流れている．電線 b に働く力を求めなさい．

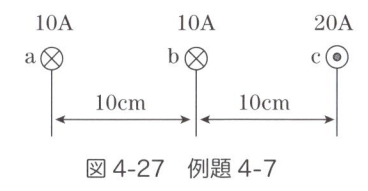

図 4-27 例題 4-7

［解答］ 電線 ab 間に働く力 f_{ab} [N/m] は，

$$f_{ab} = \frac{2I_a I_b}{r} \times 10^{-7}$$
$$= \frac{2 \times 10 \times 10}{10 \times 10^{-2}} \times 10^{-7}$$
$$= 2 \times 10^{-4} [\text{N/m}]$$

電線 a と b に流れる電流は同方向なので，力は吸引力となります．

電線 bc 間に働く力 f_{bc} [N/m] は，

$$f_{bc} = \frac{2I_b I_c}{r} \times 10^{-7}$$
$$= \frac{2 \times 10 \times 20}{10 \times 10^{-2}} \times 10^{-7}$$
$$= 4 \times 10^{-4} [\text{N/m}]$$

電線 b と c に流れる電流は逆方向なので，力は反発力となります．

電線 b に働く力 f [N/m] は，
$$f = f_{ab} + f_{bc} = 2 \times 10^{-4} + 4 \times 10^{-4}$$
$$= 6 \times 10^{-4} [\text{N/m}]$$

となり，力の向きは電線 a 側となります．

例題 4-8 図 4-28 のように，1m 間隔に置かれた 3 本の無限に長い平行導体 a, b, c にそれぞれ図のような電流が流れている．導体 a の 1m 当たりに働く力を求めなさい．

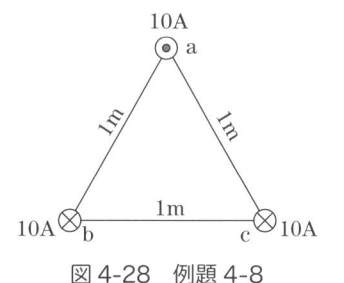

図 4-28 例題 4-8

［解答］ 電線 ab 間に働く力は，電流が逆方向なので反発力となります．

その大きさ f_{ab} [N/m] は，

$$f_{ab} = \frac{2I_a I_b}{r} \times 10^{-7}$$
$$= \frac{2 \times 10 \times 10}{1} \times 10^{-7}$$
$$= 2 \times 10^{-5} [\text{N/m}]$$

電線 ac 間に働く力は，電流が逆方向なので反発力となります．

その大きさ f_{ac} [N/m] は，

$$f_{ac} = \frac{2I_a I_c}{r} \times 10^{-7}$$
$$= \frac{2 \times 10 \times 10}{1} \times 10^{-7}$$
$$= 2 \times 10^{-5} [\text{N/m}]$$

この 2 つの力は，図 4-29 のよう

4-3 平行導体間に働く力

な方向に働いています．したがって，合成した力 f〔N/m〕は，次式のようになります．

$$f = 2f_{ab} \cos 30°$$
$$= 2 \times 2 \times 10^{-5} \times \cos 30°$$
$$\fallingdotseq 3.46 \times 10^{-5} \text{〔N/m〕}$$

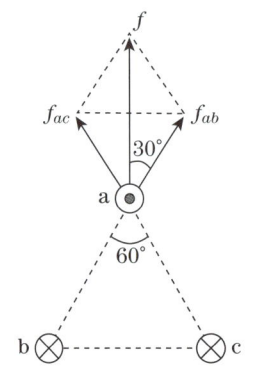

図 4-29 例題 4-8 解答（拡大）

Reference　電流 1A の定義

第 1 章 6 節でも説明しましたが，式 (4-21) は，1A の電流を定義する式に用いられています（図 4-30 参照）．

電流 1A は，次のように定義されています．「1A とは，真空中に 1m の間隔で平行に置いた，無限に長い 2 本の直線状導体のそれぞれに流れ，これらの導体の長さ 1m につき 2×10^{-7}〔N〕の力を及ぼし合う電流をいう」

本書は SI 単位系を用いています．この単位系では，電流の定義が優先されます（詳しくは第 8 章 5 節参照）．

したがって，電流 1A が定義されれば，式 (4-20) を用いて，真空中の透磁率 μ_0〔H/m〕を求めることができます．

式 (4-20) より，

$$\mu_0 = \frac{2\pi r f}{I_1 I_2}$$

上式に，$I_1 = I_2 = 1$〔A〕，$r = 1$〔m〕，$f = 2 \times 10^{-7}$〔N/m〕を代入して，

$$\mu_0 = \frac{2\pi \times 1 \times 2 \times 10^{-7}}{1 \times 1}$$
$$= 4\pi \times 10^{-7} \text{〔H/m〕}$$

となります．

いままで，定数として用いていた真空中の透磁率 μ_0 は，ここから決まりました．

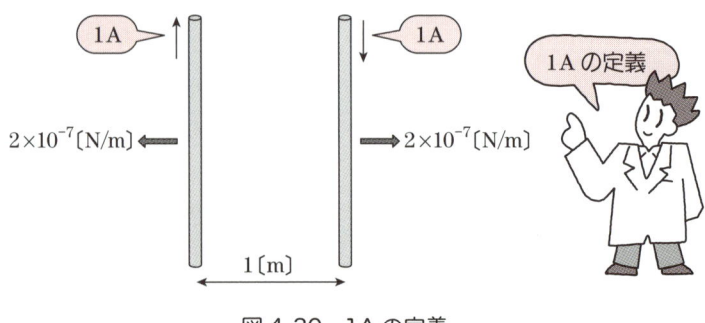

図 4-30　1A の定義

4-4 磁界中の導体の運動

磁界中にある導体に電流を流すと，電磁力が働きます．磁界中の導体が電磁力によって動けば，そこに仕事が生じます．ここでは，電磁力による仕事について考えてみましょう．

(1) 導体が直線運動する場合

図 4-31(a)のように，磁束密度 B〔T〕の平等磁界中に，長さ l〔m〕の導体を磁界と垂直に置きます．導体に流れる電流を I〔A〕とすると，導体に働く電磁力 F〔N〕は，次式で表されます．

$$F = IBl \qquad (4\text{-}24)$$

電磁力の向きは，フレミングの左手の法則から，右方向になります．

図 4-31(b)のように，導体が電磁力によって，点 ab から点 a′b′ に x〔m〕移動したとき，電磁力 F による仕事 W〔J〕は，次式のようになります．

$$W = Fx = IBlx \qquad (4\text{-}25)$$

上式において，lx は導体が移動した面積を表します．したがって，Blx は導体が移動したときに横切った磁束の総数 ϕ〔Wb〕になります．そこで，$\phi = Blx$ を代入して，

$$W = I\phi \qquad (4\text{-}26)$$

と表すことができます．

導体が x〔m〕移動するのに要した時間を t〔s〕とすると，単位時間当たりの仕事 P〔W〕は，式(4-25)より，次式のようになります．

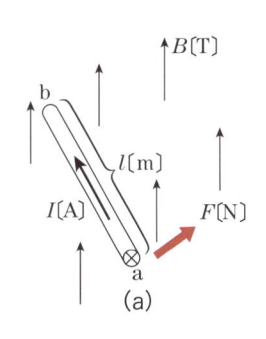

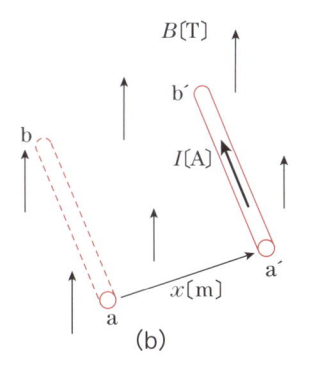

図 4-31 導体が直線運動する場合

$$P = \frac{W}{t} = \frac{IBlx}{t} = IBlv \quad (4\text{-}27)$$

ここで，v〔m/s〕は，導体の移動速度を表します．

また，P〔W〕は，式(4-26)より，次のようにも表されます．

$$P = \frac{W}{t} = \frac{I\phi}{t} \quad (4\text{-}28)$$

(2) **導体が円運動する場合**

図 4-32 は，電機子と呼ばれる円状にした方形コイルを磁束密度 B〔T〕の磁界中に置いたものです．これは，直流電動機の構造を表します．

電機子の半径を r〔m〕，電機子の導体数を Z，導体の長さを l〔m〕とします．

電機子の各導体に流れる電流を I〔A〕とすると，導体 1 本に働く電磁力 F'〔N〕は，

$$F' = IBl \quad (4\text{-}29)$$

したがって，導体 1 本に生じるトルク T'〔N·m〕は，

$$T' = F'r = IBlr \quad (4\text{-}30)$$

となります．電機子全体の電磁力 F〔N〕，トルク T〔N·m〕は，導体の総数が Z なので，次式のようになります．

$$F = F'Z = IBlZ \quad (4\text{-}31)$$

$$T = T'Z = IBlrZ = Fr \quad (4\text{-}32)$$

電機子が 1 回転する仕事 W〔J〕は，電機子の円周 $2\pi r$〔m〕と電磁力 F〔N〕から，

$$W = 2\pi rF = 2\pi T \quad (4\text{-}33)$$

となります．

電機子の回転速度を n〔min^{-1}〕とすると，1 秒間に $n/60$ 回転することになります．

したがって，電機子が 1 秒間にする仕事 P〔W〕は，次式のようになります．

$$P = W \cdot \frac{n}{60} = 2\pi \frac{n}{60} T \quad (4\text{-}34)$$

上式は，直流発電機の出力を表す式になります．この式から，直流発電機の出力は，回転速度 n〔min^{-1}〕とトルク T〔N·m〕に比例することがわかります．

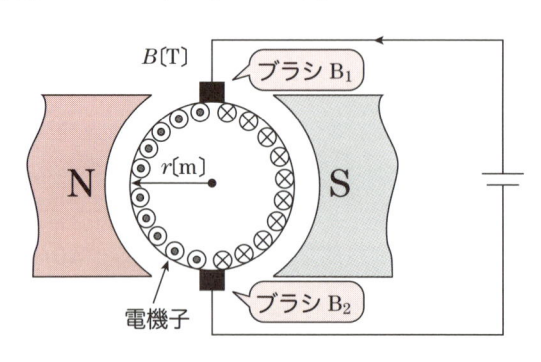

図 4-32　導体が円運動する場合

例題 4-9 図4-33のように，磁束密度0.2Tの磁界中に，長さ10cmの導体を磁界の向きと直角に置き，2Aの電流を流した．この導体が電磁力の方向に20cm運動するとき，なされた仕事を求めなさい．

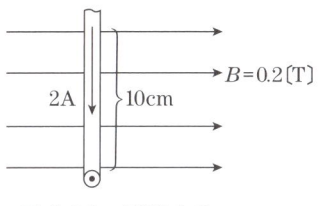

図4-33　例題4-9

解答
$$W = IBlx \\ = 2 \times 0.2 \times 10 \times 10^{-2} \times 20 \times 10^{-2} \\ = 8 \times 10^{-3} \text{〔J〕}$$

例題 4-10 図4-34のように，5Aの電流が流れている導体が点abから点a′b′へ移動するのに，0.1秒間に4×10^{-2}Wbの磁束を横切った．時間当たりの仕事を求めなさい．

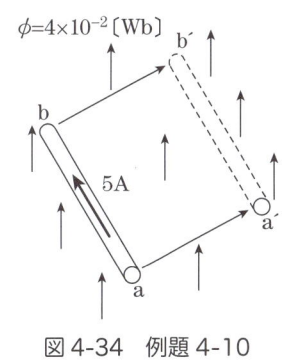

図4-34　例題4-10

解答
$$P = \frac{I\phi}{t} = \frac{5 \times 4 \times 10^{-2}}{0.1} = 2 \text{〔W〕}$$

例題 4-11 磁束密度0.4Tの磁界中に，長さ10cmの導体を磁界の向きと直角に置き，5Aの電流を流したら4秒間に30cm動いた．このときの単位時間当たりの仕事を求めなさい．

解答 式(4-27)より，
$$P = \frac{IBlx}{t} \\ = \frac{5 \times 0.4 \times 10 \times 10^{-2} \times 30 \times 10^{-2}}{4} \\ = 1.5 \times 10^{-2} \text{〔W〕}$$

例題 4-12 半径10cm，長さ30cm，導体の総数100本の電機子がある．この電機子が磁束密度0.5Tの磁界中を60min^{-1}で回転した．各導体には2Aの電流が流れているとき，電機子に働くトルクと出力を求めなさい．

解答 式(4-32)より，
$$T = IBlrZ \\ = 2 \times 0.5 \times 30 \times 10^{-2} \times 10 \times 10^{-2} \times 100 \\ = 3 \text{〔N·m〕}$$

式(4-34)より，
$$P = 2\pi \frac{n}{60} T = 2\pi \times \frac{60}{60} \times 3 \\ \fallingdotseq 18.8 \text{〔W〕}$$

4-4　磁界中の導体の運動

章末問題 4

1 図 4-35 で，矢印のような電磁力を発生させるには，導体にどのような方向の電流を流せばよいか．図示しなさい．

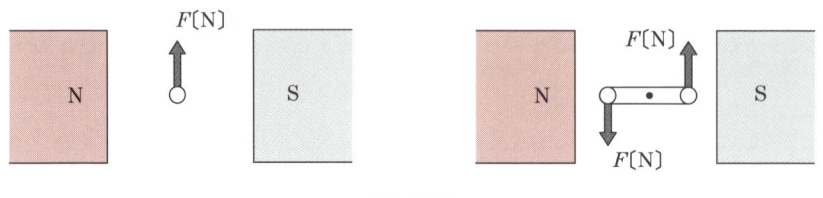

図 4-35

2 磁束密度 0.5T の磁界中に，長さ 20cm の導体を磁界の方向と 30°の角度で置き，導体に 3A の電流を流した．導体に働く力を求めなさい．

3 磁束密度 1.2T の磁界中に，長さ 15cm の導体を磁界の方向と 30°の角度で置いたとき，0.18N の力が働いた．導体に流した電流を求めなさい．

4 磁束密度 1.0T の磁界中に，長さ 30cm，幅 20cm の方形コイルが水平に置かれている．コイルに 2A の電流が流れたとき，コイルに働くトルクを求めなさい．

5 磁束密度 0.5T の磁界中に，面積 $A=0.04 [m^2]$，巻数 100 の方形コイルが磁界に対して 60°傾いて置かれている．コイルに 2A の電流が流れたとき，コイルに働くトルクを求めなさい．

6 10cm の間隔で平行に並んでいる 2 本の電線に同じ電流が流れている．この電線 1m 当たりに働く力は，5×10^{-5} N/m であった．電線に流れている電流の値を求めなさい．

7 図 4-36 のように，直線上に並んだ 3 本の電線に電流が流れている．電線 b に働く力を求めなさい．

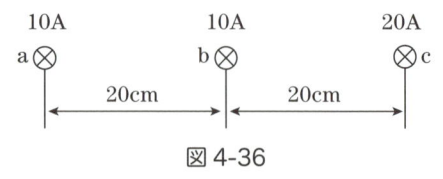

図 4-36

8 半径 20cm，長さ 40cm，導体の総数 100 本の電機子がある．この電機子が磁束密度 0.5T の磁界中を 120min^{-1} で回転した．各導体には 0.5A の電流が流れているとき，電機子に働くトルクと出力を求めなさい．

第5章 電磁誘導

　時間的に変化する磁界によって起電力が生じます．これは，電磁気学の重要な現象で，電磁誘導と呼ばれています．
　この章では，電磁誘導，インダクタンス，電磁エネルギーについて説明しています．
　電磁誘導は，発電機などの装置に応用されています．この現象による起電力の発生とその性質などについて理解していきましょう．

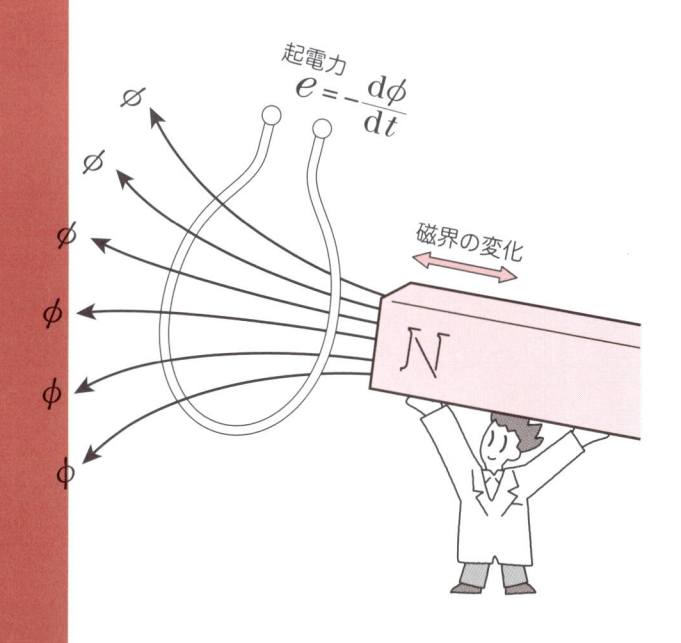

起電力 $e = -\dfrac{d\phi}{dt}$

磁界の変化

5-1 電磁誘導の法則

(1) 電磁誘導

電流が流れると，その周囲に磁界が生じることは2章で学習しました．

電流から磁界をつくることはできます．その逆で，磁界から電流を取り出すことはできないかという研究が，多くの科学者によって行われました．

その中で，ファラデー[1]は，コイルの近くで磁石を動かすと電流が流れるという画期的な発見をしました．

図 5-1 のように，コイルに検流計をつなぎ，磁石を用意します．磁石をコイルの近くに静止させておくと，検流計の針は振れません．つまり，起電力は発生しません．

今度は，磁石をコイルに近づけたり，遠ざけたりします．すると，コイルを貫いている磁束が増減します．このとき，検流計の針は左右に振れます．つまり，起電力が発生したことになります．

このように，コイルを貫く磁束が変化することによって，起電力が発生する現象を**電磁誘導**といいます．電磁誘導によって生じる起電力を**誘導起電力**，流れる電流を**誘導電流**といいます．

(2) 誘導起電力の大きさ

誘導起電力は，コイルを貫く磁束が変化することによって発生します．

コイルを貫く磁束 ϕ [Wb] が，dt 秒間に $d\phi$ だけ変化したとします．コイルの巻数を N とすると，コイルに発生する誘導起電力 e [V] は，次式のように表されます．

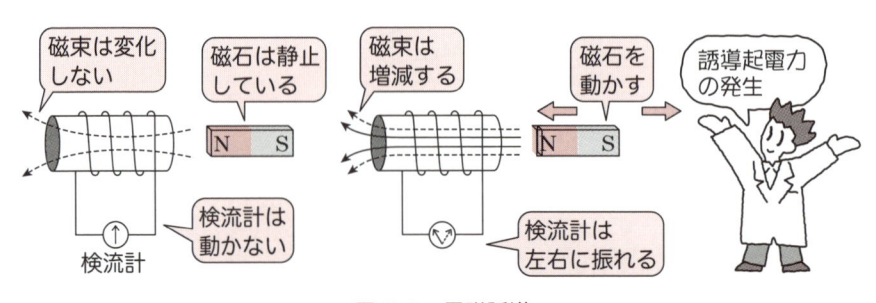

図 5-1　電磁誘導

1) Michael Faraday（英）1791 〜 1867

$$e = -N\frac{d\phi}{dt} \qquad (5\text{-}1)$$

このような関係を電磁誘導に関するファラデーの法則といいます．上式にマイナスの符号が付いていますが，これは，誘導起電力の発生の仕方が，もとの磁束の増減を妨げる向きに生じるためです．詳しくは，次の項を参照してください．

式(5-1)から，大きな誘導起電力を得るには，磁石の動きを速くするか，あるいは，強力な磁石を用いればよいことがわかります．

(3) 誘導起電力の方向

誘導起電力の方向は，レンツの法則から知ることができます．これは，「誘導起電力による電流のつくる磁束が，もとの磁束の増減を妨げる向きに生じる」というものです．

図 5-2 のように，コイルに磁石を近づける場合を考えてみましょう．

最初に，磁石が静止している場合，コイル内には，磁石によるわずかな磁束が生じています．しかし，コイル内で，磁束の増減などの変化はありませんので，誘導起電力は生じていません．

そこに磁石を近づけます．すると，コイル内を貫く磁束が増加することになります．すると，この増加する磁束を妨げようとして，磁石の磁束とは逆向きの破線の磁束をつくる向きに，誘導起電力は発生します．

今度は，図 5-3 のように，コイル内にある磁石を遠ざける場合について考えてみましょう．

いま，コイル内にある磁石が静止している場合，コイル内には磁石による実線の磁束は生じていますが，磁束の増減の変化はありません．したがって，誘導起電力は発生していません．

ここで，磁石を遠ざけます．すると，磁石がなくなることにより，コイルを

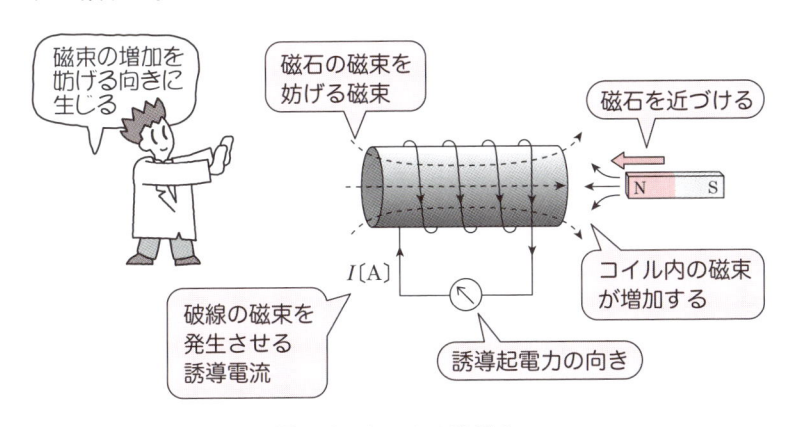

図 5-2 レンツの法則 1

5-1 電磁誘導の法則

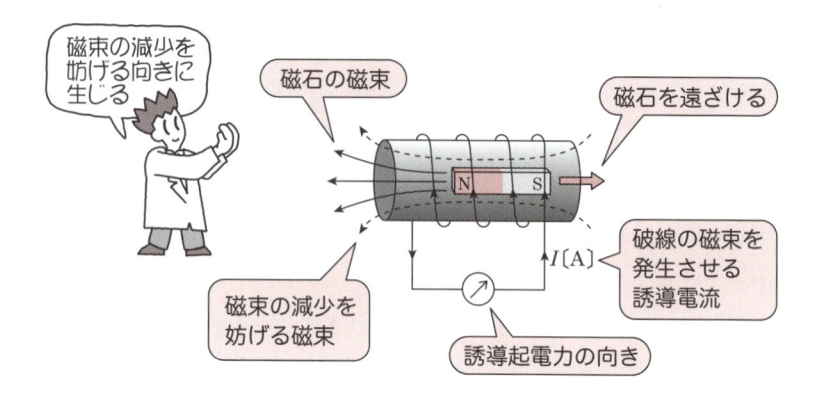

図 5-3 レンツの法則 2

貫く磁束が減少します．

この減少する磁束を妨げる，つまり，もとの磁束を増加させようとして誘導起電力が生じます．その向きは，磁石の磁束と同じ方向である破線の磁束をつくる向きとなります．

例題 5-1 図 5-4 のように，コイルに対して磁石を矢印の方向に動かした場合，誘導起電力の向きはどうなるか．矢印を記入しなさい．

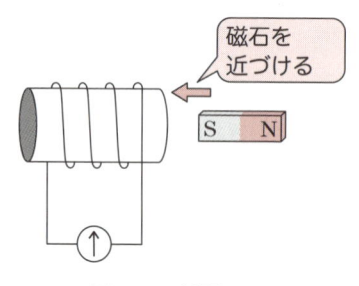

図 5-4 例題 5-1

解答 レンツの法則から，次のようになります．

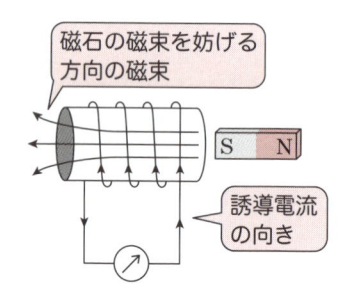

図 5-5 例題 5-1 解答

例題 5-2 図 5-6 のように，コイルに対して磁石を矢印の方向に動かした場合，誘導起電力の向きはどうなるか．矢印を記入しなさい．

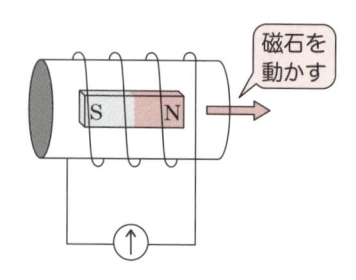

図 5-6 例題 5-2

解答 レンツの法則から，次のよ

うになります．

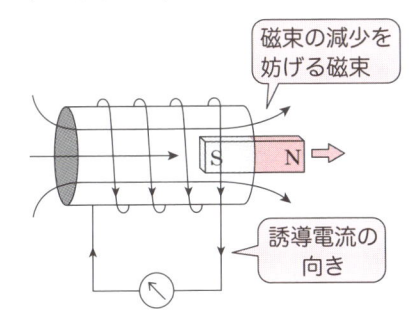

図 5-7　例題 5-2 解答

例題 5-3　巻数 20 回のコイルを貫く磁束が，0.2 秒間に 0.02Wb から 0.12Wb に変化した．このとき発生する誘導起電力の大きさを求めなさい．

解答　式 (5-1) より，

$$e = -N\frac{d\phi}{dt} = -20 \times \frac{0.12 - 0.02}{0.2}$$

$$= -10 [V]$$

誘導起電力の大きさは，正負の符号に関係ないため，答えは 10V となります．

例題 5-4　巻数 100 回のコイルに，図 5-8 のような磁束を加えた．

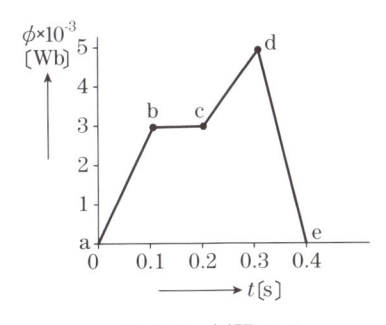

図 5-8　例題 5-4

ab，bc，cd，de 間で発生する誘導起電力の大きさを求めなさい．

解答　ab 間の誘導起電力 e_{ab}[V]，bc 間の誘導起電力 e_{bc}[V]，cd 間の誘導起電力 e_{cd}[V]，de 間の誘導起電力 e_{de}[V] は，次式のようになります．

$$e_{ab} = -N\frac{d\phi}{dt}$$

$$= -100 \times \frac{3 \times 10^{-3} - 0}{0.1 - 0}$$

$$= -3 [V]$$

$$e_{bc} = -N\frac{d\phi}{dt}$$

$$= -100 \times \frac{(3-3) \times 10^{-3}}{0.2 - 0.1}$$

$$= 0 [V]$$

$$e_{cd} = -N\frac{d\phi}{dt}$$

$$= -100 \times \frac{(5-3) \times 10^{-3}}{0.3 - 0.2}$$

$$= -2 [V]$$

$$e_{de} = -N\frac{d\phi}{dt}$$

$$= -100 \times \frac{0 - 5 \times 10^{-3}}{0.4 - 0.3}$$

$$= 5 [V]$$

したがって，

$|e_{ab}| = 3 [V]$

$|e_{bc}| = 0 [V]$

$|e_{cd}| = 2 [V]$

$|e_{de}| = 5 [V]$

となります．

5-2 誘導起電力

(1) 誘導起電力の発生法

前節で，誘導起電力は磁束の時間的な変化によって発生し，その大きさ e [V] は，式(5-1)より，

$$e = -N\frac{d\phi}{dt}$$

で表されました．上式において，コイルを貫く磁束 ϕ [Wb] は，コイルの断面積を A [m^2] とすると $\phi = BA$ ですから，

$$e = -N\frac{dBA}{dt} \tag{5-2}$$

となります．

この式(5-2)から，誘導起電力は，磁束密度 B [T] の時間的な変化だけでなく，コイルの断面積 A [m^2] の時間的な変化でも発生できることがわかります．

図5-9は，誘導起電力の発生方法を描いたものです．

図(a)は，コイルの付近で磁石を動かしています．図(b)は，磁石を動かすかわりに別のコイルを用意して，そこに流す電流を変化させています．この2つは，磁束の時間的な変化によって，

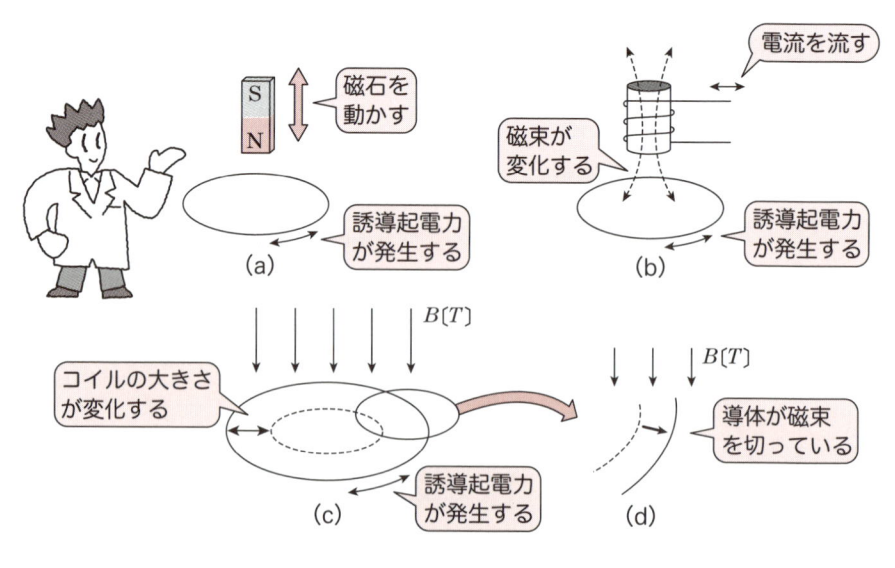

図5-9 誘導起電力の発生法

誘導起電力を得ています．

一方，図(c)は，均一な磁界中で，コイルの大きさを変化させています．これは，コイルの断面積を変化させることで，誘導起電力を得ています．

図(c)において，コイルの一部である図(d)に，注目してみましょう．このようにコイルをマクロ的に見ると，平等磁界中を導体が移動することで誘導起電力を得ていることがわかります．つまり，導体が時間的にどのくらいの磁束を切るかによって，ある大きさの誘導起電力を発生させることができるのです．

では，次に導体の直線運動による誘導起電力について考えていきましょう．

(2) 直線運動による誘導起電力
(a) 誘導起電力の大きさ

図 5-10 のように，磁束密度 B〔T〕の平等磁界中に，長さ l〔m〕の導体を置きます．このとき，導体が磁界の方向と垂直に速度 v〔m/s〕で移動する場合を考えます．

誘導起電力は，時間当たりの磁束の変化で表されました．導体が速度 v〔m/s〕で移動したときの移動面積 A〔m²/s〕は，$A=lv$〔m²/s〕となります．

導体は磁束密度 B〔T〕の磁界中を移動しているので，導体が横切った時間当たりの磁束から，誘導起電力 e〔V〕は，次式のようになります．

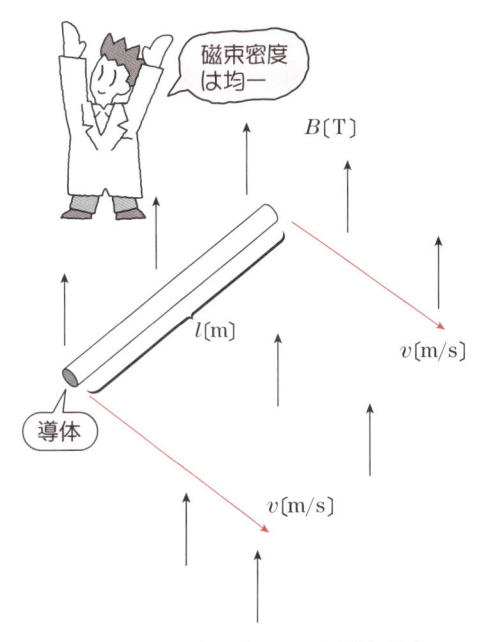

図 5-10　直線運動による誘導起電力

$$e = -\frac{d\phi}{dt} = -\frac{dBA}{dt} = -vBl \quad (5\text{-}3)$$

図 5-10 では，導体を磁界の方向と垂直に移動させました．もし，**図 5-11** のように磁界との角度 θ で移動した場合，磁束を切る面積 A〔m²/s〕は，$A=lv\sin\theta$ となります．

したがって，誘導起電力 e〔V〕は，
$$e = -vBl\sin\theta \quad (5\text{-}4)$$
と表されます．

ここで，式のマイナス表示は，レンツの法則で説明した「もとの磁束を妨げる方向」という意味で付けられています．

誘導起電力は，大きさと方向をもつ

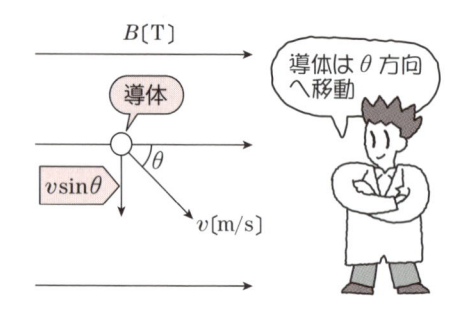

図5-11 導体の移動方向

ベクトル量です．式(5-3)をベクトルで表すと，次式のようになります．

$$\dot{e} = (\dot{v} \times \dot{B})l \qquad (5\text{-}5)$$

誘導起電力 $\dot{e}$ の方向は，**図5-12**のように，導体の移動速度 $\dot{v}$ と磁束密度 $\dot{B}$ が作る面に対して，$\dot{v}$ から $\dot{B}$ へ右ねじが進む方向となります．

この誘導起電力の方向を簡単に知る方法として，次に説明するフレミングの右手の法則があります．

(b) **誘導起電力の方向**

図5-13(a)のように，磁界中に置

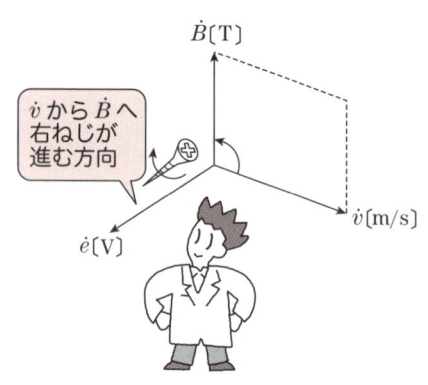

図5-12 $\dot{e}$ の方向

かれた導体を矢印方向に速度 v[m/s] で移動させたとき，導体に生じる誘導起電力の方向を，**フレミングの右手の法則**から求めてみましょう．

図5-13(b)のように，右手の親指・人差し指・中指を互いに直角になるように開きます．そして，人差し指を磁界の向き，親指を導体の移動方向に向けると，中指の方向が生じる誘導起電力の向きになります．

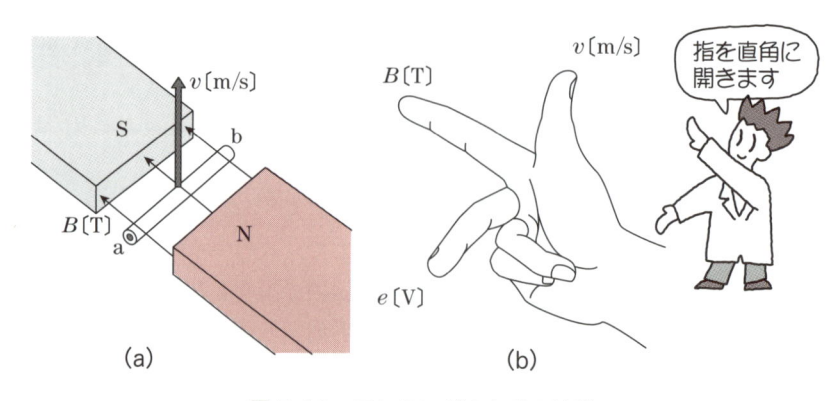

図5-13 フレミングの右手の法則

108　　　第5章 電磁誘導

この法則を，図(a)の場合にあてはめてみると，誘導起電力は導体のbからaの方向になります．

例題 5-5 図5-14において，導体を矢印の方向に移動させるとき，誘導起電力の方向を⊗⊙で示しなさい．

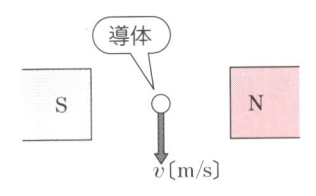

図5-14　例題5-5

解答　フレミングの右手の法則から，図5-15のように，⊗になります．

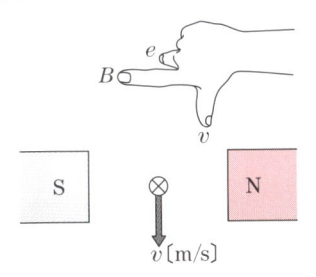

図5-15　例題5-5 解答

例題 5-6　磁束密度0.5Tの磁界中で，長さ30cmの導体が磁界と直角方向に50m/sの速度で運動している．導体に生じる誘導起電力の大きさを求めなさい．

解答　導体の移動方向と磁界の方向が直角なので，式(5-3)より，

$|e| = vBl = 50 \times 0.5 \times 0.3$
$= 7.5 〔V〕$

例題 5-7　図5-16のように，磁束密度1.2Tの磁界中で，長さ30cmの導体が磁界と30°の方向に15m/sの速度で運動している．導体に生じる誘導起電力の大きさと方向を求めなさい．

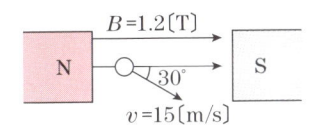

図5-16　例題5-7

解答　誘導起電力の大きさは，式(5-4)より，

$|e| = vBl \sin\theta$
$= 15 \times 1.2 \times 0.3 \times \sin 30°$
$= 2.7 〔V〕$

となります．

誘導起電力の方向は，フレミングの右手の法則から，図5-17のように，⊙（ドット）になります．

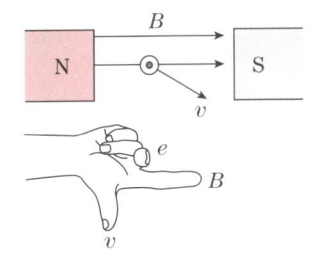

図5-17　例題5-7 解答

5-2　誘導起電力

5-3 自己インダクタンス

(1) 自己誘導

ここでは，コイル自身に電流を流したときの現象について考えてみます．

図 5-18 (a) において，コイルに電流 I [A] を流すと，右ねじの法則に従って，コイルに磁束 ϕ [Wb] が生じます．

次に，図(b)のように，コイルに流れる電流を I [A] から $I+dI$ [A] に増加させます．すると，コイルに生じていた磁束 ϕ [Wb] は，$\phi+d\phi$ に増加します．

ところで，1節の電磁誘導において，コイルを貫く磁束が変化すると，コイルに誘導起電力が発生することを学習しました．

図(b)の場合も，電流が変化することで，コイルを貫く磁束が変化しますので，誘導起電力が生じます．

このように，コイルに流れる電流によって，コイル自身に誘導起電力が発生する現象を**自己誘導**といいます．

(2) 自己インダクタンス

図 5-18 (b) において，磁束が ϕ から $\phi+d\phi$ に時間当たり $d\phi$ だけ変化したときに生じる誘導起電力 e [V] は，

$$e = -N \frac{d\phi}{dt} \qquad (5\text{-}6)$$

と表されました．

この誘導起電力は，電流の変化によって生じたともいえます．

いままで学習したアンペアの周回積分の法則やビオ・サバールの法則では，磁束密度は電流に比例していました．

そこで，コイルに発生する磁束 $N\phi$（磁束鎖交数という）と電流 I の間で，

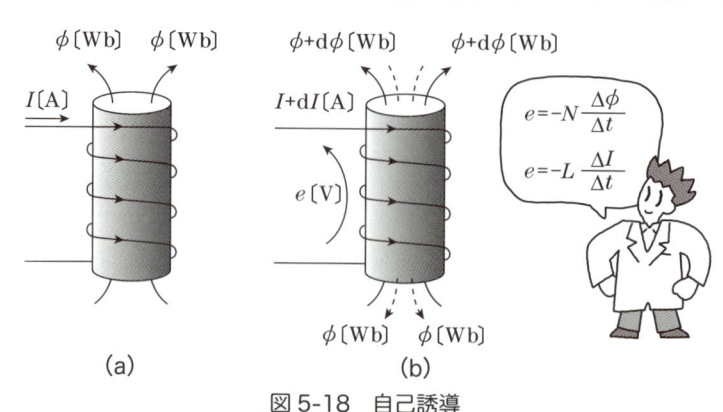

図 5-18 自己誘導

比例定数を L として，次の関係を定義します．

$$N\phi = LI \quad (5\text{-}7)$$

すると，式(5-6)の誘導起電力 e〔V〕は，次式のように，電流の変化量として表すこともできます．

$$e = -L\frac{dI}{dt} \quad (5\text{-}8)$$

上式の L を**自己インダクタンス**といい，単位記号に H（ヘンリー）を用います．

式(5-8)より，1秒当たりに1Aずつ変化する電流によって1Vの誘導起電力が生じるコイルのインダクタンスが1Hとなります．

例題 5-8 自己インダクタンスが50mHのコイルに，図5-19のような電流を流した．ab間，bc間で発生する誘導起電力の大きさを求めなさい．

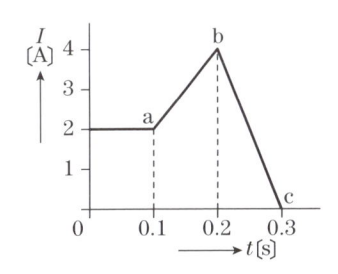

図 5-19 例題 5-8

解答 ab間の誘導起電力 e_{ab}〔V〕は，

$$e_{ab} = -L\frac{dI}{dt} = -50 \times 10^{-3} \times \frac{4-2}{0.2-0.1}$$
$$= -1 \text{〔V〕}$$

bc間の誘導起電力 e_{bc}〔V〕は，

$$e_{bc} = -L\frac{dI}{dt} = -50 \times 10^{-3} \times \frac{0-4}{0.3-0.2}$$
$$= 2 \text{〔V〕}$$

したがって，$|e_{ab}| = 1$〔V〕，$|e_{bc}| = 2$〔V〕．

例題 5-9 図5-20のようなコイルで，電流が5Aのとき0.02Wbの磁束が生じた．コイルの巻数が200回であれば，自己インダクタンスはいくらですか．

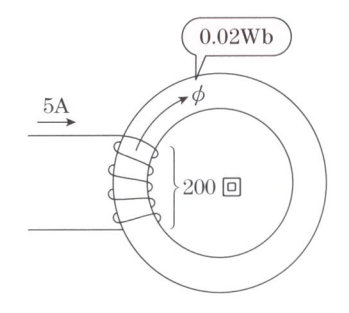

図 5-20 例題 5-9

解答 式(5-7)より，

$$L = \frac{N\phi}{I} = \frac{200 \times 0.02}{5} = 0.8 \text{〔H〕}$$

(3) 自己インダクタンスの計算

磁気回路の自己インダクタンスを考えてみましょう．

自己インダクタンス L〔H〕は，式(5-7)の定義より，次式のように表されます．

$$L = \frac{N\phi}{I} \quad (5\text{-}9)$$

つまり，磁気回路に電流 I〔A〕が流

5-3 自己インダクタンス

れたときに生じる磁束 ϕ [Wb] を求めれば，自己インダクタンス L は計算できます．

磁気回路に生じる磁束 ϕ を求めることは，第3章で学習しました．自己インダクタンスの計算は，いままで学習した電流による磁界や磁気回路の計算が基本となります．

では，いくつかの例を挙げて，自己インダクタンスの計算を理解していきましょう．

(a) 環状コイルのインダクタンス

図5-21の環状コイルのインダクタンスを求めてみましょう．

磁気回路に電流 I [A] が流れたときに生じる磁界の強さ H [A/m] は，式(3-2)より，次式のように表されます．

$$H = \frac{NI}{l} \quad (5\text{-}10)$$

この場合，コイルの断面積 A [m^2] に比べて磁路の長さ l [m] が十分に長ければ，コイル内で磁界は均一になります．

したがって，コイル内を貫く磁束 ϕ [Wb] は，式(3-4)より，

$$\phi = BA = \mu HA = \mu \frac{NI}{l} A \quad (5\text{-}11)$$

となります．

この磁束 ϕ を式(5-9)に代入して，環状コイルの自己インダクタンス L [H] は，次式のようになります．

$$L = \frac{N\phi}{I} = \frac{\mu A N^2}{l} \quad (5\text{-}12)$$

このように，自己インダクタンスは，コイルの形，巻数，透磁率などに関する定数となります．

(b) ソレノイドのインダクタンス

図5-22のようなソレノイド（円筒コイル）のインダクタンスを考えてみましょう．

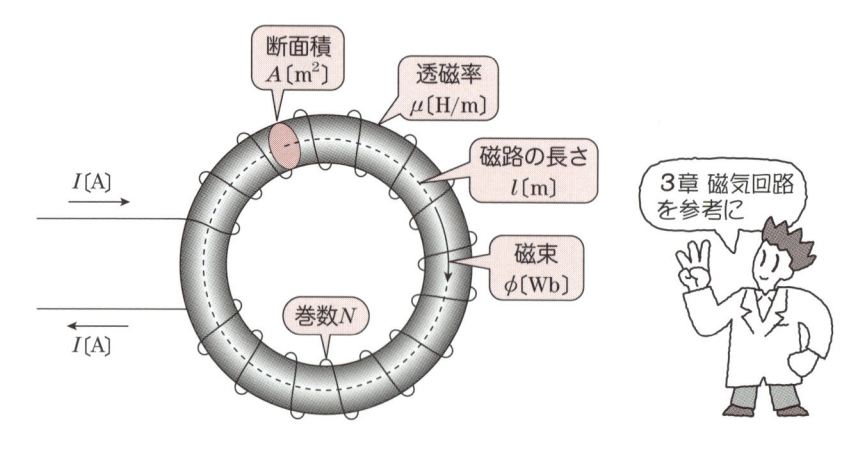

図5-21 環状コイルのインダクタンス

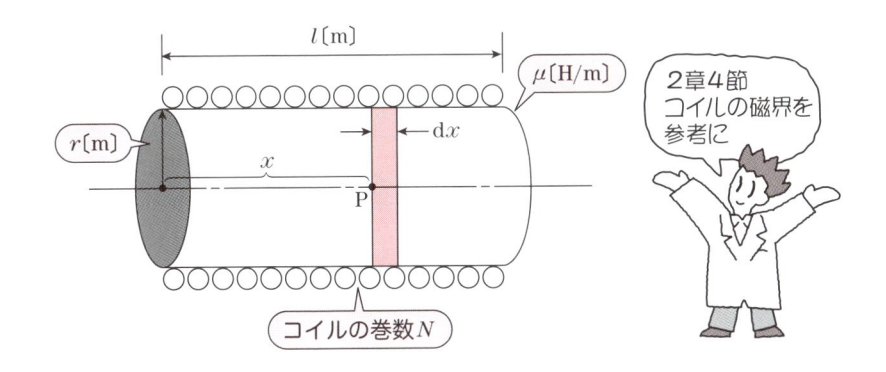

図 5-22 ソレノイドのインダクタンス

① 無限長ソレノイドの場合

ソレノイドの半径 r [m] に比べて長さ l [m] が十分に長いとき，図 5-22 は，無限長ソレノイドとみなすことができます．その場合，ソレノイド内部の磁界は均一になります．

ソレノイドの磁界の強さ H [A/m] は，式 (2-41) より，

$$H = nI \tag{5-13}$$

で表されました．ここで，n は単位長さ当たりの巻数です．コイルの巻数を N とすると，$n = N/l$ より，磁界の強さ H [A/m] は，次式のようになります．

$$H = \frac{NI}{l} \tag{5-14}$$

したがって，N 巻のソレノイドを貫く磁束 ϕ [Wb] は，

$$\phi = BA = \mu HA$$
$$= \frac{\mu NI \pi r^2}{l} \tag{5-15}$$

となります．

上式を式 (5-9) に代入して，自己インダクタンス L [H] は，次式のようになります．

$$L = \frac{N\phi}{I} = \frac{\mu \pi r^2 N^2}{l} \tag{5-16}$$

② 有限長ソレノイドの場合

ソレノイドの半径 r [m] に比べて長さ l [m] が十分に長くないとき，ソレノイド内部の磁界は均一にはなりません．

有限長ソレノイド内部の磁界の強さは，第 2 章の式 (2-50) で求めました．

ここでは，図 5-22 のように，半径 r [m]，長さ l [m]，コイルの巻数 N のソレノイド内部における点 P の磁界の強さを求めます．

そこで，式 (2-50) における単位長さ当たりの巻数 n を N/l，点 P の位置を d から $l-x$ に変更します．

すると，式 (2-50) は，次式のように表されます．

5-3 自己インダクタンス

113

$$H = \frac{NI}{2l}\left\{\frac{x}{\sqrt{r^2+x^2}} + \frac{l-x}{\sqrt{r^2+(l-x)^2}}\right\} \quad (5\text{-}17)$$

点Pの断面積を貫く磁束 ϕ_P〔Wb〕は，

$$\phi_P = BA = \mu HA = \mu H\pi r^2 \quad (5\text{-}18)$$

点Pにおける $\mathrm{d}x$ 間の巻数 $\mathrm{d}n$ は，

$$\mathrm{d}n = \frac{N}{l}\mathrm{d}x \quad (5\text{-}19)$$

となります．

したがって，点Pの $\mathrm{d}x$ 間の磁束総数 $\mathrm{d}\phi$ は，次式のようになります．

$$\begin{aligned}\mathrm{d}\phi &= \mathrm{d}n \cdot \phi_P \\ &= \frac{\mu N^2 I\pi r^2}{2l^2} \\ &\quad \times \left\{\frac{x}{\sqrt{r^2+x^2}} + \frac{l-x}{\sqrt{r^2+(l-x)^2}}\right\}\mathrm{d}x \end{aligned}$$
$$(5\text{-}20)$$

ソレノイド内の磁束鎖交数 $N\phi$〔Wb〕は，上式をソレノイドの長さ0から l まで積分して，次式のように表せます．

$$\begin{aligned}N\phi &= \int_0^l \mathrm{d}\phi \\ &= \frac{\mu N^2 I\pi r^2}{2l^2} \\ &\quad \times \int_0^l\left\{\frac{x}{\sqrt{r^2+x^2}} + \frac{l-x}{\sqrt{r^2+(l-x)^2}}\right\}\mathrm{d}x\end{aligned}$$
$$(5\text{-}21)$$

ここで，次の公式を利用します．

$$\int \frac{x}{\sqrt{r^2+x^2}}\mathrm{d}x = \sqrt{r^2+x^2}$$

すると，磁束鎖交数 $N\phi$〔Wb〕は，次式のようになります．

$$\begin{aligned}N\phi &= \frac{\mu N^2 I\pi r^2}{2l^2} \\ &\quad \times \left[\sqrt{r^2+x^2} - \sqrt{r^2+(l-x)^2}\right]_0^l \\ &= \frac{\mu N^2 I\pi r^2}{l^2}(\sqrt{r^2+l^2}-r)\end{aligned}$$
$$(5\text{-}22)$$

上式を式(5-7)に代入して，自己インダクタンス L〔H〕を求めると，次式のようになります．

$$\begin{aligned}L &= \frac{N\phi}{I} \\ &= \frac{\mu N^2\pi r^2}{l^2}\left(\sqrt{r^2+l^2}-r\right) \quad (5\text{-}23)\end{aligned}$$

上式において，$r \ll l$ ならば，自己インダクタンス L〔H〕は，

$$L = \frac{\mu N^2\pi r^2}{l} \quad (5\text{-}24)$$

となり，無限長ソレノイドの自己インダクタンスの式(5-16)と一致します．

しかし，$r \ll l$ の条件を満たさなければ，有限長ソレノイドの自己インダクタンスは，無限長ソレノイドの自己インダクタンスより小さくなります．

そこで，有限長ソレノイドの自己インダクタンス L〔H〕を，λ という係数を用いて，次式のように表します．

$$L = \lambda \cdot \frac{\mu N^2\pi r^2}{l} \quad (5\text{-}25)$$

この λ は，1より小さい値で**長岡**[2]

---

2) 長岡半太郎（日）1865〜1950

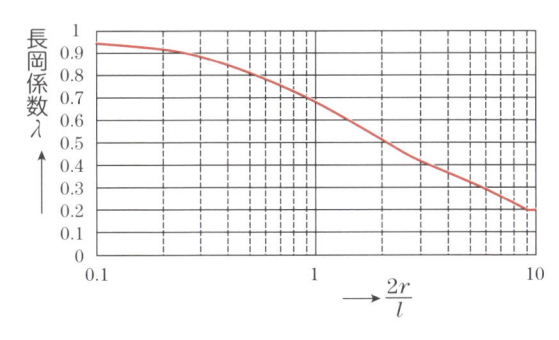

図 5-23　長岡係数の値

(吹き出し) λは1より小さい

係数と呼ばれています．

図 5-23 は，長岡係数 λ の値が，$2r/l$ によってどのように変わるかを表したものです．

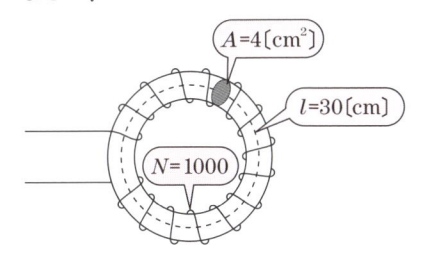

例題 5-10　図 5-24 のような環状コイルがある．コイルの断面積 $A=4$〔cm^2〕，コイルの巻数 $N=1000$，磁路の長さ $l=30$〔cm〕である．コイルが空心の場合の自己インダクタンスを求めなさい．

図 5-24　例題 5-10

解答　環状コイルの自己インダクタンス L〔H〕は，式(5-12)より，

$$L = \frac{\mu A N^2}{l}$$

$$= \frac{\mu_0 A N^2}{l}$$

$$= \frac{4\pi \times 10^{-7} \times 4 \times 10^{-4} \times 1000^2}{30 \times 10^{-2}}$$

$$\fallingdotseq 1.68 \times 10^{-3} \text{〔H〕}$$

$$= 1.68 \text{〔mH〕}$$

となります．

例題 5-11　例題 5-10 で，コイルが比透磁率 $\mu_r=2000$ の鉄心に巻かれている場合，自己インダクタンスはいくらか．

解答　コイルが鉄心に巻かれている場合の自己インダクタンスを L_r とすると，

$$L_r = \frac{\mu_r \mu_0 A N^2}{l} = \mu_r L$$

$$= 2000 \times 1.68 \times 10^{-3}$$

$$= 3.36 \text{〔H〕}$$

5-3　自己インダクタンス

5-4 相互インダクタンス

(1) 相互誘導

図 5-25 のような2つのコイルが巻かれている磁気回路を考えます．

コイル A に流れる電流 I_1〔A〕を dt 時間に dI_1 だけ変化させると，コイル A 自身に自己誘導による起電力が発生します．

図 5-25 は，鉄心によって2つのコイルがつながっています．コイル A に流れた電流の変化（dI_1/dt）によって生じる磁束の変化（$d\phi/dt$）は，コイル B に伝わります．そして，コイル B に誘導起電力を発生させます．逆に，コイル B に流れる電流が変化すれば，その影響でコイル A に誘導起電力が生じます．このように，2つのコイル間の磁束によって起電力が生じる現象を**相互誘導**といいます．

ここで，電流を流したコイル A を一次コイル，起電力が生じたコイル B を二次コイルといいます．

相互インダクタンスの優れている点は，一方のコイルから他方のコイルに磁束の変化を通じて影響を与えられることです．ただし，この現象は電流が変化する場合に起こります．そこで，直流電源より時間的変化を繰り返す交流電源において多く利用されています．

(2) 相互インダクタンス

図 5-26 のように，コイル A に生じる磁束の変化（$d\phi/dt$）によって，コイル B に生じる誘導起電力 e_2〔V〕は，次式で表されます．

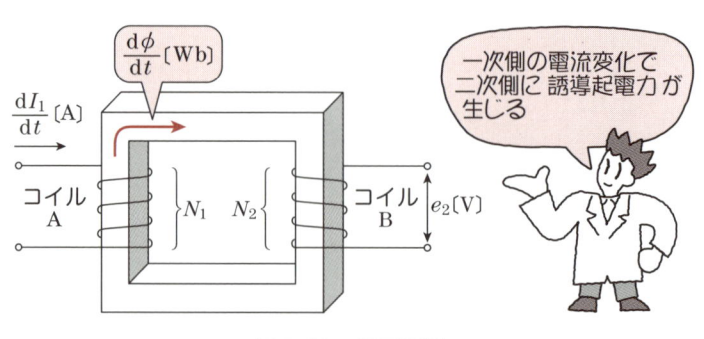

図 5-25　相互誘導

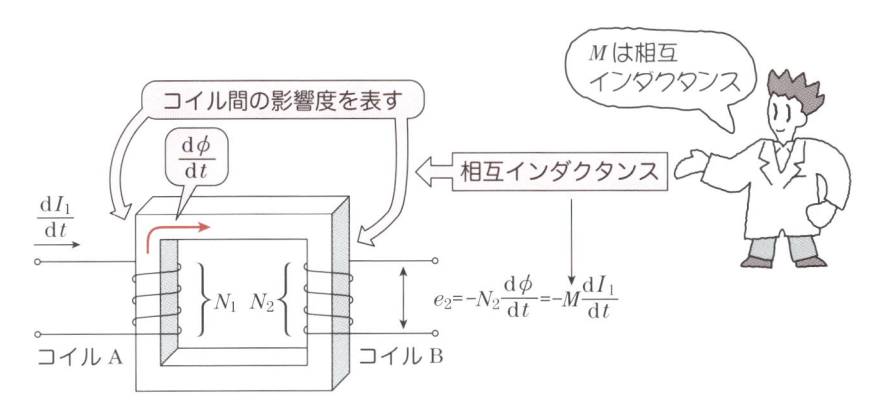

図 5-26　相互インダクタンス

$$e_2 = -N_2 \frac{d\phi}{dt} \quad (5\text{-}26)$$

ここで，コイル B に発生する磁束鎖交数 $N_2\phi$ は，コイル A に流れた電流 I_1 によって生じました．

前節でも説明しましたが，電流と磁束は比例の関係にありました．そこで，コイル B に生じる磁束鎖交数 $N_2\phi$ とコイル A に流れる電流 I_1 の間で，比例定数を M として，次の関係を定義します．

$$N_2\phi = MI_1 \quad (5\text{-}27)$$

すると，誘導起電力 e_2〔V〕は，次式のように，電流の変化量として表すことができます．

$$e_2 = -M\frac{dI_1}{dt} \quad (5\text{-}28)$$

上式の M を**相互インダクタンス**といい，単位記号は自己インダクタンスと同じ H（ヘンリー）を用います．

二次側のコイル B に流れる電流 I_2〔A〕が変化したとき，一次側のコイル A にも相互誘導によって起電力 e_1〔V〕が生じます．その大きさは，次式のようになります．

$$e_1 = -M\frac{dI_2}{dt} \quad (5\text{-}29)$$

相互インダクタンスは，コイル間の影響度を表す定数です．上式の相互インダクタンス M〔H〕は，一次側から二次側の誘導起電力を表した式 (5-28) と同じものになります．同じコイルの組み合わせであれば，相互インダクタンスの値は変わりません．

例題 5-12　2 つのコイルがあり，コイル間の相互インダクタンスは，0.5H である．

一次コイルの電流が，0.2 秒間に 3A 変化したとき，二次コイルに誘導される起電力を求めなさい．

解答　式 (5-28) より，

5-4　相互インダクタンス

$$|e_2| = M\frac{dI_1}{dt} = 0.5 \times \frac{3}{0.2}$$
$$= 7.5 \text{ [V]}$$

例題 5-13 一次コイルの電流が 0.3 秒間に 5A 変化したとき,二次コイルに 10V の誘導起電力が発生した.相互インダクタンスを求めなさい.

[解答] 式 (5-28) より,

$$M = \frac{|e_2|}{\frac{dI_1}{dt}} = \frac{10}{\frac{5}{0.3}} = 0.6 \text{ [H]}$$

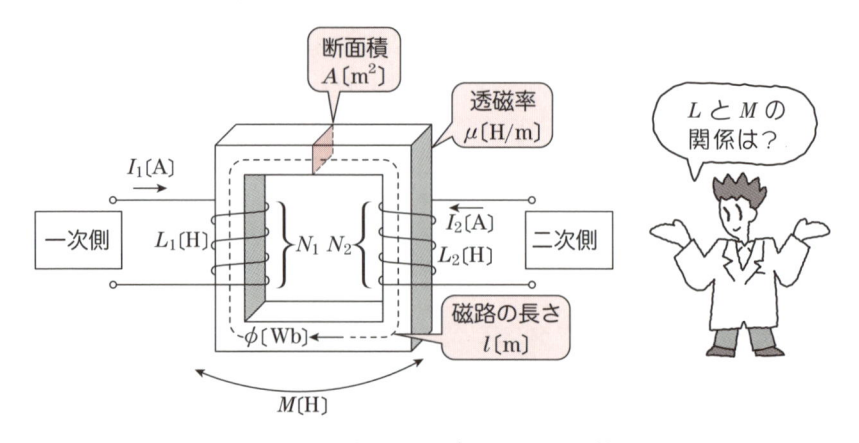

(3) 自己インダクタンスと相互インダクタンス

図 5-27 のような磁気回路の相互インダクタンスを考えてみましょう.

一次側のコイルの巻数を N_1,二次側のコイルの巻数を N_2,磁路の長さを l [m],磁路の断面積を A [m^2],鉄心の透磁率を μ [H/m] とします.

まず,一次コイルに電流 I_1 [A] が流れたときを考えます.

一次コイルに生じる磁束 ϕ [Wb] は,式 (5-11) より,以下のように表されました.

$$\phi = BA = \mu HA$$
$$= \mu \frac{N_1 I_1}{l} A \quad (5\text{-}30)$$

相互インダクタンス M [H] は,式 (5-27) より,

$$M = \frac{N_2 \phi}{I_1}$$
$$= \frac{\mu A N_1 N_2}{l} \quad (5\text{-}31)$$

となります.

一次コイルの自己インダクタンス L_1 [H] は,次式のようになります.

$$L_1 = \frac{N_1 \phi}{I_1}$$
$$= \frac{\mu A N_1^2}{l} \quad (5\text{-}32)$$

図 5-27 相互インダクタンスの計算

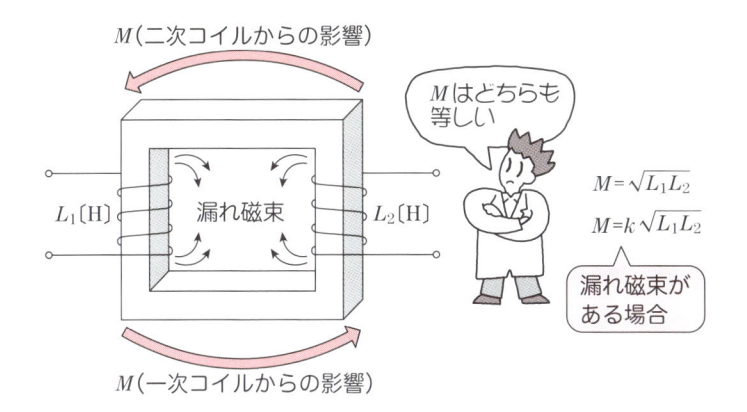

図 5-28　自己インダクタンスと相互インダクタンス

次に，二次コイルに電流 I_2〔A〕が流れたときを考えます．

二次コイルに生じる磁束 ϕ〔Wb〕は，次式のように表されます．

$$\phi = BA = \mu HA$$
$$= \mu \frac{N_2 I_2}{l} A \quad (5\text{-}33)$$

二次コイルの自己インダクタンス L_2〔H〕は，次式のようになります．

$$L_2 = \frac{N_2 \phi}{I_2}$$
$$= \frac{\mu A N_2^2}{l} \quad (5\text{-}34)$$

相互インダクタンス M〔H〕は，

$$M = \frac{N_1 \phi}{I_2}$$
$$= \frac{\mu A N_1 N_2}{l} \quad (5\text{-}35)$$

となり，一次コイルから求めた式(5-31)と一致します．つまり，相互インダクタンスは2つのコイル間の影響度なので，同じコイルの組み合わせであれば，その値に変わりはありません．

式(5-31)，(5-32)，(5-34)から，以下の関係がわかります．

$$M^2 = \frac{\mu^2 A^2 N_1^2 N_2^2}{l^2}$$
$$= \frac{\mu A N_1^2}{l} \cdot \frac{\mu A N_2^2}{l}$$
$$= L_1 L_2 \quad (5\text{-}36)$$

つまり，次の関係式が成り立ちます．

$$M = \sqrt{L_1 L_2} \quad (5\text{-}37)$$

このように，相互インダクタンスは，2つのコイルによって決まる定数といえます．

式(5-37)は，一次コイルを貫く磁束がすべて二次コイルを貫く，つまり，磁気回路に漏れ磁束が無い場合の式です．第3章1節で説明しましたが，実際の磁気回路では漏れ磁束が存在し

5-4　相互インダクタンス

119

ます．

そこで，次式のように，M と $\sqrt{L_1 L_2}$ の比を k で表して，これを**結合係数**と呼びます．

$$k = \frac{M}{\sqrt{L_1 L_2}} \quad (5\text{-}38)$$

結合係数 k は，0 から 1 の間の値で，漏れ磁束の程度を表す係数です．

例題 5-14 図 5-29 のような磁気回路において，自己インダクタンス L_1, L_2, 相互インダクタンス M を求めなさい．

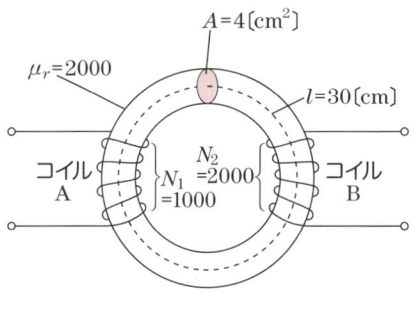

図 5-29　例題 5-14

[解答] コイル A に電流 $I_1 \mathrm{[A]}$ が流れたときの磁束 $\phi \mathrm{[Wb]}$ は，式 (5-30) より，

$$\phi = BA = \mu_r \mu_0 HA$$
$$= \mu_r \mu_0 \frac{N_1 I_1}{l} A$$

となります．

自己インダクタンス $L_1 \mathrm{[H]}$ は，式 (5-32) より，

$$L_1 = \frac{N_1 \phi}{I_1}$$

$$= \frac{\mu_r \mu_0 N_1^2 A}{l}$$

$$= \frac{2000 \times 4\pi \times 10^{-7} \times 1000^2 \times 4 \times 10^{-4}}{30 \times 10^{-2}}$$

$$\fallingdotseq 3.35 \mathrm{[H]}$$

となります．

相互インダクタンス $M \mathrm{[H]}$ は，式 (5-31) より，

$$M = \frac{N_2 \phi}{I_1}$$

$$= \frac{\mu_r \mu_0 N_1 N_2 A}{l}$$

$$= \frac{\begin{pmatrix} 2000 \times 4\pi \times 10^{-7} \times 1000 \\ \times 2000 \times 4 \times 10^{-4} \end{pmatrix}}{30 \times 10^{-2}}$$

$$\fallingdotseq 6.70 \mathrm{[H]}$$

となります．

自己インダクタンス $L_2 \mathrm{[H]}$ は，式 (5-34) より，

$$L_2 = \frac{N_2 \phi}{I_2}$$

$$= \frac{\mu_r \mu_0 N_2^2 A}{l}$$

$$= \frac{2000 \times 4\pi \times 10^{-7} \times 2000^2 \times 4 \times 10^{-4}}{30 \times 10^{-2}}$$

$$\fallingdotseq 13.4 \mathrm{[H]}$$

なお，L_1 と L_2 と M の 3 つの値のうち 2 つの値がわかっていれば，$M = \sqrt{L_1 L_2}$ の関係から求めることもできます．たとえば，

$$M = \sqrt{L_1 L_2} = \sqrt{3.35 \times 13.4}$$
$$= 6.70 \mathrm{[H]}$$

となります．

5-5 インダクタンスの接続

2つのインダクタンスの間に電磁的な結合があるとき，その接続には和動接続と差動接続があります．

(1) 和動接続

図 5-30 は，コイル A とコイル B の 2 つのコイルを同じ鉄心に並べて巻いてあります．コイル A の巻数を N_1，自己インダクタンスを L_1 [H]，コイル B の巻数を N_2，自己インダクタンスを L_2 [H]，相互インダクタンスを M [H] とします．

この図は，コイルに電流が流れたときに，2つのコイルの作る磁束の方向が同じになるように接続してあります．この接続を**和動接続**といいます．

図 5-30 において，端子 1-4 間に，コイル A から dt 秒間に電流 dI [A] を流します．

このとき，各コイルには図のような ϕ_1 [Wb]，ϕ_2 [Wb] の磁束が生じます．そして，その磁束の向きを妨げる方向の誘導起電力が発生します．

コイル A と B に，発生する誘導起電力 e_1 [V] および e_2 [V] は，次式のようになります（漏れ磁束はないものとします）．

$$e_1 = -N_1 \frac{d\phi_1}{dt} - N_1 \frac{d\phi_2}{dt} \quad (5\text{-}39)$$

$$e_2 = -N_2 \frac{d\phi_2}{dt} - N_2 \frac{d\phi_1}{dt} \quad (5\text{-}40)$$

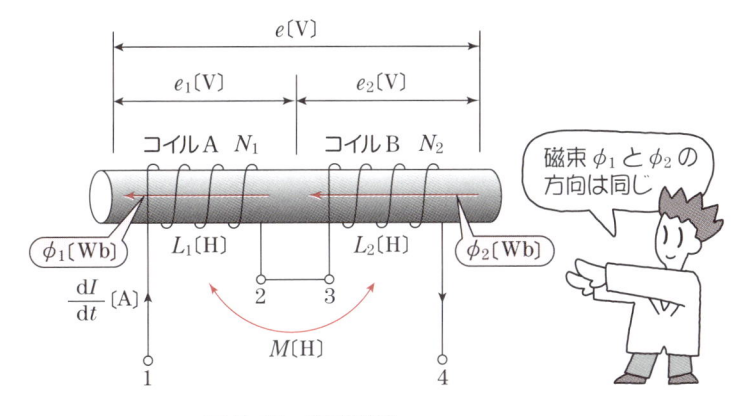

図 5-30 和動接続

ここで，自己インダクタンスおよび相互インダクタンスの定義から，

$N_1\phi_1 = L_1 I$
$N_2\phi_2 = L_2 I$
$N_1\phi_2 = N_2\phi_1 = MI$

ですので，

$$e_1 = -L_1\frac{dI}{dt} - M\frac{dI}{dt} \quad (5\text{-}41)$$

$$e_2 = -L_2\frac{dI}{dt} - M\frac{dI}{dt} \quad (5\text{-}42)$$

となります．したがって，端子 1-4 間の誘導起電力 e〔V〕は，次式のようになります．

$e = e_1 + e_2$

$$= -(L_1 + L_2 + 2M)\frac{dI}{dt} \quad (5\text{-}43)$$

上式から，端子 1-4 からみた全体の自己インダクタンス L〔H〕は，次式で表されることがわかります．

$$L = L_1 + L_2 + 2M \quad (5\text{-}44)$$

和動接続の場合，コイル A と B は，互いに磁束の向きが同じになるように接続されているため，相互インダクタンス M は，プラスで影響します．

(2) 差動接続

図 5-31 は，2 つのコイルに発生する磁束が逆向きになるように接続してあります．この接続を**差動接続**といいます．

図において，端子 1-4 間に，コイル A から dt 秒間に電流 dI〔A〕を流します．

コイル A およびコイル B に生じる誘導起電力 e_1〔V〕および e_2〔V〕は，次式のようになります．

$$e_1 = -L_1\frac{dI}{dt} + M\frac{dI}{dt} \quad (5\text{-}45)$$

$$e_2 = -L_2\frac{dI}{dt} + M\frac{dI}{dt} \quad (5\text{-}46)$$

したがって，端子 1-4 間の誘導起電力 e〔V〕は，次式のようになります．

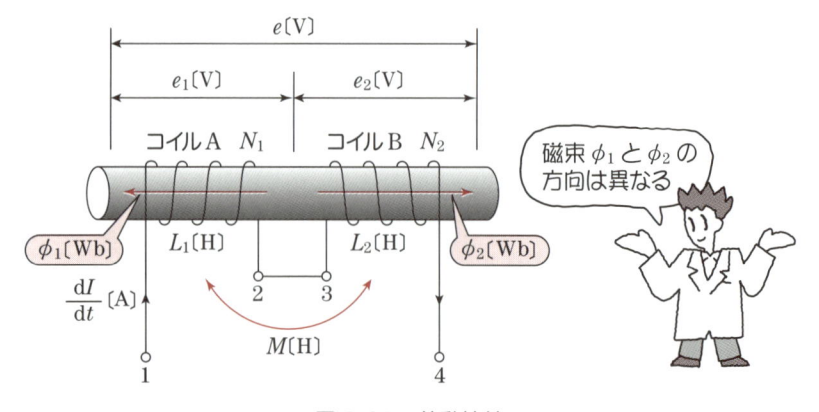

図 5-31　差動接続

$$e = e_1 + e_2$$
$$= -(L_1 + L_2 - 2M)\frac{dI}{dt} \quad (5\text{-}47)$$

上式から，端子 1-4 からみた全体の自己インダクタンス L〔H〕は，次式のように表されることがわかります．

$$L = L_1 + L_2 - 2M \quad (5\text{-}48)$$

差動接続の場合，コイル A と B は，互いに磁束の向きが逆になるように接続されているため，相互インダクタンス M は，マイナスで影響します．

例題 5-15 図 5-32 (a)，(b)の合成自己インダクタンスを求めなさい．ただし，コイル間で漏れ磁束はないものとする．

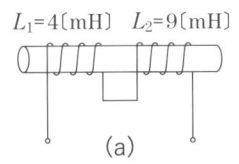

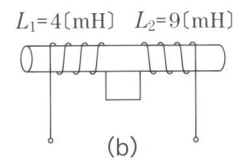

図 5-32 例題 5-15

解答 自己インダクタンス L_1 と L_2 間の相互インダクタンス M〔mH〕は，式(5-37) より，

$$M = \sqrt{L_1 L_2} = \sqrt{4 \times 9}$$
$$= 6 \text{〔mH〕}$$

となります．

図(a)は和動接続です．合成自己インダクタンス L〔mH〕は，式(5-44) より，

$$L = L_1 + L_2 + 2M = 4 + 9 + 2 \times 6$$
$$= 25 \text{〔mH〕}$$

となります．

図(b)は差動接続です．合成自己インダクタンス L〔mH〕は，式(5-48) より，

$$L = L_1 + L_2 - 2M = 4 + 9 - 2 \times 6$$
$$= 1 \text{〔mH〕}$$

となります．

例題 5-16 図 5-33 において，ab 間の合成自己インダクタンスを求めなさい．ただし，コイル間で漏れ磁束はないものとする．

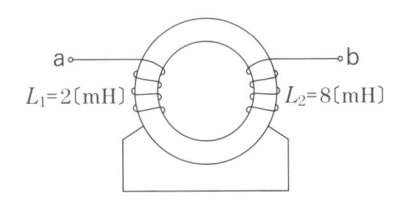

図 5-33 例題 5-16

解答 図の 2 つの自己インダクタンスは，差動接続です．

相互インダクタンス M〔mH〕は，

$$M = \sqrt{L_1 L_2} = \sqrt{2 \times 8} = 4 \text{〔mH〕}$$

となります．

合成自己インダクタンス L〔mH〕は，

$$L = L_1 + L_2 - 2M = 2 + 8 - 2 \times 4$$
$$= 2 \text{〔mH〕}$$

となります．

5-5 インダクタンスの接続

5-6 電磁エネルギー

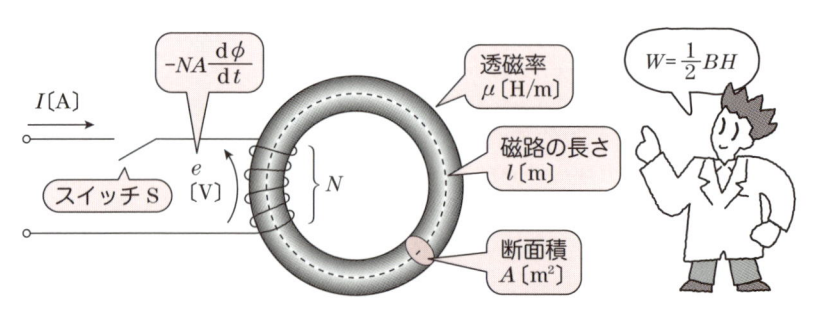

(1) 磁界のエネルギー

磁気回路に電流が流れると，磁界のエネルギーが蓄積されます．

ここでは，磁界のエネルギーについて考えてみましょう．ただし，漏れ磁束がなく，磁界はすべて磁気回路内に集中するものとします．

図 5-34 の磁気回路において，スイッチ S を閉じて dt 時間に電流 I〔A〕を流します．すると，コイルには次式のような誘導起電力 e〔V〕が発生します．

$$e = -N\frac{d\phi}{dt} = -NA\frac{dB}{dt} \quad (5\text{-}49)$$

ここで，$\phi = BA$ です．

dt 時間に磁気回路に供給されるエネルギー dW〔J〕は，次式のようになります．

$$dW = |e|I dt = NA\frac{dB}{dt} \cdot I \cdot dt$$
$$= NAI dB \quad (5\text{-}50)$$

上式に，アンペアの周回積分から $Hl = NI$ を代入して，

$$dW = AlH dB \quad (5\text{-}51)$$

となります．

電流の増加に伴って，磁束密度が増加し，B〔T〕となるまで体積 Al 内に蓄積される磁界のエネルギーは，式(5-51)を 0 から B まで積分して，

$$W = Al\int_0^B H dB \quad (5\text{-}52)$$

となります．

また，単位体積当たりの磁界のエネルギー w〔J/m^3〕は，次式のようになります．

図 5-34 磁界のエネルギー

$$w = \frac{W}{Al} = \int_0^B H dB \quad (5\text{-}53)$$

強磁性体の場合，透磁率は磁界によって変化し，一定ではありません（第3章5節参照）．したがって，式(5-53)を解くことは困難です．しかし，B–H曲線が直線と仮定すれば，μ は一定であり，次式のように解くことができます．

式(5-53)に $H=B/\mu$ を代入して，

$$w = \frac{1}{\mu}\int_0^B B dB = \frac{1}{\mu}\left[\frac{B^2}{2}\right]_0^B$$

$$= \frac{B^2}{2\mu} = \frac{1}{2}HB \quad (5\text{-}54)$$

上式は，単位体積当たりの磁界のエネルギーを表す式になります．

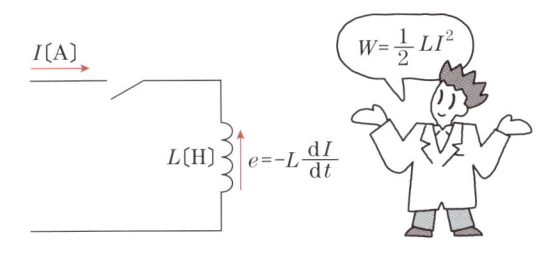

(2) 自己インダクタンスのエネルギー

式(5-54)に体積 Al 〔m^3〕を掛けて，磁界のエネルギー W〔J〕を求めます．

$$W = \frac{1}{2}HBAl$$

$$= \frac{1}{2}\mu H^2 Al \quad (5\text{-}55)$$

上式に，$H=NI/l$ を代入すると，

$$W = \frac{1}{2}\cdot\frac{\mu N^2 A}{l}\cdot I^2 \quad (5\text{-}56)$$

となります．

ここで，$\mu N^2 A/l$ は，自己インダクタンス L を表します．したがって，上式は，次式のように，自己インダクタンス L のエネルギー W〔J〕を表すことになります．

$$W = \frac{1}{2}LI^2 \quad (5\text{-}57)$$

図5-35のように，自己インダクタンス L〔H〕に電流 I〔A〕が流れる場合から，コイル内に蓄えられるエネルギー W〔J〕を考えてみましょう．

コイルに電流 I〔A〕が流れるとき，コイルに生じる誘導起電力 e〔V〕は，次式のようになります．

$$e = -L\frac{dI}{dt} \quad (5\text{-}58)$$

dt 秒間に電源からコイルに供給されるエネルギー dW〔J〕は，次式のようになります．

図5-35　インダクタンスのエネルギー

5-6　電磁エネルギー

$$dW = |e|Idt = L\frac{dI}{dt}Idt$$
$$= LIdI \qquad (5\text{-}59)$$

したがって，電流の増加によって，コイル内に蓄えられるエネルギー W〔J〕は，上式を0から I まで積分して，

$$W = L\int_0^I IdI = L\left[\frac{I^2}{2}\right]_0^I$$
$$= \frac{1}{2}LI^2 \qquad (5\text{-}60)$$

となります．

もちろん上式は，式(5-57)と一致します．また，この式から，磁界のエネルギーを求める式に変形することもできます．

(3) 相互インダクタンスのエネルギー

① 直列接続の場合

図 5-36 のように，自己インダクタンス L_1〔H〕，L_2〔H〕，相互インダクタンス M〔H〕のコイルが和動接続されています．コイルに電流 I〔A〕が流れたとき，コイルに蓄えられるエネルギーを求めてみましょう．

二つのコイルの合成自己インダクタンス L〔H〕は，次式のようになります．

$$L = L_1 + L_2 + 2M \qquad (5\text{-}61)$$

コイルに蓄えられるエネルギー W〔J〕は，次式のようになります．

$$W = \frac{1}{2}LI^2 = \frac{1}{2}(L_1 + L_2 + 2M)I^2$$
$$= \frac{1}{2}L_1I^2 + \frac{1}{2}L_2I^2 + MI^2 \qquad (5\text{-}62)$$

ここでは，和動接続の場合について求めましたが，差動接続の場合は，MI^2 の項にマイナスの符号が付きます．

② コイルに別々の電流が流れる場合

図 5-37 のように，自己インダクタンス L_1〔H〕，L_2〔H〕，相互インダクタンス M〔H〕のコイルに，それぞれ電流 I_1〔A〕，I_2〔A〕が流れるとき，コイル全体に蓄えられるエネルギーを求めてみましょう．

インダクタンスに蓄えられるエネ

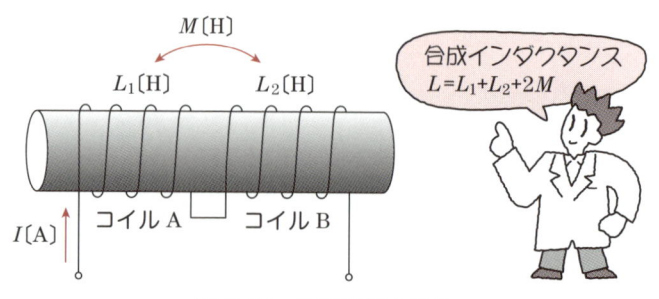

図 5-36　直列接続の場合

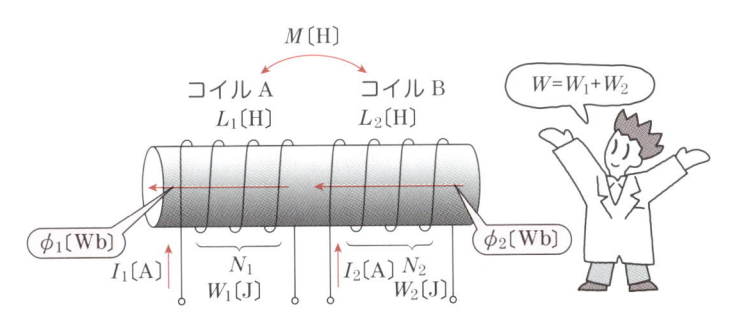

図 5-37 コイルに別々の電流が流れる場合

ギーの式 (5-60) は，$LI=N\phi$ より，次式のように表されます．

$$W = \frac{1}{2}LI^2 = \frac{1}{2}N\phi I \quad (5\text{-}63)$$

上式から，コイルのエネルギーは，コイルを貫く磁束鎖交数 $N\phi$ と流れる電流 I の積から求められます．

図 5-37 のように，コイル A を貫く磁束鎖交数は，$N_1\phi_1$ と $N_1\phi_2$ です．

したがって，コイル A に蓄えられるエネルギー W_1〔J〕は，

$$W_1 = \frac{1}{2}N_1\phi_1 I_1 + \frac{1}{2}N_1\phi_2 I_1 \quad (5\text{-}64)$$

となります．

同じように，コイル B を貫く磁束鎖交数は，$N_2\phi_2$ と $N_2\phi_1$ です．

したがって，コイル B に蓄えられるエネルギー W_2〔J〕は，

$$W_2 = \frac{1}{2}N_2\phi_2 I_2 + \frac{1}{2}N_2\phi_1 I_2 \quad (5\text{-}65)$$

となります．

ここで，

$$N_1\phi_1 = L_1 I_1, \quad N_2\phi_2 = L_2 I_2,$$

$$N_1\phi_2 = MI_2, \quad N_2\phi_1 = MI_1$$

です．

したがって，式 (5-64)，(5-65) は，次式のように表されます．

$$W_1 = \frac{1}{2}L_1 I_1^2 + \frac{1}{2}MI_1 I_2 \quad (5\text{-}66)$$

$$W_2 = \frac{1}{2}L_2 I_2^2 + \frac{1}{2}MI_1 I_2 \quad (5\text{-}67)$$

コイル全体に蓄えられるエネルギー W〔J〕は，次式のようになります．

$$W = W_1 + W_2$$
$$= \frac{1}{2}L_1 I_1^2 + \frac{1}{2}L_2 I_2^2 + MI_1 I_2$$
$$\quad (5\text{-}68)$$

ここでは，和動接続の場合について求めましたが，差動接続の場合は，$MI_1 I_2$ の項にマイナスの符号が付きます．

例題 5-17 磁束密度が 0.5T，比透磁率 2000 の磁気回路の単位体積当たりの磁界のエネルギーを求めなさい．

解答 式 (5-54) より，

5-6 電磁エネルギー　　127

$$w = \frac{1}{2} \cdot \frac{B^2}{\mu} = \frac{1}{2} \cdot \frac{B^2}{\mu_r \mu_0}$$

$$= \frac{1}{2} \times \frac{0.5^2}{2000 \times 4\pi \times 10^{-7}}$$

$$\fallingdotseq 49.7 [J/m^3]$$

例題 5-18 磁界の強さ $H=1000$ [A/m],磁束密度 $B=0.5$ [T] の磁界に蓄えられる単位体積当たりの電磁エネルギーを求めなさい.

解答 式 (5-54) より,

$$w = \frac{1}{2}HB = \frac{1}{2} \times 1000 \times 0.5$$

$$= 250 [J/m^3]$$

例題 5-19 自己インダクタンス 2H のコイルに 2A の電流を流したとき,コイルに蓄えられるエネルギーを求めなさい.

解答 式 (5-57) より,

$$W = \frac{1}{2}LI^2 = \frac{1}{2} \times 2 \times 2^2 = 4 [J]$$

例題 5-20 図 5-38 のような磁気回路がある.コイル A の自己インダクタンス $L_1=2$ [mH],コイル B の自己インダクタンス $L_2=8$ [mH],結合係数 $k=0.5$ である.コイル A に 2A,コイル B に 4A の電流を流したとき,全コイルに蓄えられるエネルギーを求めなさい.

解答 相相互インダクタンス M は,

$$M = k\sqrt{L_1 L_2} = 0.5 \times \sqrt{2 \times 8}$$

$$= 2 [mH]$$

となります.

このコイルの接続は,和動接続です.したがって,式 (5-68) より,

$$W = \frac{1}{2}L_1 I_1^2 + \frac{1}{2}L_2 I_2^2 + MI_1 I_2$$

$$= \frac{1}{2} \times 2 \times 10^{-3} \times 2^2 + \frac{1}{2} \times 8 \times 10^{-3} \times 4^2$$

$$+ 2 \times 10^{-3} \times 2 \times 4$$

$$= 0.084 [J]$$

例題 5-21 図 5-38 において,コイルの接続が差動接続の場合のエネルギーを求めなさい.

解答

$$W = \frac{1}{2}L_1 I_1^2 + \frac{1}{2}L_2 I_2^2 - MI_1 I_2$$

$$= \frac{1}{2} \times 2 \times 10^{-3} \times 2^2 + \frac{1}{2} \times 8 \times 10^{-3} \times 4^2$$

$$- 2 \times 10^{-3} \times 2 \times 4$$

$$= 0.052 [J]$$

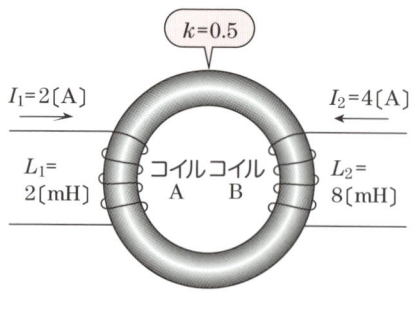

図 5-38 例題 5-20

章末問題 5

1 次の□に適切な用語を入れなさい．

右手の親指・人差し指・中指を互いに直角に開き，□①□を磁界の向き，親指を□②□の移動方向に向けると，□③□は起電力の向きになる．

これを□④□という．

2 巻数 100 回のコイルを貫通している磁束が 0.1 秒間に 0.01Wb の割合で変化するとき，コイルに発生する誘導起電力の大きさを求めなさい．

3 巻数 100 回のコイルに発生している磁束が 0.02Wb から 0.06Wb に変化したとき，100V の誘導起電力が発生した．磁束が変化した時間を求めなさい．

4 図 5-39 のように，磁束密度 0.5T の磁界中で，長さ 30cm の導体が磁界と 60°の方向に 10m/s の速度で運動している．導体に生じる誘導起電力の大きさを求めなさい．

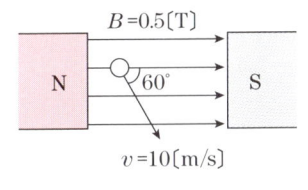

図 5-39

5 磁束密度 1.0T の磁界中で，長さ 20cm の導体が磁界と 30°の方向に運動したとき，1.5V の起電力が生じた．導体の速度を求めなさい．

6 コイルに流す電流を 15ms 間に 2A 変化させたら，コイルに 20V の起電力が発生した．コイルの自己インダクタンスを求めなさい．

7 図 5-40 のような環状コイルの自己インダクタンスを求めなさい．

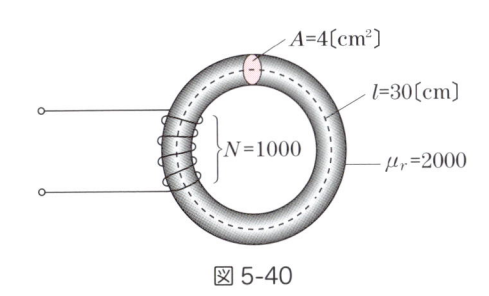

図 5-40

8 図5-41のような空心のソレノイドがある．

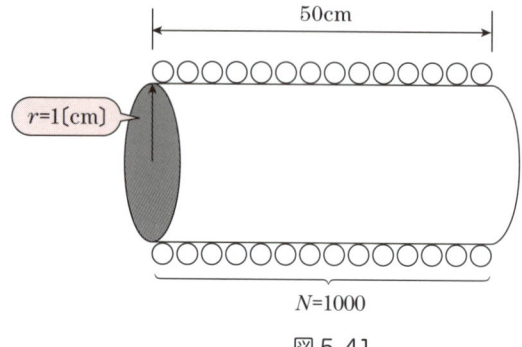

図5-41

① 有限長ソレノイドとして，自己インダクタンスを求めなさい．

② 無限長ソレノイドとして，自己インダクタンスを求めるといくらになるか．

9 前問で，コイルを比透磁率2000の鉄心に巻くと，自己インダクタンスはそれぞれいくらになるか．

10 2つのコイルA，Bがある．コイルAの電流が0.2秒間に2A変化したとき，コイルBに10Vの誘導起電力が発生した．相互インダクタンスはいくらになるか．

11 図5-42において，両コイル間の相互インダクタンスを求めなさい．

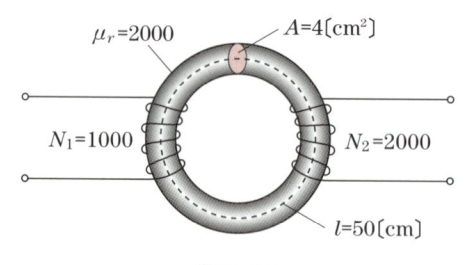

図5-42

12 自己インダクタンス50mHのコイルに，2Aの電流を流したとき，コイルに蓄えられるエネルギーを求めなさい．

第6章 静電気

　物質と物質をこすり合わせることで静電気が発生することは，古くギリシア時代から知られていました．静電気には，お互いの間で吸引力や反発力が働く性質があります．これは，静電気の周りに電界という場が存在するからです．
　この章では，静電気による力の発生，その力を発生させる場など，静電気に関する現象について学習します．

6-1 静電現象

(1) 電荷

電気をもった状態の物質は，ある電気量を担っていることから，この電気量を**電荷**と呼んでいます．この電荷の正体を考えてみましょう．

すべての物質は多数の**原子**から構成されています．原子は，図6-1のように，**陽子**と**中性子**からなる**原子核**と，その周りを回転する電子群からなります．陽子と電子の数は等しく，それぞれ正と負の電気量を担っています．これが電荷の正体になります．

つまり，陽子や電子はそれぞれ最小の電荷をもっているといえます．

シリコン原子の場合，原子核の正の電荷（14個の陽子の電荷）と，14個の電子の負の電荷とは等しいことになり，電気的に中性です．

電荷の電気量はどのくらいの量なのでしょうか．いま，陽子がもっている電荷をe，電子がもっている電荷を$-e$としたとき，eは次式で表されます．

$$e = 1.60217733 \times 10^{-19} \text{〔C〕} \quad (6\text{-}1)$$

Cは，電気量の単位記号でクーロンといいます．

この電荷eは，これ以上分割できない最小単位の電気量で，電気素量と呼ばれています．そして，物質のもつ電気量は，必ずこのeの整数倍になります．

シリコン原子の図で，最も外側の軌道にある電子を価電子といい，シリコンの場合，4個です．この一番外側にある価電子は，原子核との結びつきが弱く，容易に軌道を離れて原子の中を自由に移動することができる自由電子

- ● 電子
- ⊕ 陽子
- ○ 中性子

水素原子　　ヘリウム原子　　シリコン原子

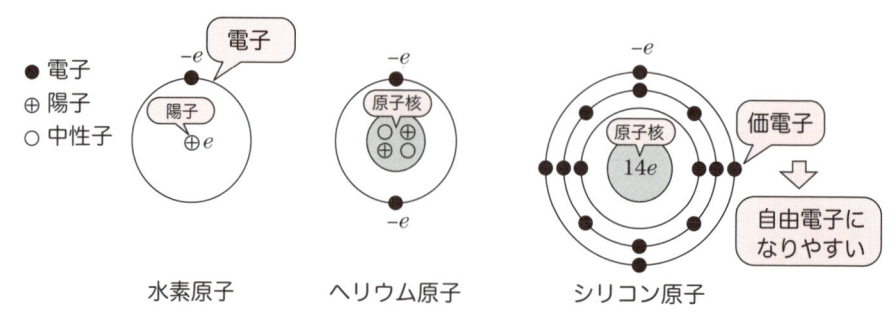

図6-1　各種原子の構造

になります．

この自由電子の移動によって，次に説明する帯電という現象が起こります．

(2) 帯電

通常，物質には正と負の電荷が同じ量だけ存在し，電気的に中性です．

物質が電荷をもつことを**帯電**といいます．帯電は，自由電子の移動によって起こるのがふつうです．

図6-2のように，電気的に中性の状態から，物質の電子が外に出て行くと物質は正に帯電します．また，外から電子が物質に入ってくると負に帯電します．

一般に，帯電は物質と物質をこすることによって起こります．小学生の頃，下敷きを頭髪や衣類にこすりつけて，毛髪や紙を引きつけて遊んだことはないでしょうか．

これは，異なった種類の物質をこすり合わせることで電子の移動が起こり，一方が正，他方が負に帯電したこ とによって生じる現象です．この摩擦によって帯電した電気を**摩擦電気**と呼んでいます．

電気の発見は，紀元前600年頃，こはくを毛皮でこすったことによって，はじまったといわれています．

図6-3のような物質のうち2つをこすり合わせると，それぞれの物質に正と負の電荷が集まり，帯電します．この場合，2つの物質のうち，上位の物質に正の電荷，下位の物質に負の電荷が現れます．

たとえば，ガラスの棒と絹の布をこすると，ガラスの棒に正の電荷，絹の

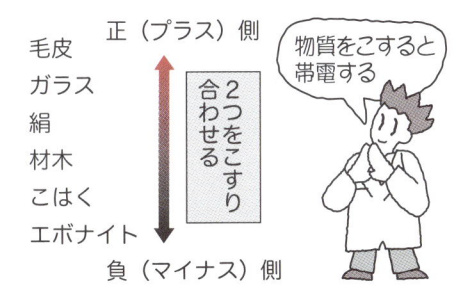

図6-3　帯電する物質

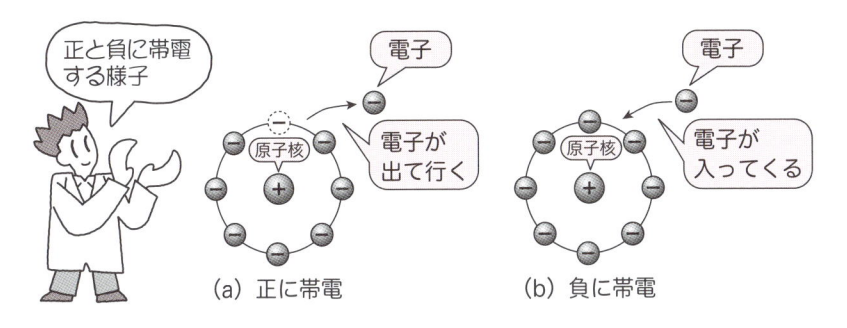

図6-2　帯電のイメージ図

6-1　静電現象

布に負の電荷が帯電します．

身近にこれらの物質があれば，実際に電荷の存在を確認してみるのも勉強になると思います．

(3) 電荷の保存則

電荷は電気素量の集まりで，これは物質を構成する原子の中の陽子や電子の電気量が基準となります．したがって，電荷は新たに作られたり，消滅したりすることはありません．物質の電荷が消滅したように見える場合，考えている系の外部に流出したか，正負の系が打ち消し合って消滅したように見えるためです．1つの系の中では，電荷の移動などによって空間的な分布が変化しても，電荷の総量は常に一定に保たれます．

これを**電荷の保存則**といいます．

たとえば，図 6-4 のように，電荷 Q_1〔C〕をもつ物質 A と電荷 Q_2〔C〕をもつ物質 B が接触する場合を考えます．

接触によって，物質 A の電荷が Q_1'〔C〕，物質 B の電荷が Q_2'〔C〕になっ

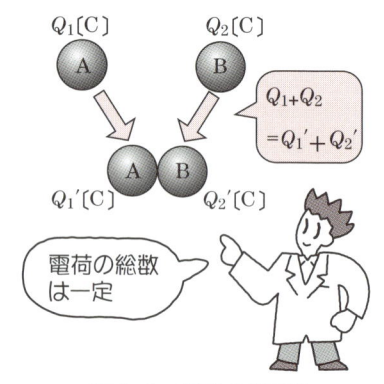

図 6-4 電荷の保存則

たとき，次式のような関係が成り立ちます．

$$Q_1 + Q_2 = Q_1' + Q_2' \qquad (6\text{-}2)$$

(4) 静電誘導

図 6-5 のように，電荷をもたない導体 A の近くに正に帯電した帯電体 B を近づけます．すると，導体 A には帯電体 B に近い側に負電荷，遠い側に正電荷が現れます．このように，中性の導体に帯電体を近づけたことによって，帯電体に近い側に帯電体と異種の電荷が，遠い側に同種の電荷が現れる現象を**静電誘導**といいます．

この現象はどのようにして起こるの

図 6-5 静電誘導

か考えてみましょう．

　金属のような導体は，内部に多数の自由電子を含んでいます．しかし，**図6-6**(a)のように，自由電子の負電荷と陽子の正電荷が一様に分布しているため中性の状態になっています．

　これに，図(b)のように，正に帯電した帯電体Bを近づけると，導体Aの中の負電荷をもつ自由電子は帯電体の正電荷に吸引されて，帯電体Bの近くに集まります．そして，導体Aのバランスが崩れて，帯電体Bから遠い側には正電荷が現れるようになります．

　静電誘導によって導体Aに現れた電荷は，帯電体Bの電荷に吸引，または反発されることで生じました．近づけた帯電体Bを遠ざければ，導体Aはもとの中性の状態に戻ります．

　もし，図(c)のように，静電誘導によって電荷が現れているときに導体Aを大地に導線で接地し，帯電体Bを遠ざけると同時に，接地した導線を切り離します．すると，導体Aには負電荷だけを帯電させることができます．

　これは，導体Aの負電荷は，帯電体Bに吸引されて動けませんが，導体Aの正電荷は帯電体Bと反発しているので，接地した導線を通じて大地に逃げてしまうからです．

　もし，帯電体Bが負に帯電していれば，同様な手順で導体Aに正の電荷を帯電させることもできます．

(5) 電気力線

　電荷の周りに存在する力の場を，電界といいます．電荷の周囲に生じる電界の分布を表すのに，**電気力線**という仮想の線を用います．

　この電気力線には，次のような性質があります（**図6-7**参照）．

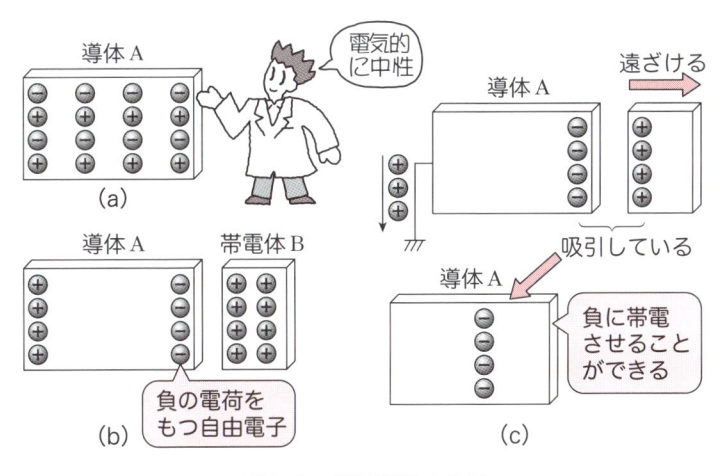

図6-6　静電誘導の様子

6-1　静電現象

図6-7 電気力線

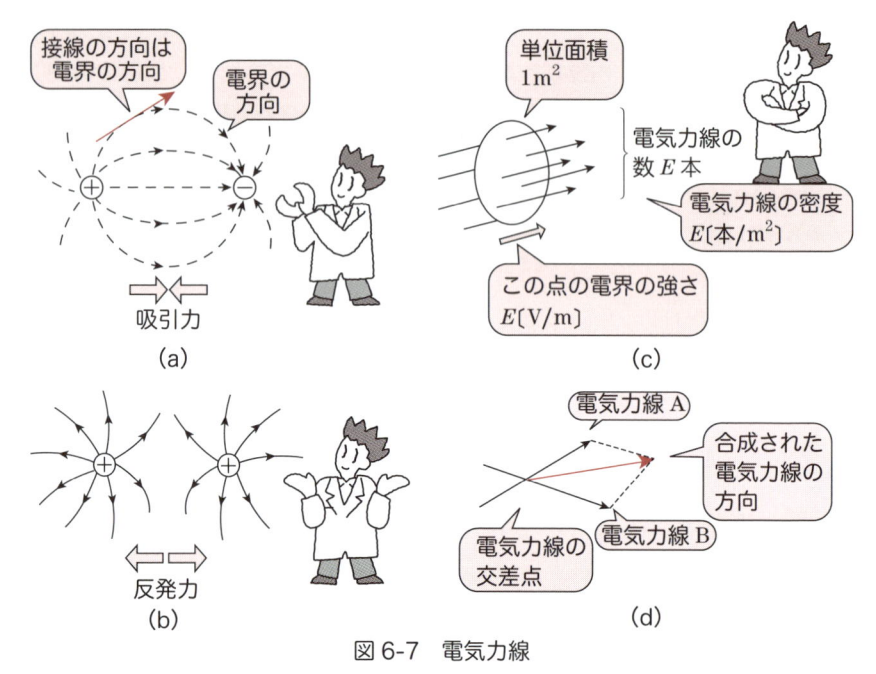

① 電気力線は正電荷から出て，負電荷に入ります．そのとき，電気力線に電界の方向を示す矢印を付けます（図(a)）．
② 電気力線は，それ自身が短くなろうとする縮小性と，お互いの間で反発しあう反発性をもつ，ゴムひものような性質です．この性質から，図(a)，(b)のように，電荷同士の吸引力と反発力を表すことができます．
③ 電気力線の任意の点の接線方向は，その点の電界の方向を表します（図(a)）．
④ 電気力線に垂直な単位面積当たりを通る電気力線の数〔本/m^2〕は，その点の電界の強さ〔V/m〕を表します（図(c)）．つまり，電界の強いところは，電気力線の密度が高くなります．
⑤ 電気力線同士は交差しません．また，導体には垂直に出入りし，導体内部には存在しません．もし，2つの電気力線が作用している点があった場合，そこに2つの電界が存在することになり不合理です．この場合，2つの電界を合成し，その合成した電界の方向が電気力線の方向となります（図(d)）．

(6) **導体と誘電体**

図6-8は，抵抗率による物質の分類を表したものです．物質の中には電

図 6-8 抵抗率による物質の分類

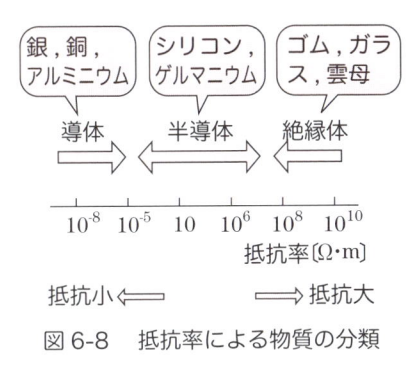

流が流れやすい導体（抵抗率が小さい），流れにくい絶縁体（抵抗率が大きい），その中間の性質をもつ半導体があります．たとえば，銀・銅・アルミニウムなどの金属は導体，ゴム・ガラス・雲母・空気などは絶縁体になります．

物質の中で，電荷が帯電した位置にとどまっているのは絶縁体です．絶縁体は誘電体ともいわれます．

静電現象は，電荷が誘電体の中にとどまっている場合を考えます．したがって，どのような誘電体の中にあるかが重要な問題になります．この誘電体の性質を表すものに誘電率があります．誘電率については 7 節で詳しく説明しています．

(7) 電流とは

導体である金属には自由電子が多数存在します．そして，金属に外部から力が加わると，電流が流れます．

この電流とは，自由電子の流れによるものです．自由電子は電荷をもっていますので，電流は電荷の流れであるといえます．

電流の大きさは，図 6-9 のように，電線の断面において，毎秒当たりに通過する電気量 Q〔C〕で，次式のように表されます．

$$I = \frac{dQ}{dt} \text{〔A〕} \quad (6\text{-}3)$$

1A とは，1 秒間に 1C の電荷が電線の断面を通過することになります．

電流は負電荷をもった電子の流れで，「電流は電子の流れる方向と反対の方向に流れる」という定義があります．

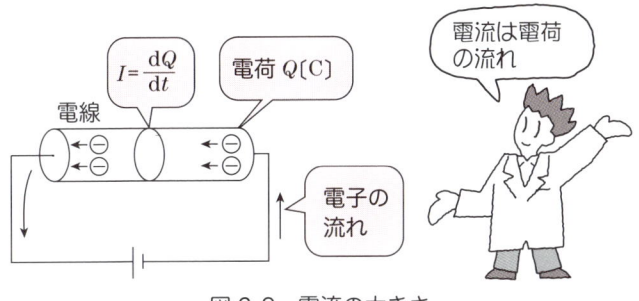

図 6-9 電流の大きさ

6-1 静電現象

137

6-2 静電気に関するクーロンの法則

(1) クーロンの法則

図6-10のように,電荷が点と考えられるほど距離 r が大きいとき,クーロンは実験の結果,次のような法則を発見しました.

「2つの点電荷間に働く力の方向は,それらを結ぶ直線上にあり,電荷が同種の場合は反発力,異種の場合は吸引力となる.このとき電荷間に働く力の大きさは,電荷の積に比例し,電荷間の距離の2乗に反比例する.」

これを静電気に関するクーロンの法則といい,電荷間に働く力を**静電力**または**クーロン力**といいます.

2つの電荷をそれぞれ Q_1, Q_2, 電荷間の距離を r, 比例定数を k とすると,静電力 F は,次式のような関係になります.

$$F = k\frac{Q_1 \cdot Q_2}{r^2} \quad (6\text{-}4)$$

静電力 F は,同種電荷間では正となって反発力を,異種電荷間では負となって吸引力を表します.

静電力 F は,大きさと方向をもつベクトル量です.静電力の働く方向は,両電荷を結ぶ直線上となります.

(2) SI単位系での静電力

式(6-4)の関係をSI単位系(第8章5節参照)で表してみましょう.

SI単位系では,電荷 Q は〔C〕(クーロン),距離 r は〔m〕(メートル),静電力 F は〔N〕(ニュートン)を用います.その場合,比例定数 k は次のようになります.

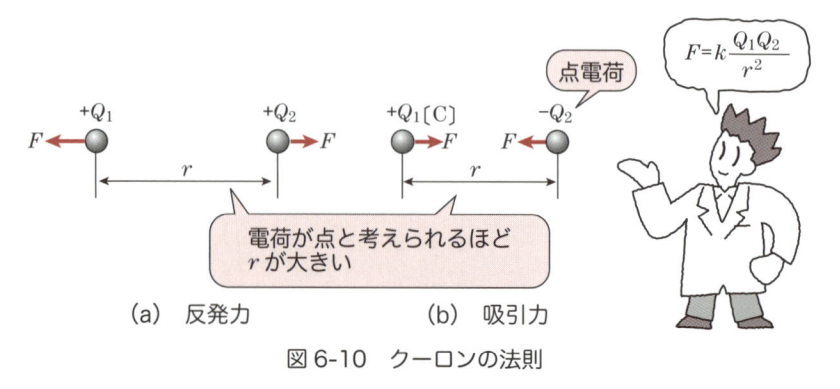

(a) 反発力　　(b) 吸引力

図6-10　クーロンの法則

$$k = \frac{1}{4\pi\varepsilon} \quad (6\text{-}5)$$

上式の 4π は，電気の基本法則（球の表面積）に 4π が現れるので，それを打ち消して，式を簡単にするために用いています．

ε は，誘電率（第6章7節参照）といい，電荷が置かれている場所の性質を表す定数です．

誘電率 ε の単位記号は，F/m（ファラド毎メートル）が用いられ，次のように表されます．

$$\varepsilon = \varepsilon_r \varepsilon_0 \quad (6\text{-}6)$$

ここで，ε_0 は真空中の誘電率，ε_r は比誘電率といいます．つまり，誘電率 ε は，真空中の誘電率 ε_0 を基準に，比誘電率 ε_r の値を掛けて表します．

真空中では比誘電率 $\varepsilon_r = 1$ です．SI単位系において，真空中の誘電率 ε_0 は，次式のような値になります．

$$\varepsilon_0 = \frac{10^7}{4\pi c^2}$$
$$= 8.854 \times 10^{-12} \, [\text{F/m}] \quad (6\text{-}7)$$

上式で，c は光の速さ（約 3×10^8 m/s）を表します．また，式(6-5)から，

$$\frac{1}{4\pi\varepsilon_0} \fallingdotseq 9\times10^9 \, [\text{m/F}] \quad (6\text{-}8)$$

となります．

したがって，真空中での静電力を表す式は，式(6-4)より，次式のようになります．

$$F = \frac{1}{4\pi\varepsilon_0} \cdot \frac{Q_1 \cdot Q_2}{r^2}$$
$$= 9\times10^9 \times \frac{Q_1 \cdot Q_2}{r^2} \quad (6\text{-}9)$$

また，比誘電率 ε_r の物質中での静電力は，次式のようになります．

$$F = \frac{1}{4\pi\varepsilon} \cdot \frac{Q_1 \cdot Q_2}{r^2}$$
$$= 9\times10^9 \times \frac{Q_1 \cdot Q_2}{\varepsilon_r r^2} \quad (6\text{-}10)$$

静電力 F は，大きさと方向をもったベクトル量です．したがって，2つの電荷による静電力の合成は，**図6-12**のように，ベクトルの合成から求めます．

図6-11　SI単位系での静電力

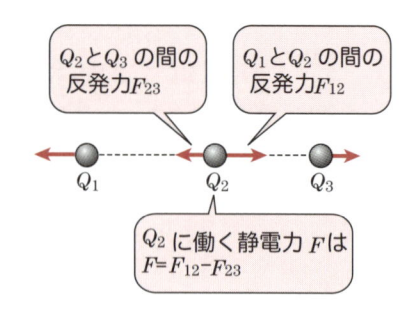

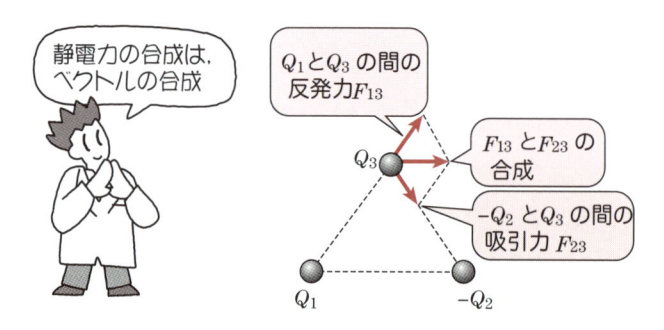

図6-12 静電力のベクトル合成

Reference　ε_0 の値

真空中における電磁波の伝搬速度 c [m/s] は，光の速さと同じで，次式のような関係があります．

$$c = \frac{1}{\sqrt{\mu_0 \varepsilon_0}}$$
$$= 2.998 \times 10^8 \text{[m/s]} \quad (6\text{-}11)$$

SI 単位系では，電流を 2 本の電線間に働く力から定義し，そこから，真空中の透磁率 $\mu_0 = 4\pi \times 10^{-7}$ [H/m] が決まりました．

したがって，SI 単位系における真空中の誘電率 ε_0 [F/m] は，式 (6-11) の関係から，次式のような値になります．

$$\varepsilon_0 = \frac{1}{\mu_0 c^2} = \frac{1}{4\pi \times 10^{-7} c^2}$$
$$= \frac{10^7}{4\pi c^2}$$
$$= \frac{10^7}{4\pi \times (2.998 \times 10^8)^2}$$
$$= 8.854 \times 10^{-12} \text{[F/m]}$$

Reference　1C の大きさ

電荷の単位 C（クーロン）は，大変大きな単位です．たとえば，真空中に 1C の電荷を 1m の間隔に置いたときの静電力は，式 (6-9) より，

$$F = 9 \times 10^9 \times \frac{1 \times 1}{1^2} = 9 \times 10^9 \text{[N]}$$

となります.

この値は，1〔kgf〕= 9.8〔N〕より，

$$9 \times 10^9 \text{〔N〕} = \frac{9 \times 10^9}{9.8} \text{〔kg〕}$$

$$\fallingdotseq 9.18 \times 10^5 \text{〔t〕}$$

となり，電荷がもつ力としてはものすごく大きな値となります.

したがって，電荷は 10^{-6} などの指数表示を用いた小さな値が使われます.

例題 6-1 真空中に 3×10^{-6}C と 4×10^{-6}C の電荷が 10cm 離れて置かれている.このとき，電荷間に働く静電力を求めなさい.

解答 式 (6-9) より，10〔cm〕= 0.1〔m〕に換算して，

$$F = 9 \times 10^9 \times \frac{Q_1 \cdot Q_2}{r^2}$$

$$= 9 \times 10^9 \times \frac{3 \times 10^{-6} \times 4 \times 10^{-6}}{0.1^2}$$

$$= 10.8 \text{〔N〕}$$

例題 6-2 前例題で，2 つの電荷が比誘電率 $\varepsilon_r = 2$ の物質中にあるとき，電荷間に働く静電力を求めなさい.

解答 式 (6-10) より，

$$F = 9 \times 10^9 \times \frac{Q_1 Q_2}{\varepsilon_r r^2}$$

$$= 9 \times 10^9 \times \frac{3 \times 10^{-6} \times 4 \times 10^{-6}}{2 \times 0.1^2}$$

$$= 5.4 \text{〔N〕}$$

例題 6-3 真空中において，図 6-13 のような正三角形の各頂点に，

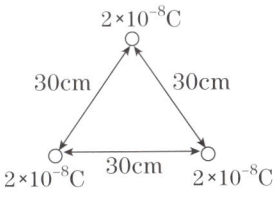

図 6-13 例題 6-3

2×10^{-8}C の正の点電荷がある.この場合，各点電荷に働く力を求めなさい.

解答 各電荷による静電力は反発力で，その大きさは次式のようになります.

$$F = 9 \times 10^9 \times \frac{Q_1 \cdot Q_2}{r^2}$$

$$= 9 \times 10^9 \times \frac{2 \times 10^{-8} \times 2 \times 10^{-8}}{0.3^2}$$

$$= 4 \times 10^{-5} \text{〔N〕}$$

各電荷間の静電力を図示すると**図 6-14**のようになります.したがって，電荷に働く静電力 F_0〔N〕は，次式のようになります.

$$F_0 = 2F \cos 30°$$

$$= 2 \times 4 \times 10^{-5} \times \cos 30°$$

$$\fallingdotseq 6.92 \times 10^{-5} \text{〔N〕}$$

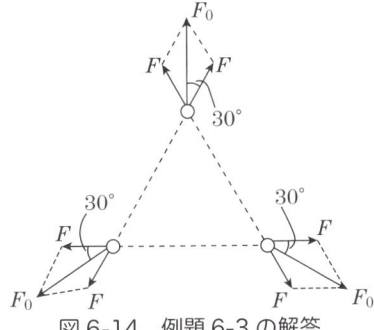

図 6-14 例題 6-3 の解答

6-2 静電気に関するクーロンの法則

6-3 電界の強さ

(1) 電界の強さ

電荷に力が働く場所を電界といいます．電荷による電界を定量的に表すために，電界の強さを次のように定義します．

「電界の強さとは，電界中に電界を乱さないほど小さな点電荷を置いたとき，それに働く＋1C当たりの静電力をいい，その静電力の方向を電界の方向とする．」

電界の強さはベクトル量で，量記号に E，単位記号に V/m（ボルト毎メートル）を用います．

(2) 点電荷による電界

図6-15(a)のように，真空中において，$+Q$〔C〕の点電荷から r〔m〕離れた点の電界の強さ E〔V/m〕は，この点に＋1Cの点電荷を置いたときの静電力を求めることになります．

＋1C当たりの静電力は，式(6-9)より，次式のようになります．

$$E = F = \frac{Q \times 1}{4\pi\varepsilon_0 r^2} = \frac{Q}{4\pi\varepsilon_0 r^2}$$

$$= 9 \times 10^9 \times \frac{Q}{r^2} \qquad (6\text{-}12)$$

このとき，電界の方向は反発力の方向となります．したがって，$+Q$〔C〕の点電荷の周囲には，図6-15(b)のような方向に電界が生じます．

2つの電荷の影響を受ける点の電界の強さは，図6-16のように，ベクトルの合成から求めます．

電界の強さの定義から，電界の強さ E と静電力 F との間には，次式のような関係があります．

$$F = QE \qquad (6\text{-}13)$$

式(6-13)から，図6-17のように，電界 E〔V/m〕の中に，電荷 Q〔C〕があ

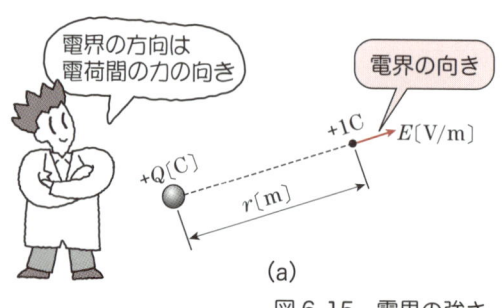

図6-15 電界の強さ

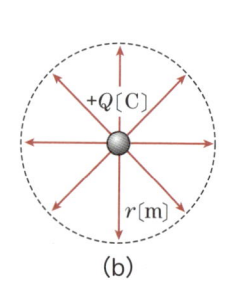

（2つの点電荷による電界は，ベクトルの合成から求めます）

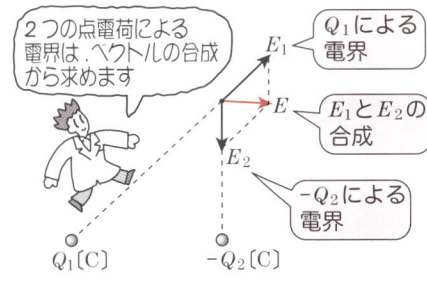

図 6-16　電界の合成

ると，電荷には電界の強さの方向に，$F=QE$〔N〕の静電力が働きます．

例題 6-3　真空中に 5×10^{-6} C の電荷がある．この電荷から 3m 離れた点の電界の強さを求めなさい．

解答　式 (6-12) より，

$$E = 9\times10^9 \times \frac{Q}{r^2}$$

$$= 9\times10^9 \times \frac{5\times10^{-6}}{3^2}$$

$$= 5000 \text{〔V/m〕}$$

電界の方向は，電荷から半径 3m の地点を結ぶ直線上となります．

例題 6-4　3×10^2 V/m の電界中に，4×10^{-6} C の電荷を置いたとき，電荷に働く力を求めなさい．

解答　式 (6-13) より，

$$F = QE = 4\times10^{-6} \times 3\times10^2$$

$$= 1.2\times10^{-3} \text{〔N〕}$$

この静電力が電界の方向に働きます．

例題 6-5　図 6-18 のように，真空中において，$Q_1=2\times10^{-8}$〔C〕と $Q_2=4\times10^{-8}$〔C〕の点電荷が 20cm 離してある．2つの電荷を結ぶ直線上の点 P における電界の強さを求めなさい．

図 6-18

解答　点電荷 Q_1 による点 P の電界の強さ E_1 は，式 (6-12) より，

$$E_1 = 9\times10^9 \times \frac{Q_1}{r^2}$$

$$= 9\times10^9 \times \frac{2\times10^{-8}}{(10\times10^{-2})^2}$$

$$= 1.8\times10^4 \text{〔V/m〕}$$

電界 E_1 の方向は，点 P から点電荷 Q_2 の向きになります．

同じように，点電荷 Q_2 による点 P の電界の強さ E_2 は，

（静電力は電界の向きに働く）

図 6-17　電界中で受ける力

6-3　電界の強さ
143

$$E_2 = 9 \times 10^9 \times \frac{Q_2}{r^2}$$

$$= 9 \times 10^9 \times \frac{4 \times 10^{-8}}{(10 \times 10^{-2})^2}$$

$$= 3.6 \times 10^4 \,[\text{V/m}]$$

電界 E_2 の方向は，点 P から点電荷 Q_1 の向きになります．

したがって，点 P における電界の強さ E は，

$$E = E_2 - E_1 = 3.6 \times 10^4 - 1.8 \times 10^4$$

$$= 1.8 \times 10^4 \,[\text{V/m}]$$

となり，電界 E の方向は，点 P から Q_1 の向きになります．

例題6-6 図 6-19 のように，真空中において，$Q_1 = 2 \times 10^{-8}$ C と $Q_2 = -2 \times 10^{-8}$ C の点電荷が 20cm 離してある．点 P の電界の強さを求めなさい．

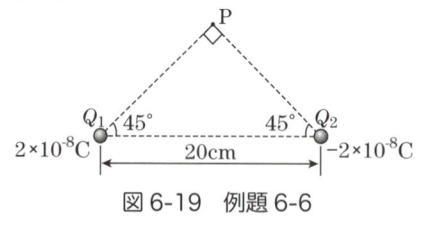

図 6-19 例題 6-6

解答 図 6-20 のように，点電荷 Q_1[C]，Q_2[C] から点 P までの距離 r[m] は，次式のようになります．

$$r = 0.2 \cos 45° = 0.2 \times \frac{\sqrt{2}}{2}$$

$$= 0.1\sqrt{2} \,[\text{m}]$$

点電荷 Q_1 による点 P の電界の強さ E_1[V/m] は，式 (6-12) より，次式の

ようになります．

$$E_1 = 9 \times 10^9 \times \frac{Q_1}{r^2}$$

$$= 9 \times 10^9 \times \frac{2 \times 10^{-8}}{(0.1\sqrt{2})^2}$$

$$= 9 \times 10^3 \,[\text{V/m}]$$

電界 E_1 の方向は，図 6-20 のように，Q_1 から点 P への直線上となります．

点電荷 Q_2 による点 P の電界の強さ E_2[V/m] は，大きさは E_1 と同じで，方向は点 P から点電荷 Q_2 への直線上となります．

点 P における電界の強さ E[V/m] は，E_1 と E_2 のベクトルの合成から求めます．

E_1 と E_2 の角度は 90° で，どちらも大きさが等しいので，

$$E = \sqrt{E_1^2 + E_2^2}$$

$$= \sqrt{(9 \times 10^3)^2 + (9 \times 10^3)^2}$$

$$\approx 1.27 \times 10^4 \,[\text{V/m}]$$

電界 E の方向は，図 6-20 のように，点 P から水平に右方向となります．

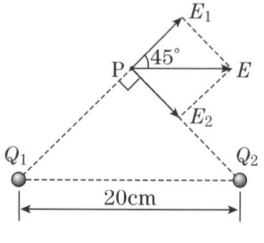

図 6-20 例題 6-6 の解答

6-4 電界と電荷の関係

(1) ガウスの定理

電界の強さと電荷の関係を量的に表したものが**ガウス**[1]**の定理**です．これは，

「電界中において，任意の閉曲面を貫く電気力線の数は，その閉曲面内にある電荷の総和を誘電率 ε で除した値に等しい」

というものです．

図 6-21 において，電荷 Q_1，Q_2 [C] の周囲に閉曲面 S を考えます．閉曲面の面積要素を $\mathrm{d}\dot{S}$，その点の電界の強さを $\dot{E}$，$\dot{E}$ と $\mathrm{d}\dot{S}$ の角度を θ とすると，$\mathrm{d}\dot{S}$ を貫く電気力線の数 $\mathrm{d}N$ は，次式のように表されます[2]．

$$\mathrm{d}N = \dot{E} \cdot \mathrm{d}\dot{S} = E\mathrm{d}S\cos\theta \quad (6\text{-}14)$$

閉曲面全体を貫く電気力線の数 N は，

$$N = \int_S \dot{E} \cdot \mathrm{d}\dot{S} \quad (6\text{-}15)$$

となります．これが閉曲面内の電荷の総数を ε で除した値に等しい，という考えがガウスの定理です．式で表すと，次式のようになります．

$$N = \int_S \dot{E} \cdot \mathrm{d}\dot{S} = \frac{1}{\varepsilon}(Q_1 + Q_2) \quad (6\text{-}16)$$

ここでは，2つの正の電荷を例にあげました．閉曲面内に電荷がなければ，次式のようになります．

$$N = \int_S \dot{E} \cdot \mathrm{d}\dot{S} = 0 \quad (6\text{-}17)$$

図 6-21 ガウスの定理

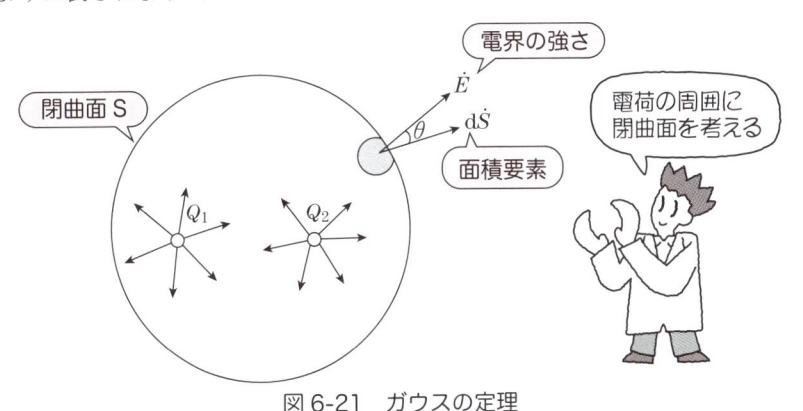

[1] Carl Friedrich Gauss（独）1777〜1855
[2] 8章2節「ベクトルの内積」参照

また，閉曲面を貫く電気力線の総数 N とは，閉曲面 S から出る電気力線を正，入る電気力線を負としたときの代数和になります．

(2) 点電荷と電界の関係

図 6-22 のような点電荷による電界の強さについて考えてみましょう．

点電荷の周りに半径 r [m] の任意の閉曲面である球を考えます．閉曲面上では，点電荷からの距離は等しいので，電界の強さはどこも同じです．また，電気力線は，放射状に広がっているので，閉曲面上の面積要素 $d\dot{S}$ と $\dot{E}$ は平行です．つまり，

$$\dot{E} \cdot d\dot{S} = EdS\cos\theta = EdS\cos 0° = EdS$$

となります．

ガウスの定理を適用すると，

$$\int_S \dot{E} \cdot d\dot{S} = \int_{球} EdS = E\int_{球} dS = E \cdot 4\pi r^2$$
$$= \frac{Q}{\varepsilon} \qquad (6\text{-}18)$$

となります．上式より，電界の強さ E [V/m] は次式のようになり，式 (6-12) の場合と一致します．

$$E = \frac{Q}{4\pi\varepsilon r^2} \qquad (6\text{-}19)$$

ガウスの定理における任意の閉曲面は，この例のような球や四角などの面積の求めやすい形にすると計算が容易になります．

(3) 球状導体による電界

図 6-23 のような半径 a [m] の球状導体が真空中に単独であるとします．導体表面に電荷 Q [C] が分布している場合の電界について考えてみましょう．

ⓐ r [m] > a [m] の場合の電界

静電界とは，電荷の分布が静止して

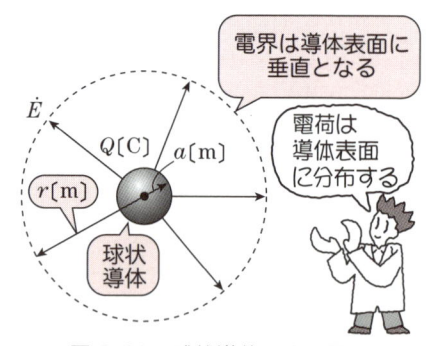

図 6-23 球状導体による電界

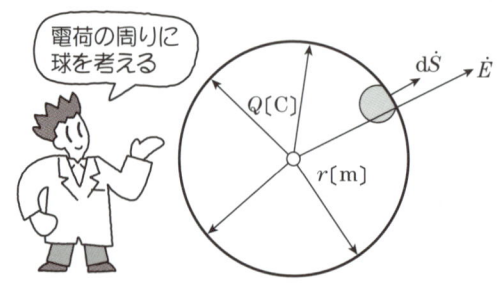

図 6-22 点電荷と電界の関係

いる場合をいいます．もし，導体内部や表面に沿って電界があれば，導体の性質から電荷は容易に移動してしまうため静電界とはいえません．したがって，静電界では導体の内部および導体表面に沿って電界は存在しません．

図 6-23 のような球状導体に分布した電荷は，導体内部には存在せず，導体表面に分布します．また，電界の方向は，導体表面に垂直となります．

球状導体から半径 r〔m〕の球を考え閉曲面とします．閉曲面上では，球状導体からの距離は等しいので，電界の強さはどこも同じです．また，電気力線は，導体表面から垂直に広がっているので，閉曲面上の面積要素 $\mathrm{d}\dot{S}$ と $\dot{E}$ は平行となります．

ガウスの定理を適用すると，

$$\int_S \dot{E} \cdot \mathrm{d}\dot{S} = \int_{球} E \mathrm{d}S = E \int_{球} \mathrm{d}S = E \cdot 4\pi r^2$$

$$= \frac{Q}{\varepsilon_0} \qquad (6\text{-}20)$$

となり，電界の強さ E〔V/m〕は，次式のようになります．

$$E = \frac{Q}{4\pi\varepsilon_0 r^2} \qquad (6\text{-}21)$$

この式は，球状導体の中心点 O に電荷 Q〔C〕が集中している場合（点電荷）の電界の強さと同じになります．

(b) r〔m〕＜a〔m〕の場合の電界

球状導体内に半径 r〔m〕の球を考え閉曲面とします．閉曲面内では電荷は存在しません．したがって，電界 $E=0$ となります．ここからも，導体内には電界が存在しないことがわかります．

(4) 平板導体間の電界

図 6-24 のように，間隔 l〔m〕に比べて面積 A〔m^2〕が極めて広い 2 枚の平板導体に，それぞれ $+Q$〔C〕と $-Q$〔C〕の電荷が分布しています．この場合の電界について考えてみましょう．

(a) 電荷の分布

前項でも説明しましたが，電荷は導体の表面に帯電し，その方向は導体に

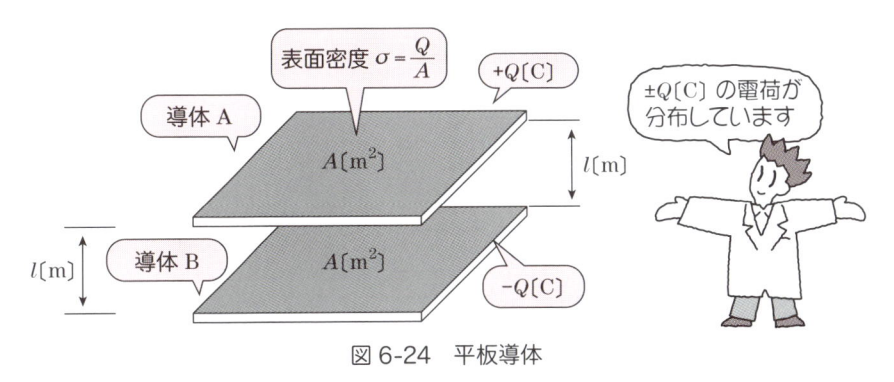

図 6-24 平板導体

6-4 電界と電荷の関係

垂直となります．2枚の平板に正負の電荷を帯電させた場合，その分布はどうなるでしょうか．

図 6-25(a)は，導体Aに電荷 $+Q$〔C〕を帯電させた場合です．電荷は導体Aの内外表面に一様で等量に分布します．そして，内面の電荷 $+Q$〔C〕によって，導体Bの内面に $-Q$〔C〕の電荷が，さらに導体Bの外面に $+Q$〔C〕の電荷が静電誘導されます．

図 6-25(b)は，同様に導体Bに $-Q$〔C〕の電荷を帯電させた場合です．導体Aの内面に $+Q$〔C〕，さらに導体Aの外面に $-Q$〔C〕の電荷が静電誘導されます．

導体AとBに正負の電荷 Q〔C〕を帯電させるということは，図 6-25(a)と(b)を重ね合わせることになります．すると，導体AとBの外面の電荷は打ち消されて，**図 6-26** のように，内面の電荷だけが残ります．

このように，2つの平板導体に正負の電荷を帯電させると，内面に $+Q$〔C〕と $-Q$〔C〕の電荷が分布することになり，外部には電界を生じません．また，内部の電界の方向は，導体に垂直となります．

(b) **電界の強さ**

図 6-26のような閉曲面Sを考えます．閉曲面上では，平板導体からの距離は等しいので，電界の強さはどこも同じです．また，電気力線は，導体表面から垂直に広がっているので，閉曲面上の面積要素 $d\dot{S}$ と $\dot{E}$ は平行となります．

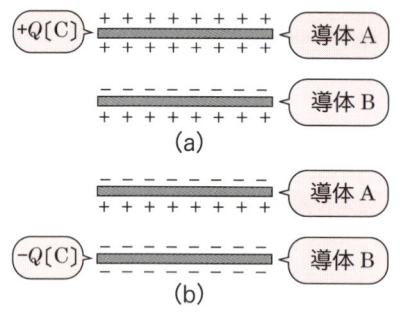

図 6-25 電荷の分布

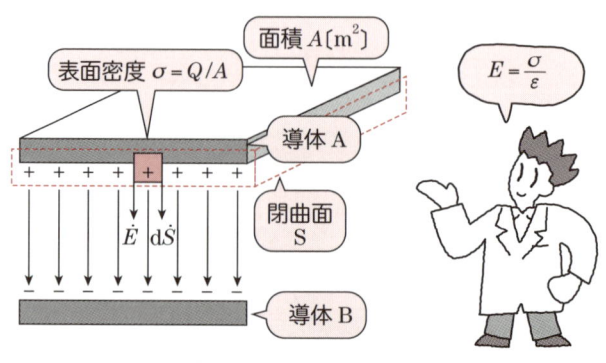

図 6-26 電界の強さ

ガウスの定理を適用すると，

$$\int_S \dot{E} \cdot d\dot{S} = \int_{面積A} EdS = E\int_{面積A} dS = E \cdot A$$
$$= \frac{Q}{\varepsilon} \quad (6\text{-}22)$$

となり，電界の強さ E〔V/m〕は，次式のようになります．

$$E = \frac{Q}{\varepsilon A} \quad (6\text{-}23)$$

上式において，Q/A は平板導体上の電荷の表面密度になります．これを σ（シグマ）〔C/m^2〕とすると，次式のように表されます．

$$E = \frac{\sigma}{\varepsilon} \quad (6\text{-}24)$$

平板導体の面積に比べて間隔が極めて狭い場合，平板導体間の磁界の強さは，式(6-24)のように，位置に関係なく，電荷密度 σ と誘電率 ε によって定まります．

(5) 円筒導体による電界

図 6-27 (a)のような半径 a〔m〕の無限長円筒導体の表面に，単位長さ当たり q〔C/m〕の電荷が一様に分布している場合の電界について考えてみましょう．

電界の方向は，導体表面に垂直なので，半径方向に放射状となります．そこで，図 6-27 (b)のように，半径方向の r〔m〕地点に長さ l〔m〕の円筒を考え閉曲面 S とします．

閉曲面上では，円筒導体からの距離は等しいので，電界の強さはどこも同じです．また，閉曲面上の面積要素 $d\dot{S}$ と電界 $\dot{E}$ は平行となります．

ガウスの定理を適用すると，

$$\int_S \dot{E} \cdot d\dot{S} = \int_S EdS = E\int_S dS = E \cdot 2\pi r l$$
$$= \frac{ql}{\varepsilon} \quad (6\text{-}25)$$

となり，電界の強さ E〔V/m〕は，次式のようになります．

$$E = \frac{q}{2\pi \varepsilon r} \quad (6\text{-}26)$$

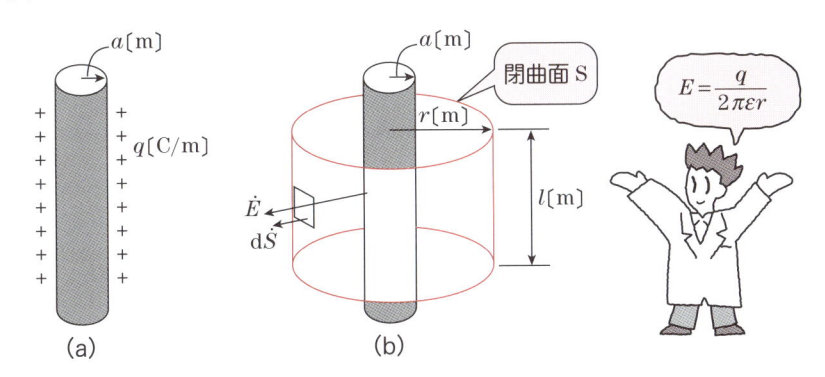

図 6-27 円筒導体による電界

6-4 電界と電荷の関係

6-5 電位

(1) 電位とは

電界中に置かれた電荷には力が働きます。この電荷を電界に逆らって動かすには外部から仕事が必要になります。

一般に仕事は、力と距離の積です。図6-28(a)のように、電界中に2つの点A、Bがあり、点Bに電荷Q〔C〕があるときを考えます。点Bにある電荷を点Aまで移動させるには、電界に逆らって、$W=QE\cdot l$の仕事が必要となります。

また、図6-28(b)のように、同じ電荷Q〔C〕をA点に置くと、電荷QはB点に置いたときより、$W=QE\cdot l$のエネルギーを所有していることになります。このとき、点Aは点Bより電位が高いといいます。

また、点Aと点Bのエネルギーの差を電位差または電圧といいます。

このように、電位とは電界中において電荷がもっている位置エネルギーをいい、次のように定義されます。

「電位とは、電界中で正の微小な点電荷を無限遠点（電界の強さが零とみなせる点）からある点まで電界に逆らって運ぶときの+1C当たりの仕事をいう」

電位はスカラ量で、量記号にV、単位記号にV（ボルト）を用います。

(2) 電位を求める

図6-29のように、真空中において、電荷Q〔C〕からr_1〔m〕の点P_1における電位V_1〔A〕は、次のように求めます。

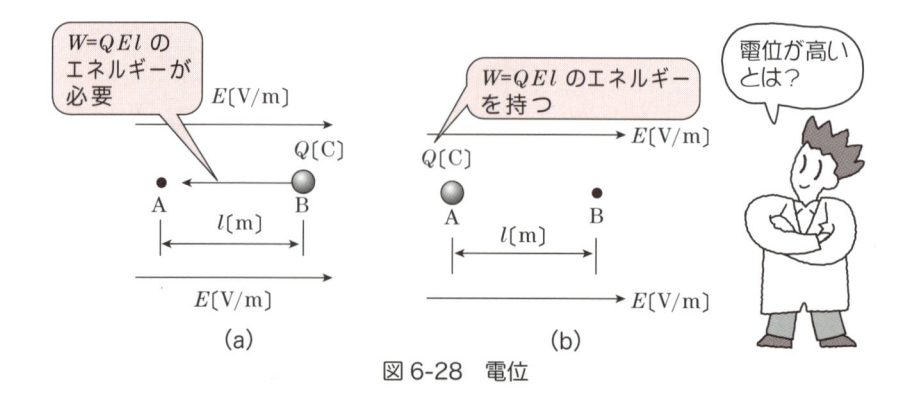

図 6-28　電位

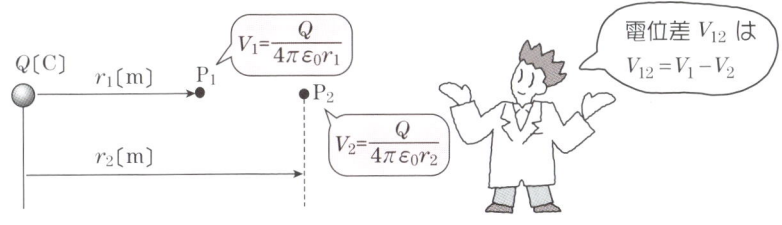

図 6-29　点電荷の電位

+1C 当たりの力とは電界の強さ E〔V/m〕のことです．点電荷による電界の強さは，次式で表されます．

$$E = \frac{Q}{4\pi\varepsilon_0 r^2}$$

電位の定義から，+1C 当たりの仕事とは，電界の強さ E〔V/m〕がする仕事です．

微小な点電荷を無限遠点から電界に逆らって r_1〔m〕の点まで運ぶときの仕事（電位 V_1〔V〕）は，次のように考えます．

「電界に逆らって」ということは，電界を $-E$ として扱い，無限遠点の ∞ から r_1 まで積分します．このとき，電界の方向 $\dot{E}$ と距離方向 $\dot{r}$ は，同方向にとり，$\dot{E} \cdot \mathrm{d}\dot{r} = E \mathrm{d}r \cos\theta = E\mathrm{d}r$ とします．

$$V_1 = -\int_{\infty}^{r_1} \dot{E} \cdot \mathrm{d}\dot{r} = -\int_{\infty}^{r_1} E \cdot \mathrm{d}r$$

$$= -\frac{Q}{4\pi\varepsilon_0} \int_{\infty}^{r_1} \frac{1}{r^2} \mathrm{d}r = \frac{Q}{4\pi\varepsilon_0}\left[\frac{1}{r}\right]_{\infty}^{r_1}$$

$$= \frac{Q}{4\pi\varepsilon_0 r_1} \quad (6\text{-}27)$$

同様に，点 P_2 の電位 V_2〔V〕は，次式のようになります．

$$V_2 = \frac{Q}{4\pi\varepsilon_0 r_2} \quad (6\text{-}28)$$

また，点 P_1 と点 P_2 の電位差 V_{12}〔V〕は，仕事の範囲を r_2 から r_1 までとして，次式のようになります．

$$V_{12} = -\int_{r_2}^{r_1} \dot{E} \cdot \mathrm{d}\dot{r}$$

$$= \frac{Q}{4\pi\varepsilon_0}\left(\frac{1}{r_1} - \frac{1}{r_2}\right) \quad (6\text{-}29)$$

また，電位差 V_{12}〔V〕は，$V_{12} = V_1 - V_2$ から求めてもかまいません．

(3) 電界の強さと電位の関係

図 6-30 (a)は，半径 a〔m〕の球導体に電荷 Q〔C〕が帯電しているときの電界の強さと電位の関係を表したものです．

図の破線のように，電位の等しい点をつらねてできる面を等電位面といいます．球導体の場合は，同心球面が得られます．等電位面は電荷のもつ位置エネルギーが変わらないので，等電位面に沿って電荷を移動させても，仕事をしたことにはなりません．

導体は等電位となります．もし，電

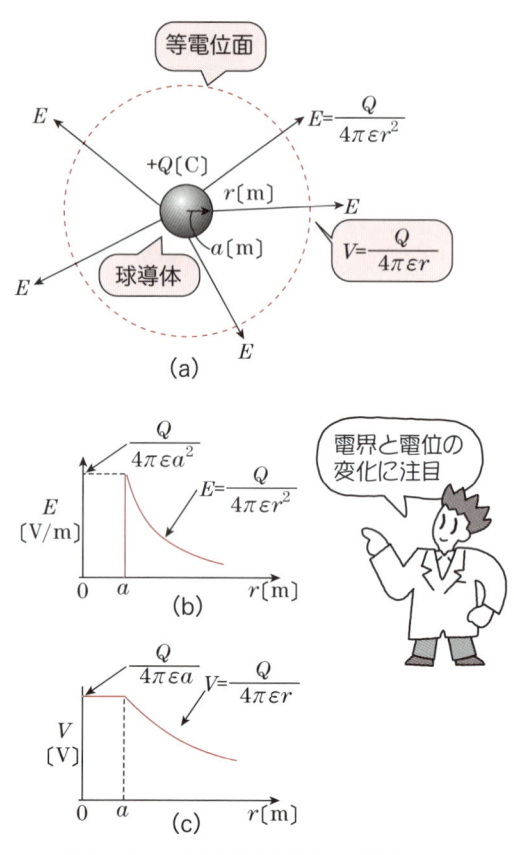

図 6-30　電界の強さと電位の関係

位差があったとしても，自由電子が移動することで等電位となるからです．

図 6-30(b)は，r 方向の電界の強さを表したものです．導体に帯電した電荷 Q〔C〕は，導体の表面に分布し，内部の電界は零となります．

図 6-30(c)は，r 方向の電位を表したものです．導体内部の電位は，導体表面の電位と同じになります．

(4) 電位の勾配

電界の強さはベクトル量です．したがって，多くの点電荷による任意の点の電界の強さを求めるには，複雑な計算になります．

それに比べて，電位はスカラ量です．多くの電荷によるある点の電位は代数和となり，計算が簡単になります．

そこで，電界の強さと電位の関係がわかれば，計算が簡単な電位から電界

の強さを求めることができて大変便利になります．

r 方向の電界 E_r〔V/m〕において，微小点電荷 $+\Delta q$〔C〕を電界と同方向に微小長さ Δr だけ運ぶときの +1C 当たりの仕事 ΔV は，次式で表されます．

$$\Delta V = -E_r \Delta r \quad (6\text{-}30)$$

上式から，$\Delta V \to 0$，$\Delta r \to 0$ の極限では，偏微分記号を用いて，r 方向の電界の強さ E_r〔V/m〕は，次式のようになります．

$$E_r = -\frac{\partial V}{\partial r} \quad (6\text{-}31)$$

上式において，$\partial V/\partial r$ は r 方向の電位の勾配を表しています．図 6-31 のように，r 方向は直角座標系では，次式のように表されます．

$$\dot{r} = \boldsymbol{i}x + \boldsymbol{j}y + \boldsymbol{k}z \quad (6\text{-}32)$$

$\boldsymbol{i}$, $\boldsymbol{j}$, $\boldsymbol{k}$ は，それぞれ x, y, z 方向の単位ベクトルとなります（第 8 章 1 節「ベクトル」参照）．

したがって，電界の強さ $\dot{E}$〔V/m〕は，電位 V を x, y, z 方向で偏微分して，次式のように表されます．

$$\dot{E} = -\left(\boldsymbol{i}\frac{\partial V}{\partial x} + \boldsymbol{j}\frac{\partial V}{\partial y} + \boldsymbol{k}\frac{\partial V}{\partial z}\right) \quad (6\text{-}33)$$

このように，ある点の電位の負の勾配は，その点の電界の強さを表します．

式 (6-33) は，次のベクトル的な演算子記号 ∇（ナブラ）を用いると，

$$\dot{E} = -\nabla V \quad (6\text{-}34)$$

$$\left(\nabla = \boldsymbol{i}\frac{\partial}{\partial x} + \boldsymbol{j}\frac{\partial}{\partial y} + \boldsymbol{k}\frac{\partial}{\partial z}\right)$$

とも表されます．また，式 (6-34) は，グラジエント V と呼んで，次式のようにも表されます（8 章 3 節参照）．

$$\dot{E} = -\text{grad}\, V \quad (6\text{-}35)$$

(5) 電位から電界の強さを求める

図 6-32 のように，点電荷 Q〔C〕から r〔m〕離れた点 P の電位 V〔V〕は，次式で表されました．

$$V = \frac{Q}{4\pi\varepsilon r} \quad (6\text{-}36)$$

上式を用いて，電位の勾配から，電界の強さを求めてみましょう．

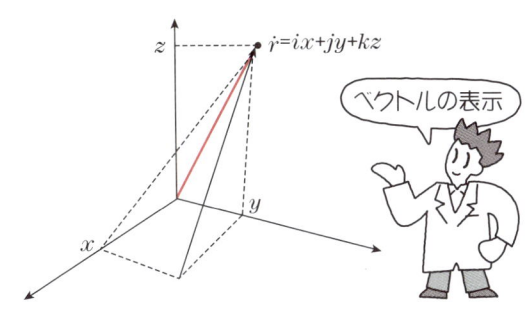

図 6-31 直角座標系

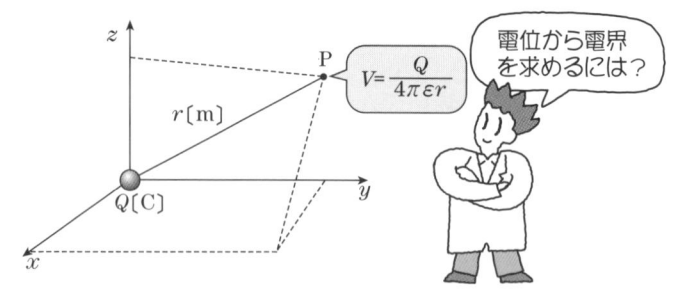

図6-32 点電荷による電位

(a) **r方向の電界の強さ**

点電荷から r 方向の電界の強さ E_r [V/m] は，式(6-36)を r 方向で偏微分して，電位の勾配を求めます．

$$E_r = -\frac{\partial V}{\partial r} = -\frac{Q}{4\pi\varepsilon} \cdot \frac{\partial}{\partial r}\left(\frac{1}{r}\right)$$

$$= \frac{Q}{4\pi\varepsilon r^2} \quad (6\text{-}37)$$

(b) **x, y, z方向の電界の強さ**

電界の強さ E [V/m] を x, y, z 成分で表すには，電位 V [V] を各 x, y, z 方向で偏微分します．

ここで，点電荷から r [m] の点は，直角座標系で表すと，以下のようになります．

$$\dot{r} = \boldsymbol{i}x + \boldsymbol{j}y + \boldsymbol{k}z \quad (6\text{-}38)$$

$$r = \sqrt{x^2 + y^2 + z^2} \quad (6\text{-}39)$$

まず，x 方向の電界の強さ E_x [V/m] を求めてみましょう．

$$E_x = -\frac{\partial V}{\partial x} = -\frac{Q}{4\pi\varepsilon} \cdot \frac{\partial}{\partial x}\left(\frac{1}{r}\right)$$

$$= -\frac{Q}{4\pi\varepsilon} \cdot \frac{\partial}{\partial x}\left(\frac{1}{\sqrt{x^2 + y^2 + z^2}}\right)$$

$$= \frac{Q}{4\pi\varepsilon} \cdot \frac{x}{(x^2+y^2+z^2)^{\frac{3}{2}}} \quad (6\text{-}40)$$

同じように，y 方向の電界の強さ E_y [V/m]，z 方向の電界の強さ E_z [V/m] を求めます．

$$E_y = \frac{Q}{4\pi\varepsilon} \cdot \frac{y}{(x^2+y^2+z^2)^{\frac{3}{2}}} \quad (6\text{-}41)$$

$$E_z = \frac{Q}{4\pi\varepsilon} \cdot \frac{z}{(x^2+y^2+z^2)^{\frac{3}{2}}} \quad (6\text{-}42)$$

そして，電界の強さ E [V/m] は，次式のようになります．

$$\dot{E} = \boldsymbol{i}E_x + \boldsymbol{j}E_y + \boldsymbol{k}E_z$$

$$= \frac{Q}{4\pi\varepsilon} \cdot \frac{(\boldsymbol{i}x + \boldsymbol{j}y + \boldsymbol{k}z)}{(x^2+y^2+z^2)^{\frac{3}{2}}}$$

$$= \frac{Q}{4\pi\varepsilon} \cdot \frac{\dot{r}}{r^3} \quad (6\text{-}43)$$

式(6-43)のベクトル量から，電界の大きさ E [V/m] を求めると，次式のようになり，式(6-37)と一致します．

$$E = |\dot{E}| = \frac{Q}{4\pi\varepsilon r^2}$$

6-6 電束と電束密度

(1) 電気力線の数

電気力線については,1節で説明しました.ここでは,点電荷から出る電気力線の数について求めてみましょう.

図 6-33 のように,真空中において,電荷 Q [C] から,r [m] 離れた地点の電界の強さは,式 (6-12) より,次式のようになります.

$$E = \frac{Q}{4\pi\varepsilon_0 r^2} \text{[V/m]}$$

この値は,点電荷から r [m] 地点の電気力線の密度〔本/m²〕を表しています (6章1節(5)「電気力線の性質④」参照).

半径 r [m] の球の表面積は,$4\pi r^2$ です.よって,点電荷から出ている電気力線の数 N は,電気力線の密度(電界の強さ)に球の表面積を掛けて,次式のようになります.

$$N = 4\pi r^2 E = \frac{Q}{\varepsilon_0} \quad (6\text{-}44)$$

上式から,点電荷から出る電気力線の数は,誘電率に関係することがわかります.つまり,点電荷が置かれた媒体によって電気力線の数が変化することになります.このことは,図 6-34 のように,誘電率の異なる媒体の境界面では電気力線が不連続になってしまうことです.これでは,電界の影響を知るための仮想的な線としては,役割を果たせず困ってしまいます.

そこで,次に説明する「電束」という仮想的な線が定義されます.

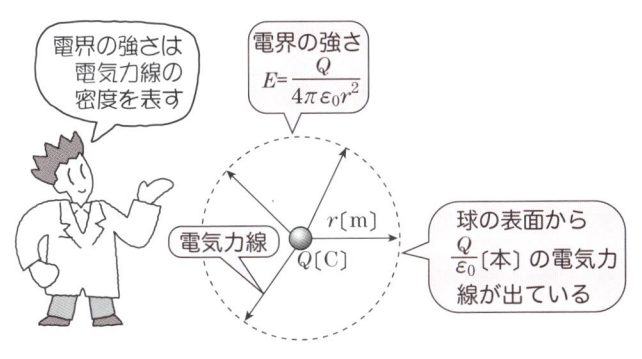

図 6-33 電気力線の数

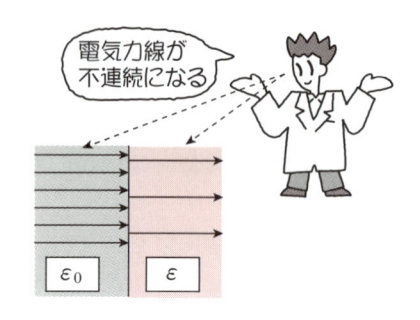

図 6-34　電気力線の不連続

(2) 電束

誘電率によって影響を受けない仮想的な線として，次式のように，電気力線の数 N を ε 倍し，新たに仮想的な線を考えます．

$$\psi = \varepsilon N \qquad (6\text{-}45)$$

この線を**電束**と呼び，量記号は ψ（プサイ），単位記号は電荷と同じ C（クーロン）を用います．

図 6-35 のように，点電荷 Q〔C〕からは，Q〔C〕の電束が放射状に出ていることになります．

(3) 電束密度

電束の通っている点において，電束と垂直な単位面積を貫く電束を，**電束密度**といいます．電束密度の量記号は D，単位記号は C/m^2（クーロン毎平方メートル）を用います．

図 6-36 のように，面積 A〔m^2〕を垂直に貫く電束が ψ〔C〕の場合，電束密度 D〔C/m^2〕は，次式のようになります．

$$D = \frac{\psi}{A} \qquad (6\text{-}46)$$

また，図 6-35 のような点電荷から放射状に電束が出ている場合を考えてみましょう．

点電荷から出ている電束は Q〔C〕ですから，球の半径 r〔m〕の地点の電束密度は，Q〔C〕を球の表面積 $4\pi r^2$ で除して，次式のようになります．

$$D = \frac{Q}{4\pi r^2} \qquad (6\text{-}47)$$

球の半径 r〔m〕地点の電界の強さ E は，式 (6-12) で求めました．この式と式 (6-47) から，次の関係が求められま

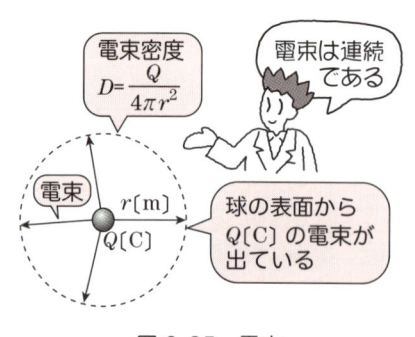

図 6-35　電束

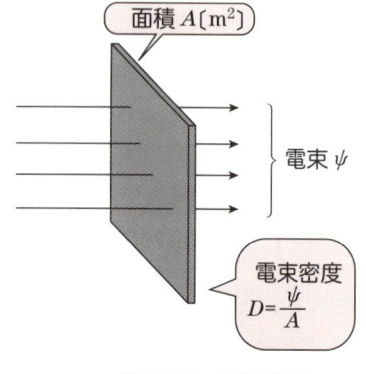

図 6-36　電束密度

す．
$$D = \varepsilon E \quad (6\text{-}48)$$
（真空では，$D = \varepsilon_0 E$ となる）

例題 6-6 図 6-37 のように，$E = 5 \text{〔V/m〕}$ の電界と直交する断面 30cm^2 を通る電気力線の数を求めなさい．

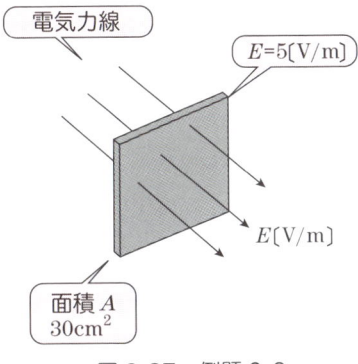

図 6-37 例題 6-6

解答 電界の強さ $E \text{〔V/m〕}$ は，その地点での電気力線の密度〔本/m^2〕です．

したがって，電気力線の数 N は，断面積 $A = 30 \text{〔cm}^2\text{〕}$ を $30 \times 10^{-4} \text{〔m}^2\text{〕}$ として，
$$N = AE = 30 \times 10^{-4} \times 5$$
$$= 1.5 \times 10^{-2} \text{〔本〕}$$

例題 6-7 真空中において，$2 \times 10^{-6} \text{C}$ の点電荷から出る電気力線の数を求めなさい．

解答 電気力線の数 N は，式(6-44) より，
$$N = \frac{Q}{\varepsilon_0} = \frac{2 \times 10^{-6}}{8.854 \times 10^{-12}} \fallingdotseq 2.26 \times 10^5 \text{〔本〕}$$

例題 6-8 真空中において，$2 \times 10^{-6} \text{C}$ の点電荷から出る電束数を求めなさい．

解答 電束の定義から，$2 \times 10^{-6} \text{C}$ の点電荷からは 2×10^{-6} の電束ができます．

例題 6-9 図 6-38 のように，空気中で，$5 \times 10^{-12} \text{C}$ の電束が，断面積 10cm^2 の面を垂直に貫いている．この面の電束密度を求めなさい．また，この点の電界の強さを求めなさい．

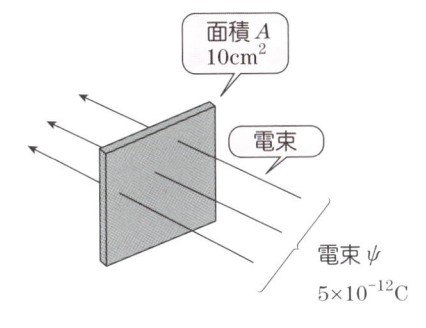

図 6-38 例題 6-9

解答 電束密度 $D \text{〔C/m}^2\text{〕}$ は，式(6-46) より，10cm^2 は $10 \times 10^{-4} \text{〔m}^2\text{〕}$ として，
$$D = \frac{\psi}{A} = \frac{5 \times 10^{-12}}{10 \times 10^{-4}}$$
$$= 5 \times 10^{-9} \text{〔C/m}^2\text{〕}$$

電界の強さ $E \text{〔V/m〕}$ は，式(6-48) を変形して，
$$E = \frac{D}{\varepsilon_0} = \frac{5 \times 10^{-9}}{8.854 \times 10^{-12}}$$
$$\fallingdotseq 5.65 \times 10^2 \text{〔V/m〕}$$

6-6 電束と電束密度

6-7 分極と誘電率

(1) 誘電体とは

どんな物質でも正負の電荷が多数存在します．導体とは，電荷が自由に移動できる物質をいいました．その電荷は自由電子によるもので，導体内部の電界は零です．

誘電体とは，電荷が移動できない物質をいい，誘電体の内部には電界が生じます．

誘電体と絶縁体は，同じ性質の物質をいいます．この呼び方の違いは，物質をどのような電気的性質で見るかによります．

絶縁体とは，文字どおり「電気を絶縁する」ものです．正負の電荷の流れ，すなわち電流の流れを隔てることに着目するとき，この呼び方をします．

誘電体とは，次項で説明する分極による電荷に着目する場合，この呼び方をします．

(2) 分極

図 6-39 は，誘電体に電界を加えたときの電荷の様子を表したものです．誘電体内部では，正電荷は電界の方向に，負電荷は反対方向に微小変位し，電気双極子と呼ばれる正負の電荷をもつ粒子が現れます．このような現象を**分極**といいます．

誘電体内部では電気双極子の隣同士の電荷が打ち消され，結果的に誘電体の両端に正負の電荷が現れます．

この分極によって現れた電荷を**分極電荷**といいます．分極電荷は，物質中を自由に動くことはできません．また，外部の電界を取り除けば，分極がなくなり，分極電荷も消えます．これに対

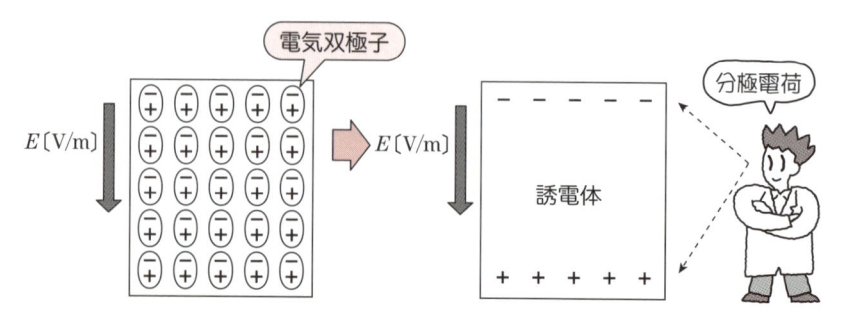

図 6-39 分極電荷

して，自由電子によって現れる電荷を真電荷と呼んでいます．

静電気における絶縁体は，このように分極電荷が誘導されるので誘電体と呼ばれています．

では，誘電体に分極が生じる理由について考えてみましょう．

誘電体の原子モデルとして，水素原子を用いて説明します．水素原子は，図 6-40 (a)のように，陽子 1 個の周りを 1 個の電子が球状に回転しています．このとき，電気的には中性の状態です．

この水素原子に電界を加えると，電子にはクーロン力が働きます．それによって電子の運動する中心がずれて，図(b)のような楕円状に変形します．

この結果，中性だった原子は見かけ上図(c)のような正負の電荷をもった原子となり，分極が生じます．この原子を電気双極子といい，外部に対して電界をつくることになります．このように電子が陽子に対して変位する分極を電子分極と呼んでいます．

分極には，他に配向分極，イオン分極があります．原子核の周りを回転する電子の軌道は，球状の物質だけではありません．共有結合された分子によっては，かたよった電子の軌道になって，自ら分極している物質もあります．これは結合された分子の向きによる分極なので配向分極といいます．また，イオン結合された物質の正イオンと負イオンに対して変位する分極をイオン分極といいます．

(3) 誘電率

図 6-41 のように，2 枚の平板導体にそれぞれ表面密度 $+\sigma[C/m^2]$ と

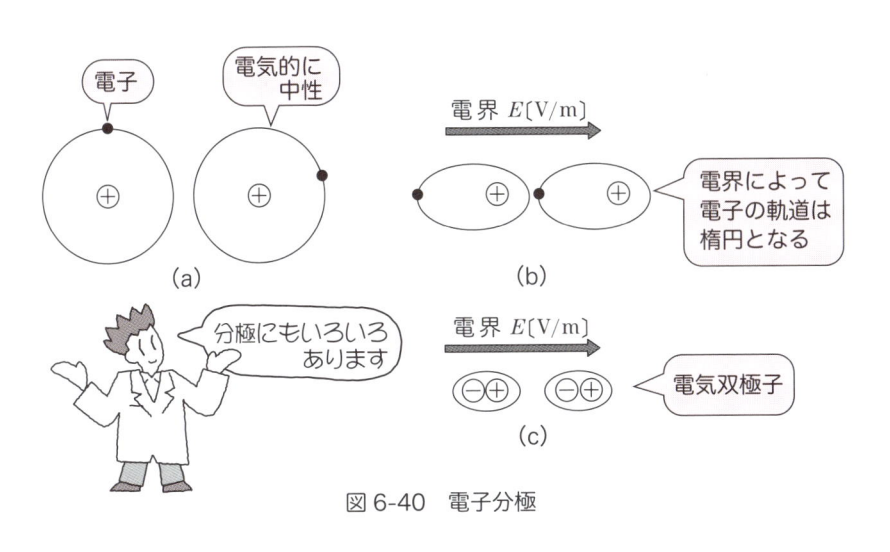

図 6-40　電子分極

6-7　分極と誘電率

図(a)

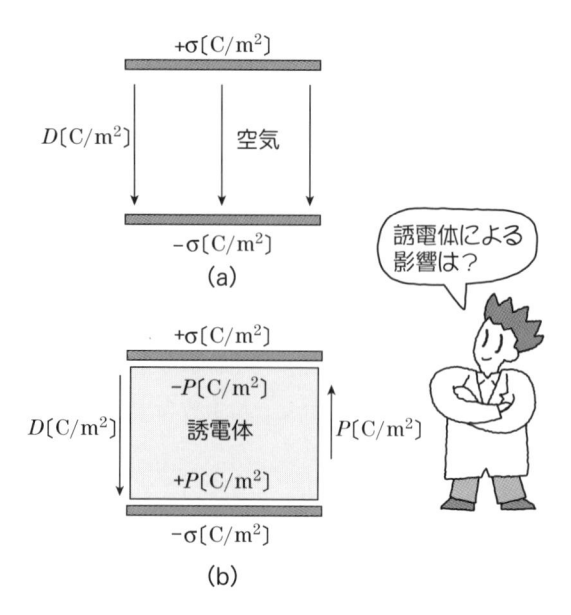

+σ[C/m²]
D[C/m²]　空気
−σ[C/m²]

(a)

+σ[C/m²]
−P[C/m²]
D[C/m²]　誘電体　P[C/m²]
+P[C/m²]
−σ[C/m²]

(b)

誘電体による影響は？

図6-41　誘電率

$-\sigma$[C/m²]の電荷が分布しているときの電束密度について考えてみましょう．

図(a)は平板導体間が空気で，図(b)は平板導体間に誘電体が挿入されています．平板導体の端部では，電荷の密度が一様でなく電界の乱れが生じます．しかし，ここでは平板導体の表面密度は均一として考えていきます．

図(a)において，平板導体間の電界の強さE[V/m]は，式(6-24)より，次式のように表されました．

$$E = \frac{\sigma}{\varepsilon_0} \quad (6\text{-}49)$$

ここで，表面密度σ[C/m²]は，平板導体間の電束密度を表します．したがって，電束密度D[C/m²]は，次式のように表されます．

$$D = \sigma = \varepsilon_0 E \quad (6\text{-}50)$$

図(b)において，平板導体に分布した電荷$\pm\sigma$[C/m²]によって誘電体に分極が生じます．その分極電荷を$\pm P$[C/m²]とします．

図(b)における平板導体間の電界の強さE[V/m]は，式(6-49)との対応から，次式のように表されます．

$$E = \frac{\sigma - P}{\varepsilon_0} \quad (6\text{-}51)$$

ところで，図(b)において，誘電体の分極電荷P[C/m²]は，平板導体の表面密度σ[C/m²]に比例すると仮定すれば，比例定数をχ_eとして，

$$P = \chi_e \sigma = \chi_e \varepsilon_0 E \qquad (6\text{-}52)$$

と表されます．

ここで，比例定数 χ_e を**電気感受率**といいます．

式(6-51)に，$\sigma = D$，$P = \chi_e \varepsilon_0 E$ を代入すると，

$$\begin{aligned} E &= \frac{\sigma - P}{\varepsilon_0} \\ &= \frac{D - \chi_e \varepsilon_0 E}{\varepsilon_0} \end{aligned} \qquad (6\text{-}53)$$

となり，次式の関係が得られます．

$$\begin{aligned} D &= \varepsilon_0 E + \chi_e \varepsilon_0 E \\ &= (1 + \chi_e)\varepsilon_0 E \\ &= \varepsilon_r \varepsilon_0 E \end{aligned} \qquad (6\text{-}54)$$

ここで，$\varepsilon_r = (1 + \chi_e)$ とおき，この ε_r を**比誘電率**といいます．比誘電率 ε_r は，$\varepsilon_r > 1$ の値となります．

電束密度について，平板導体間が空気の場合の式(6-50)と誘電体を挿入した場合の式(6-54)を比較すると，誘電体を挿入した場合の電束密度は，空気中の場合に比べて ε_r 倍になることがわかります．

電束密度が ε_r 倍になるということは，平板導体に分布される電荷が ε_r 倍になるということになります．

以上の説明から，平板導体間に誘電体を挿入すると，平板導体に多くの電荷を蓄えることができます．

この電荷を蓄える能力を静電容量といい，このことについては次章で学習しますが，誘電体の役割は静電容量を大きくすることにあります．

誘電体の誘電率 ε〔F/m〕は，次式のように，真空中の誘電率 ε_0〔F/m〕と比誘電率 ε_r の積で表されることは，第6章2節で説明しました．

$$\varepsilon = \varepsilon_r \varepsilon_0 \qquad (6\text{-}55)$$

表6-1は，いろいろな誘電体の比誘電率を表したものです．

例題6-10 比誘電率が7の誘電体の誘電率を求めなさい．

解答 式(6-55)より，

$$\begin{aligned} \varepsilon &= \varepsilon_r \varepsilon_0 \\ &= 7 \times 8.854 \times 10^{-12} \\ &\fallingdotseq 6.20 \times 10^{-11} \text{〔F/m〕} \end{aligned}$$

表6-1 比誘電率（20℃の場合）

物質	比誘電率 ε_r
雲母	7.0
クラフト紙	2.9
ボール紙	3.2
ゴム（天然）	2.4
ダイヤモンド	5.68
大理石	8
水晶	4.5
鉛ガラス	6.9
土（乾）	3
空気	1.000536
酸素	1.000494

（理科年表より）

章 末 問 題 6

1. 電線に 2A の電流が 5 秒間流れた．このとき，電線の断面を移動した電子の数を求めなさい．

2. 図 6-42 のように，真空中で直線上の点 a，b，c に 4×10^{-6}C，8×10^{-6}C，10×10^{-6}C の正電荷がある．点 b の電荷に働く力を求めなさい．

4×10^{-6}C　　　8×10^{-6}C　　　　　10×10^{-6}C

a　　　　b　　　　　　　c

　　40cm　　　　60cm

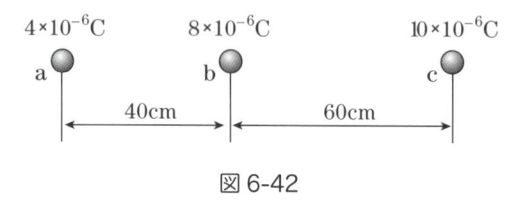

図 6-42

3. 100V/m の電界中に 4×10^{-6}C の電荷を置いたとき，電荷に働く力を求めなさい．

4. 真空中で，3×10^{-6}C の点電荷から 1m 離れた点の電界の強さを求めなさい．

5. 図 6-43 のように，平板導体間に比誘電率 10 の誘電体が挿入されている．平板導体表面の電荷密度が $\pm2\times10^{-8}$C/m^2 のとき，平板導体間の電界の強さを求めなさい．

2×10^{-8}C/m^2

$\varepsilon_r=10$

-2×10^{-8}C/m^2

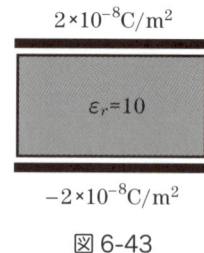

図 6-43

6. 半径 2mm の無限長円筒導体の表面に，単位長さ当たり 2×10^{-6}C/m の電荷が一様に分布している．半径方向に 30cm 離れた点の電界の強さを求めなさい．

7. 真空中で，2×10^{-8}C の点電荷から 5m 離れた点の電位を求めなさい．

8. 4×10^{-6}C の正電荷を無限遠方から電界内のある点まで運んでくるのに，2×10^{-5}J の仕事が必要であった．この点の電位を求めなさい．

9. 真空中で，電界の強さが 2×10^3V/m の点の電束密度を求めなさい．

10. 比誘電率 8 の電界内で，2×10^{-6}C の点電荷から出る電気力線の数を求めなさい．

第7章 静電容量とコンデンサ

　電荷は誘電体を挟んだ導体間に蓄えることができ，この電荷を蓄える能力を静電容量といいます．この章では，球状導体，平板導体，円筒導体などの代表的な導体に蓄えられる静電容量の求め方について説明します．

　また，電荷を蓄積させる装置をコンデンサといい，コンデンサの直並列接続，充放電，エネルギーなどについても説明します．

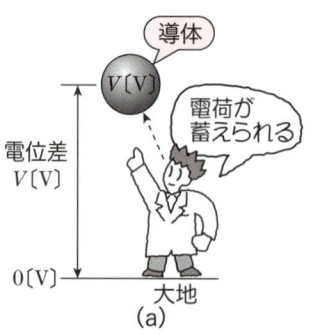

7-1 静電容量

(1) 静電容量

図 7-1 のように，導体と大地間，または 2 つの導体間に電位差 V[V] を加えると，その導体に電荷 Q[C] が蓄えられます．このとき，電位差 V と電荷 Q の間には，次式のような比例関係が成り立ちます．

$$Q = CV \qquad (7\text{-}1)$$

上式における比例定数 C を**静電容量**といい，単位記号には F（ファラド）を用います．

(2) 静電容量の求め方

導体に蓄えられる静電容量は，次のような手順で求めます．

① 導体に電荷 Q[C] を与えたときの電界の強さ E[V/m] を求めます（第 6 章 4 節参照）．このとき，電界の強さ E は，電荷 Q の変数となります．

② 電界の強さ E[V/m] から，電位 V[V] を求めます．このとき，電位 V は，電荷 Q の変数となります．

③ 静電容量 C[F] は，式 (7-1) を変形し，次式から求めます．

$$C = \frac{Q}{V} \qquad (7\text{-}2)$$

静電容量 C は，導体の形状と周囲の媒質によって定まる定数となります．

(3) 球状導体の静電容量

図 7-2 のように，半径 a[m] の球状導体が空気中にあるとき，球状導体の静電容量を考えてみましょう．

「静電容量の求め方」の手順に従って，静電容量を求めていきます．

① 導体に電荷 Q[C] を与えたときの電界の強さ E[V/m] を求めます．

図 7-1　静電容量

図 7-2　球状導体の静電容量

球状導体に電荷 Q [C] を帯電させると，電荷は導体表面に分布し，導体内部には存在しません．中心からの距離を r [m] として，r [m] $>a$ [m] では，電界の強さは，式 (6-21) より，

$$E = \frac{Q}{4\pi\varepsilon_0 r^2} \quad (7\text{-}3)$$

となります．

② 電界の強さ E [V/m] から，電位 V [V] を求めます．

式 (7-3) の電界の強さから電位を求めるには，式 (6-27) より，次式のようになります．

$$V = \frac{Q}{4\pi\varepsilon_0 r} \quad (7\text{-}4)$$

③　式 (7-2) から静電容量を求めます．

球状導体表面の電位は，式 (7-4) の r を a とし，静電容量 C は，次式のようになります．

$$C = \frac{Q}{V} = \frac{Q}{\dfrac{Q}{4\pi\varepsilon_0 a}} = 4\pi\varepsilon_0 a \quad (7\text{-}5)$$

例題 7-1　地球を半径約 6400 km の球状導体と考えたとき，静電容量を求めなさい．

[解答]　式 (7-5) より，

$$\begin{aligned}C &= 4\pi\varepsilon_0 a \\ &= 4\times\pi\times 8.854\times 10^{-12}\times 6400\times 10^3 \\ &\fallingdotseq 712\times 10^{-6} \text{ [F]} \\ &= 712 \text{ [μF]}\end{aligned}$$

Reference　ファラド

静電容量の単位ファラドは，非常に大きい単位です．地球を球状導体と考えても 1F にはほど遠いです．通常，ファラドの単位は，100 万分の 1 の μF（マイクロファラド），さらにその 100 万分の 1 の pF（ピコファラド）などの単位が用いられます．

図 7-3　1F の大きさ

7-1　静電容量

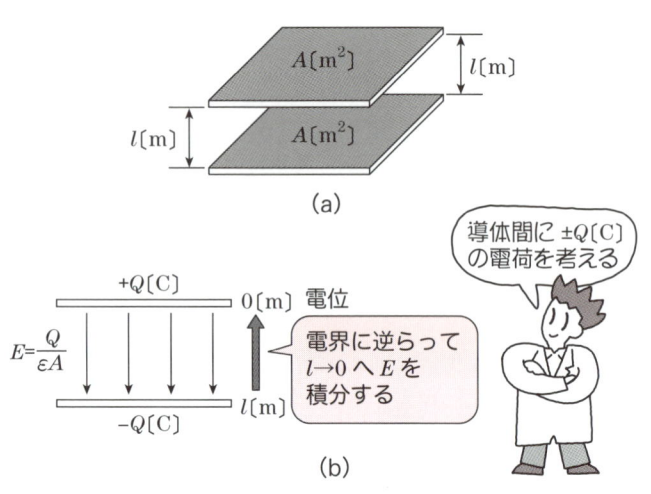

図 7-4 平板導体間の静電容量

(4) 平板導体間の静電容量

図 7-4(a)のような平板導体間の静電容量を求めてみましょう．

① 図 7-4(b)のように，2つの導体に $+Q$[C] と $-Q$[C] の電荷を与えたときの電界の強さ E[V/m] を求めます．

平板導体間の電界の強さ E[V/m] は，式 (6-23) より，

$$E = \frac{Q}{\varepsilon A} \qquad (7\text{-}6)$$

② 電界の強さ E[V/m] から，電位 V[V] を求めます．

平板導体間の電位は，電界に逆らって平板導体間の距離 l[m] から 0m まで，電界の強さ E を積分します（6 章 5 節参照）．

電界は導体に垂直で，電界の方向と積分する距離方向は同方向になります．したがって，電位 V[V] は次式で表されます．

$$V = -\int_l^0 E \cdot dl = -\frac{Q}{\varepsilon A}\int_l^0 dl$$

$$= -\frac{Q}{\varepsilon A}[l]_l^0$$

$$= \frac{Q}{\varepsilon A}l = El \qquad (7\text{-}7)$$

③ 式 (7-2) から静電容量を求めます．

平板導体間の静電容量 C[F] は，次式のようになります．

$$C = \frac{Q}{V} = \frac{Q}{\frac{Q}{\varepsilon A}l} = \frac{\varepsilon A}{l} \qquad (7\text{-}8)$$

(5) 円筒導体間の静電容量

図 7-5(a)は，半径が a[m] の導体 A，内径が b[m] の導体 B が同心状に配置されている無限長円筒導体です．

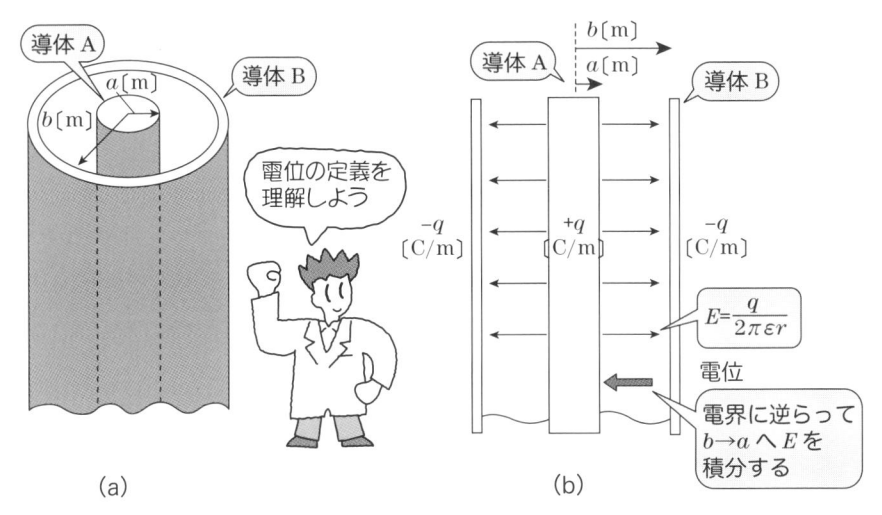

図 7-5 円筒導体間の静電容量

　導体 A と導体 B の間の静電容量を求めてみましょう．

① 図 7-5 (b) のように，導体 A に単位長さ当たり $+q$ [C/m]，導体 B に $-q$ [C/m] の電荷を与えたときの電界の強さ E [V/m] を求めます．

　無限円筒導体間の電界の強さ E [V/m] は，式 (6-26) より，

$$E = \frac{q}{2\pi\varepsilon r} \tag{7-9}$$

となります（ただし，$a<r<b$）．

② 電界の強さ E [V/m] から，電位 V [V] を求めます．

　円筒導体間の電位は，電界に逆らって円筒導体間の距離 b [m] から a [m] まで，電界の強さ E を積分します．

　電界は導体に垂直で，電界の方向と積分する距離方向は同方向になります．したがって，電位 V [V] は次式で表されます．

$$\begin{aligned}V &= -\int_b^a E \cdot dr = -\frac{q}{2\pi\varepsilon}\int_b^a \frac{1}{r}dr \\ &= -\frac{q}{2\pi\varepsilon}\Bigl[\log r\Bigr]_b^a \\ &= \frac{q}{2\pi\varepsilon}\log\frac{b}{a}\end{aligned} \tag{7-10}$$

③ 式 (7-2) から静電容量を求めます．

　円筒導体間の単位長さ当たりの静電容量 C [F/m] は，次式のようになります．

$$\begin{aligned}C &= \frac{q}{V} = \frac{q}{\dfrac{q}{2\pi\varepsilon}\log\dfrac{b}{a}} \\ &= \frac{2\pi\varepsilon}{\log\dfrac{b}{a}}\end{aligned} \tag{7-11}$$

7-2 コンデンサ

(1) コンデンサ

静電容量を利用して電荷を蓄積させる装置を**コンデンサ**といいます．

図7-6(a)は2枚の金属板を平行に合わせ，その間に誘電体を挟んだ平行板コンデンサで，図(b)はコンデンサの図記号です．

平行板コンデンサの静電容量は，平板導体間の静電容量と同様で，式(7-8)より，次式のように表されます．

$$C = \frac{\varepsilon A}{l} \quad (7\text{-}12)$$

ここで，ε〔F/m〕はコンデンサの誘電率で，次式のように，比誘電率ε_rと真空中の誘電率$\varepsilon_0 \fallingdotseq 8.854 \times 10^{-12}$〔F/m〕の積で表されます．

$$\varepsilon = \varepsilon_r \varepsilon_0 \quad (7\text{-}13)$$

コンデンサに蓄えられる電荷Q〔C〕は，コンデンサに加える電圧に比例し，次式で表されます．

$$Q = CV = \frac{\varepsilon A}{l} V$$

$$= \frac{\varepsilon_r \varepsilon_0 A}{l} V \quad (7\text{-}14)$$

上式から，コンデンサに蓄えられる電荷Q〔C〕は，金属板の面積A〔m²〕，

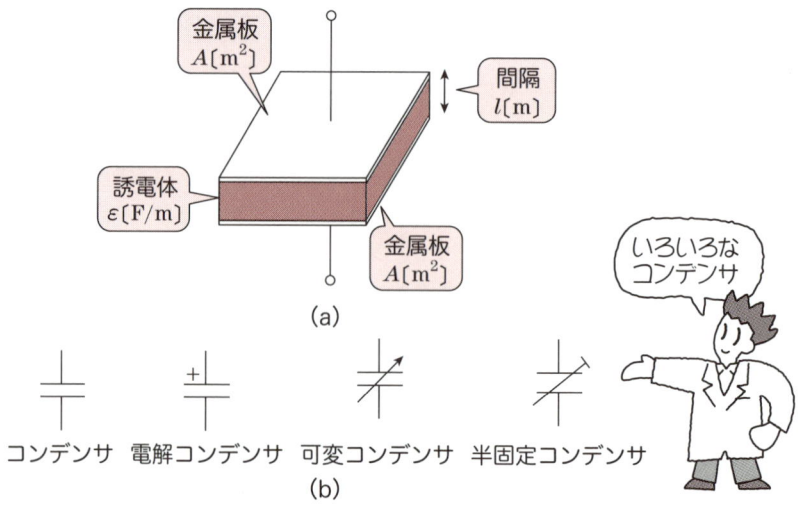

図7-6 コンデンサ

距離 l [m]，加える電圧 V [V] が同じであれば，比誘電率 ε_r に比例することがわかります．そこで，コンデンサは，間に挿入する誘電体によって多数の種類が存在します．

(2) コンデンサの充電

(a) コンデンサが 1 つの場合

図 7-7 のように，コンデンサに直流電源 V [V] を接続します．スイッチ S を閉じると，コンデンサの両端には直流電源 V [V] から $\pm Q$ [C] の電荷が蓄えられます．これをコンデンサの充電といいます．

コンデンサに蓄えられる電荷 Q [C] は，$Q = CV$ で表されました．先輩達は，これをアルファベットの「Q」を逆さにすると柿の実に似ているところから「柿は渋い」と覚えたそうです．

ここから，スイッチ S を開いても，コンデンサには電荷が蓄えられたままとなります（実際には，空気中にゆっくりと自然放電されます）．

コンデンサ内の電界の強さは均一で，平等電界になります．

電界の強さ E [V/m] は，式 (7-7) より，次式で表されます．

$$E = \frac{V}{l} \qquad (7\text{-}15)$$

このように，コンデンサは電荷を蓄えますが，コンデンサの金属板間には電流は流れません．これは，コンデンサの中には誘電体が挿入されているためです．

ただし，スイッチ S を閉じたわずかな時間では，コンデンサには電荷を蓄えるための電流が流れます．この電流を充電電流といいます．

例題 7-2 静電容量 50μF のコンデンサに 100V の電圧を加えたとき，コンデンサに蓄えられる電荷を求めなさい．

解答 $Q = CV$ より，
$Q = 50 \times 10^{-6} \times 100$
$ = 5 \times 10^{-3}$ [C]

図 7-7 コンデンサの充電

7-2 コンデンサ

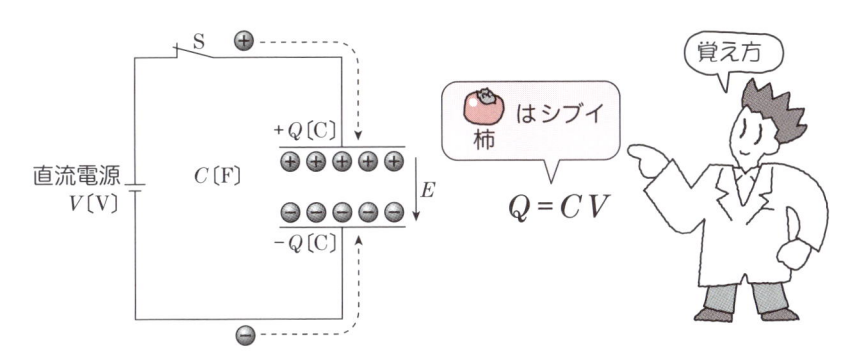

図 7-8

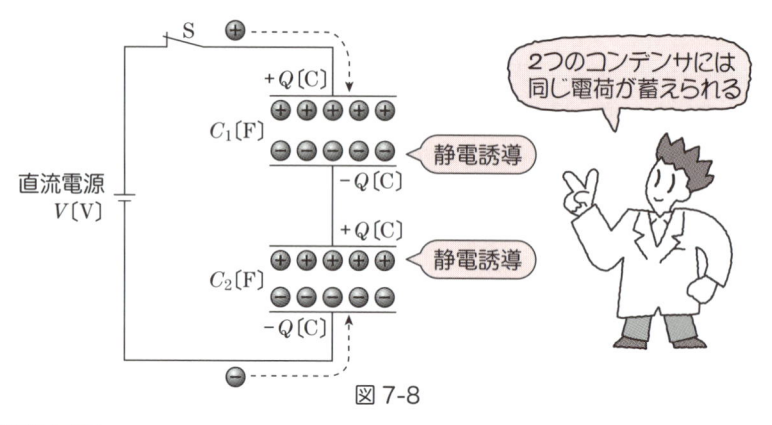

例題 7-3 コンデンサに 25V の電圧を加えたら，10^{-3}C の電荷が蓄えられた．このコンデンサの静電容量はいくらか．

解答

$$C = \frac{Q}{V} = \frac{10^{-3}}{25}$$
$$= 40 \times 10^{-6} \text{[F]}$$
$$= 40 \text{[μF]}$$

(b) 2つのコンデンサが直列の場合

図 7-8 のように，静電容量の異なる 2 つのコンデンサ C_1 と C_2 を直列に接続して直流電源 V[V] を加えると，充電はどうなるでしょうか．

スイッチ S を閉じると，コンデンサ C_1 の上側と C_2 の下側にそれぞれ ±Q[C] の電荷が蓄えられます．コンデンサ C_1 の下側と C_2 の上側には，静電誘導によって，それぞれ ∓Q[C] の電荷が生じます．

したがって，2 つのコンデンサには，同じ電荷 Q[C] が蓄えられることになります．この図のように，2 つのコンデンサの静電容量が異なる場合，蓄えられる電荷が同じであれば，$Q=CV$ より，各コンデンサに加わる電圧が異なることになります．

つまり，コンデンサの直列接続では，各コンデンサに蓄えられる電荷は等しく，各コンデンサの電圧が異なります．

例題 7-4 図 7-9 のように，面積 20cm^2 の 2 枚の金属板を平行に 10mm 間隔に置き，金属板間に比誘電率 5 の誘電体を挿入した．静電容量を求めなさい．

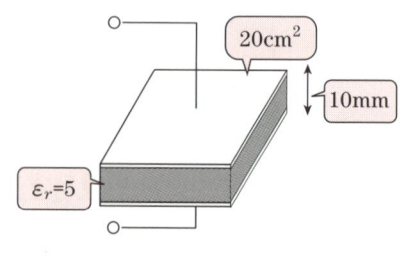

図 7-9 例題 7-4

解答 式 (7-12) より，

$$C = \frac{\varepsilon A}{l}$$
$$= \frac{5 \times 8.854 \times 10^{-12} \times 20 \times 10^{-4}}{10 \times 10^{-3}}$$
$$= 8.854 \times 10^{-12} \text{ (F)}$$
$$= 8.854 \text{ (pF)}$$

(c) **2つのコンデンサが並列の場合**

図 7-10 のように，静電容量の異なる2つのコンデンサ C_1 と C_2 を並列に接続して直流電源 V (V) を加えると，充電はどうなるでしょうか．

2つのコンデンサには，それぞれ直流電源 V (V) が接続されています．スイッチSを閉じると，各コンデンサの両端には直流電源 V (V) から $Q=CV$ より，静電容量 C_1 (F) および C_2 (F) に比例した $\pm Q_1$ (C) および $\pm Q_2$ (C) の電荷が蓄えられます．

このとき，直流電源から供給される全体の電荷 Q (C) は，電荷の保存則より，

$$Q = Q_1 + Q_2 \quad (7\text{-}16)$$

となります．

このように，コンデンサの並列接続では，各コンデンサの電圧は等しく，各コンデンサに蓄えられる電荷が異なることになります．

例題 7-5 図 7-11 において，コンデンサ C_1 および C_2 に蓄えられる電荷 Q_1，Q_2 および全体の電荷 Q を求めなさい．

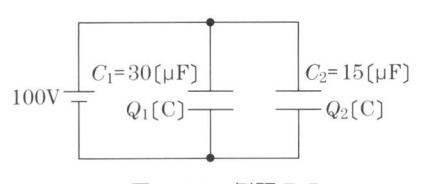

図 7-11 例題 7-5

解答 各コンデンサに蓄えられる電荷 Q_1 と Q_2 は，$Q=CV$ より，

$$Q_1 = C_1 V = 30 \times 10^{-6} \times 100$$
$$= 3 \times 10^{-3} \text{ (C)}$$
$$Q_2 = C_2 V = 15 \times 10^{-6} \times 100$$
$$= 1.5 \times 10^{-3} \text{ (C)}$$

全体の電荷 Q は，

$$Q = Q_1 + Q_2 = 3 \times 10^{-3} + 1.5 \times 10^{-3}$$
$$= 4.5 \times 10^{-3} \text{ (C)}$$

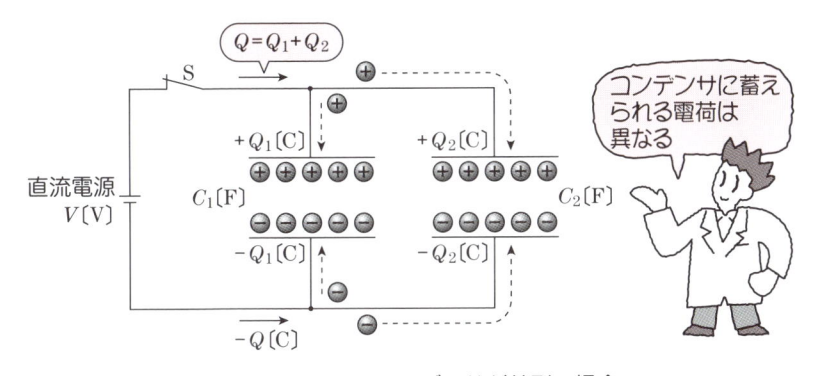

図 7-10 2つのコンデンサが並列の場合

7-2 コンデンサ

7-3 コンデンサの直並列接続

(1) 直列接続

図 7-12 のように，コンデンサを直列接続した場合について考えてみましょう．

コンデンサを直列接続したとき，各コンデンサには同じ電荷が蓄えられました．したがって，各コンデンサに加わる電圧は，次式で表されます．

$$V_1 = \frac{Q}{C_1}, \quad V_2 = \frac{Q}{C_2} \quad (7\text{-}17)$$

直流電源 V〔V〕は，各コンデンサの電圧 V_1 と V_2 の和になりますので，次式が成り立ちます．

$$V = V_1 + V_2$$
$$= \left(\frac{1}{C_1} + \frac{1}{C_2}\right)Q \quad (7\text{-}18)$$

$Q = CV$ の関係から，上式を次式のように変形します．

$$C = \frac{Q}{V} = \frac{1}{\frac{1}{C_1} + \frac{1}{C_2}}$$
$$= \frac{C_1 C_2}{C_1 + C_2} \quad (7\text{-}19)$$

上式の C〔F〕を合成静電容量といいます．2つのコンデンサを直列接続した場合の合成静電容量は，「2つの静電容量の和分の積」になります．

一般に，C_1, C_2, C_3, …, C_n の n 個のコンデンサを直列に接続した場合の合成静電容量 C〔F〕は，次式で表されます．

$$C = \frac{1}{\frac{1}{C_1} + \frac{1}{C_2} + \frac{1}{C_3} + \cdots + \frac{1}{C_n}} \quad (7\text{-}20)$$

コンデンサに加わる電圧 V_1〔V〕と V_2〔V〕の比を求めると，次式のようになります．

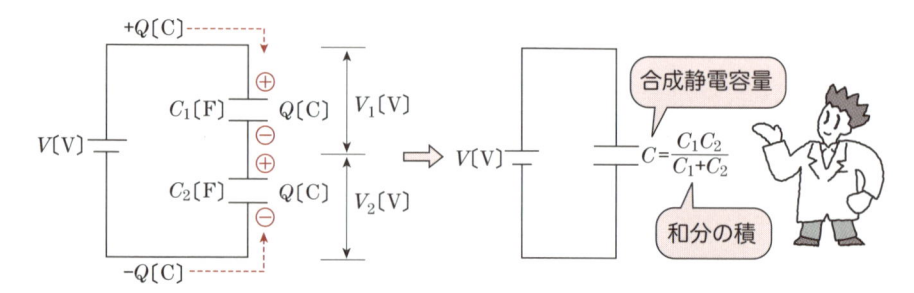

図 7-12 コンデンサの直列接続

$$V_1 : V_2 = \frac{Q}{C_1} : \frac{Q}{C_2} = \frac{1}{C_1} : \frac{1}{C_2} \quad (7\text{-}21)$$

上式から，各コンデンサの電圧は静電容量に反比例することがわかります．すなわち，静電容量の大きいコンデンサに小さな電圧，小さいコンデンサに大きな電圧が加わることになります．

(2) 並列接続

図 7-13 のように，コンデンサを並列接続した場合について考えてみましょう．

各コンデンサには電源電圧 V〔V〕が加わっています．したがって，$Q=CV$ の関係から，各コンデンサに蓄えられる電荷 Q_1〔C〕，Q_2〔C〕は，次式のように表されます．

$$Q_1 = C_1 V, \quad Q_2 = C_2 V \quad (7\text{-}22)$$

直流電源 V〔V〕から供給される電荷 Q〔C〕は，各コンデンサの電荷 Q_1 と Q_2 の和になります．したがって，次式が成り立ちます．

$$Q = Q_1 + Q_2 = (C_1 + C_2)V \quad (7\text{-}23)$$

上式から，2つのコンデンサを並列接続した場合の合成静電容量 C〔F〕は，次式のように表されます．

$$C = C_1 + C_2 \quad (7\text{-}24)$$

一般に，C_1，C_2，C_3，…，C_n の n 個のコンデンサを並列に接続した場合の合成静電容量 C〔F〕は，次式のようになります．

$$C = C_1 + C_2 + C_3 + \cdots + C_n \quad (7\text{-}25)$$

このように，コンデンサを並列接続した場合の合成静電容量は，「各静電容量の和」になります．

例題 7-6 図 7-14(a)のような回路において，合成静電容量，各コンデンサに蓄えられる電荷，および ab 間の電圧 V_{ab}，bc 間の電圧 V_{bc} を求めなさい．

解答 コンデンサ C_3 と C_4 の合成静電容量を C_5 とすると，図(b)のように，

$$C_5 = \frac{C_3 C_4}{C_3 + C_4} = \frac{3 \times 6}{3 + 6} = 2 \text{〔μF〕}$$

コンデンサ C_2 と C_5 の合成静電容量を C_6 とすると，図(c)のように，

$$C_6 = C_2 + C_5 = 2 + 2 = 4 \text{〔μF〕}$$

合成静電容量 C は，図(d)のように，

$$C = \frac{C_1 C_6}{C_1 + C_6} = \frac{1 \times 4}{1 + 4} = 0.8 \text{〔μF〕}$$

回路全体の電荷 Q〔C〕は，

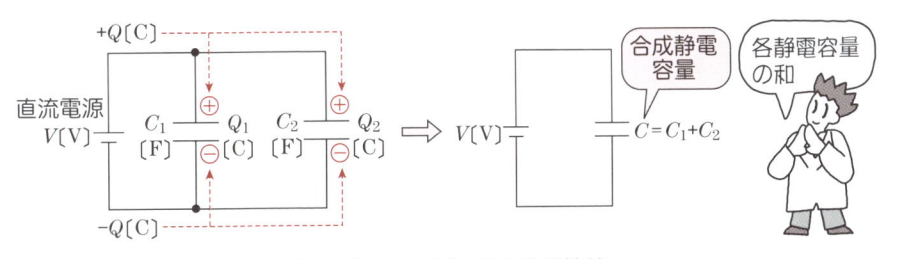

図 7-13 コンデンサの並列接続

7-3 コンデンサの直並列接続

図7-14 例題7-6

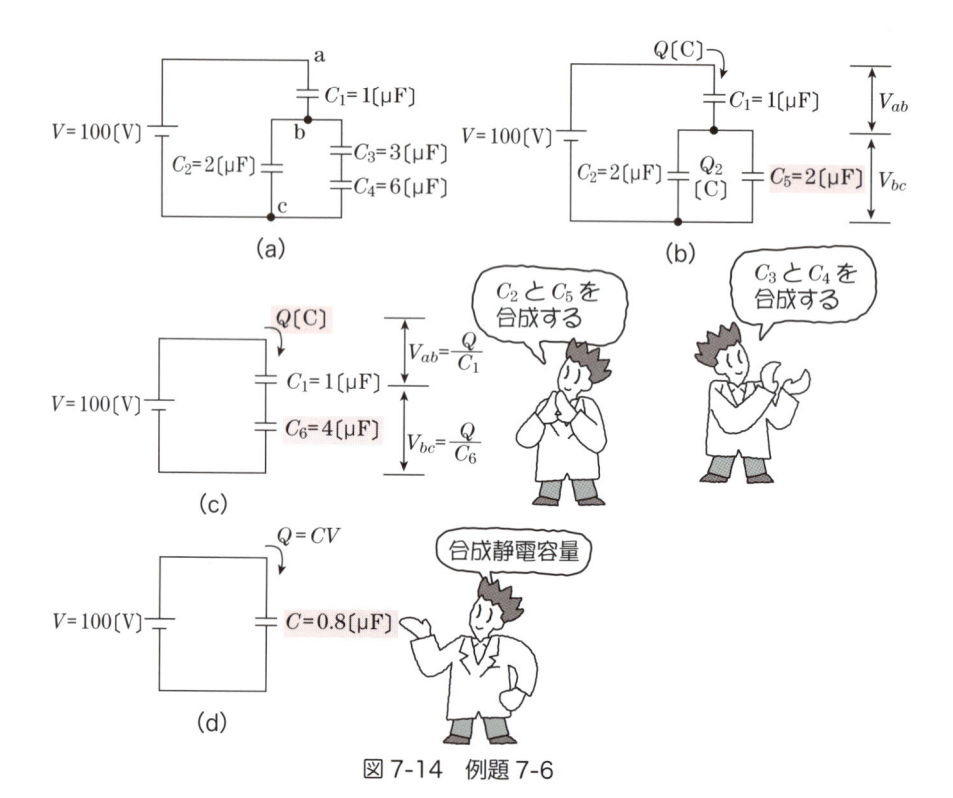

$Q = CV = 0.8 \times 10^{-6} \times 100$
$= 8 \times 10^{-5}$ [C]

となります．これはコンデンサ C_1 に蓄えられる電荷 Q_1 と同じです．

電圧 V_{ab} および V_{bc} は，図(c)より，

$V_{ab} = \dfrac{Q}{C_1} = \dfrac{8 \times 10^{-5}}{1 \times 10^{-6}} = 80$ [V]

$V_{bc} = \dfrac{Q}{C_6} = \dfrac{8 \times 10^{-5}}{4 \times 10^{-6}} = 20$ [V]

コンデンサ C_2 に蓄えられる電荷 Q_2 は，図(b)より，

$Q_2 = C_2 V_{bc} = 2 \times 10^{-6} \times 20$
$= 4 \times 10^{-5}$ [C]

コンデンサ C_3 と C_4 に蓄えられる電荷 Q_3 と Q_4 は等しく，電荷の保存則より，

$Q_3 = Q_4 = Q_1 - Q_2$
$= 8 \times 10^{-5} - 4 \times 10^{-5}$
$= 4 \times 10^{-5}$ [C]

コンデンサ C_5 に蓄えられる電荷 Q_5 は，

$Q_5 = C_5 \times V_{bc} = 2 \times 10^{-6} \times 20$
$= 4 \times 10^{-5}$ [C]

(3) **異なる誘電体のコンデンサ**

図7-15(a)のように，異なる誘電体 ε_1 と ε_2 が挿入されているコンデンサ

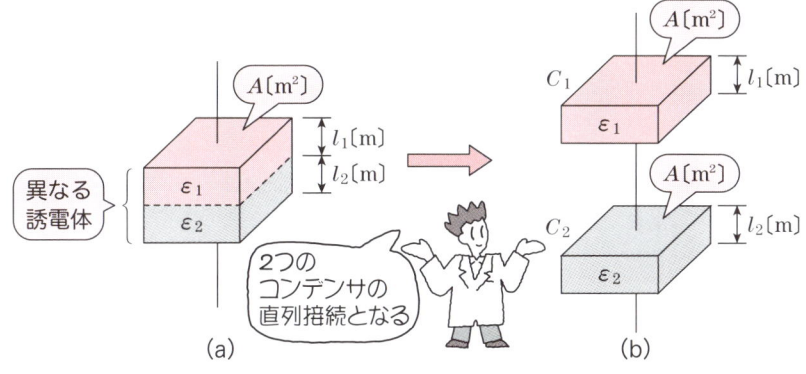

図 7-15 異なる誘電体のコンデンサ

の静電容量は，図(b)のように，ε_1 側のコンデンサ C_1 と ε_2 側のコンデンサ C_2 が直列接続されていると考えます．

コンデンサ C_1〔F〕と C_2〔F〕の部分の静電容量は，それぞれ次式のようになります．

$$C_1 = \frac{\varepsilon_1 A}{l_1}, \quad C_2 = \frac{\varepsilon_2 A}{l_2} \quad (7\text{-}26)$$

したがって，このコンデンサの静電容量 C〔F〕は，次式のようになります．

$$C = \frac{C_1 C_2}{C_1 + C_2} \quad (7\text{-}27)$$

例題 7-7 図 7-16 のように，

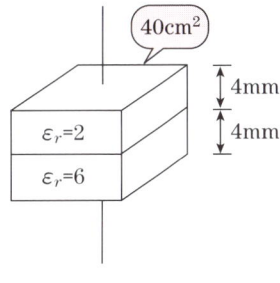

図 7-16 例題 7-7

面積 40cm^2 の平行板コンデンサに，比誘電率 2 と 6 の誘電体がいずれも 4mm の厚さで挿入されている．このコンデンサの静電容量を求めなさい．

解答 比誘電率 2 の部分の静電容量 C_1〔F〕は，

$$C = \frac{\varepsilon_r \varepsilon_0 A}{l}$$

$$= \frac{2 \times 8.854 \times 10^{-12} \times 40 \times 10^{-4}}{4 \times 10^{-3}}$$

$$\fallingdotseq 17.7 \times 10^{-12} \text{〔F〕} = 17.7 \text{〔pF〕}$$

比誘電率 6 の部分の静電容量 C_2〔F〕は，

$$C = \frac{\varepsilon_r \varepsilon_0 A}{l}$$

$$= \frac{6 \times 8.854 \times 10^{-12} \times 40 \times 10^{-4}}{4 \times 10^{-3}}$$

$$\fallingdotseq 53.1 \times 10^{-12} \text{〔F〕} = 53.1 \text{〔pF〕}$$

コンデンサの静電容量 C〔pF〕は，

$$C = \frac{C_1 C_2}{C_1 + C_2} = \frac{17.7 \times 53.1}{17.7 + 53.1} \fallingdotseq 13.3 \text{〔pF〕}$$

7-3 コンデンサの直並列接続

7-4 コンデンサの充放電

　コンデンサに電荷が蓄えられることを充電といいました．ここでは，充電されているコンデンサと充電されていないコンデンサを並列接続した場合について考えてみましょう．

　図7-17のような回路において，図(a)のように，スイッチSをa側に閉じて，コンデンサC_1〔F〕を電源電圧V〔V〕で充電します．このとき，コンデンサC_2は充電されていません．

　次に図(b)のように，スイッチSをb側に倒すと，コンデンサC_1からC_2へ電荷の移動が生じます．これによって，コンデンサC_1に充電された電圧V〔V〕は減少します．

　最初にコンデンサC_1は，電源電圧V〔V〕で充電されました．そこでC_1に蓄えられた電荷Q〔C〕は，次式のようになります．

$$Q = C_1 V \tag{7-28}$$

　スイッチSをb側に倒したとき，コンデンサC_2は充電されていません

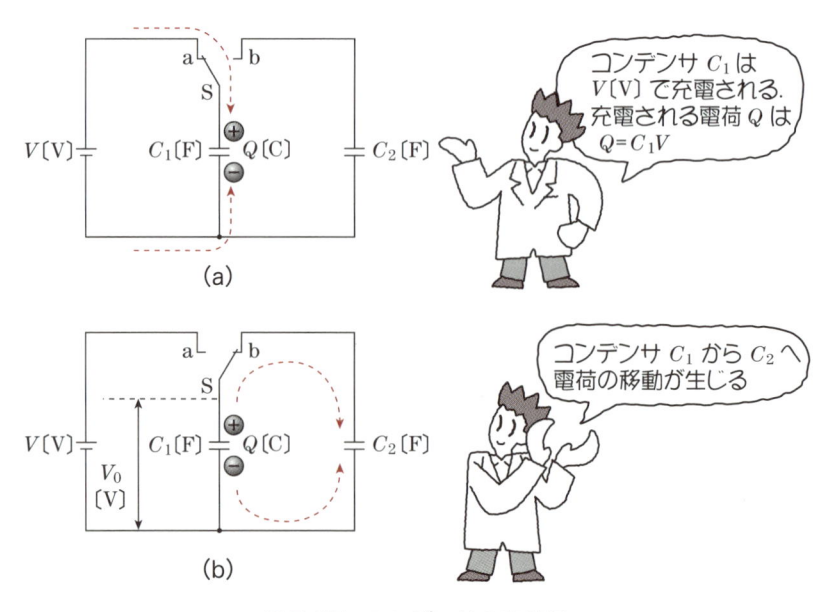

図7-17　コンデンサの充放電

ので，回路全体の電荷は Q [C] です．また，回路の合成静電容量は (C_1+C_2) となります．

スイッチ S を b 側に倒したときのコンデンサ C_1 の電圧を V_0 [V] とすると，次式が成立します．

$$Q = (C_1+C_2)V_0 \qquad (7\text{-}29)$$

したがって，コンデンサ C_1 の電圧 V_0 [V] は，次式のようになります．

$$V_0 = \frac{Q}{C_1+C_2} \qquad (7\text{-}30)$$

このように，充電されているコンデンサに充電されていないコンデンサを並列に接続すると，電荷の移動によって端子電圧が減少することになります．

例題 7-7 図 7-18 (a) のように，コンデンサ C_1 および C_2 を直列に接続して直流電源 V [V] で充電した．次に，これらのコンデンサを電源から切り離して，図(b)のように同じ極性同士を並列に接続するとき，その端子電圧を求めなさい．

解答 図(a)のときの合成静電容量 C は，

$$C = \frac{C_1 C_2}{C_1 + C_2} = \frac{4 \times 6}{4+6} = 2.4 \text{ [μF]}$$

となります．

コンデンサ C_1 と C_2 に蓄えられる電荷 Q [C] は，

$$Q = CV = 2.4 \times 10^{-6} \times 100 = 2.4 \times 10^{-4} \text{ [C]}$$

となります．

図(b)のとき，電荷 Q [C] を蓄えたコンデンサ2個を並列に接続したので，回路の総電荷量は $2Q$ [C] となります．

回路の合成静電容量 C は，

$$C = C_1 + C_2 = 4 + 6 = 10 \text{ [μF]}$$

したがって，端子電圧 V_0 [V] は，

$$V_0 = \frac{2Q}{C} = \frac{2 \times 2.4 \times 10^{-4}}{10 \times 10^{-6}} = 48 \text{ [V]}$$

となります．

例題 7-8 図 7-19 の回路で，スイッチ S を a 側に閉じて C_1 のコンデンサを充電し，次にスイッチ S を b 側に閉じたらコンデンサ C_2 の端子電圧が 40V であった．コンデンサ C_2 の値を求めなさい．

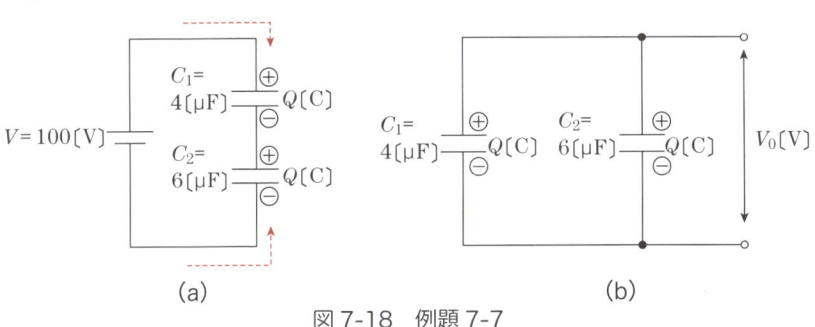

(a) $V = 100$ [V], $C_1 = 4$ [μF], $C_2 = 6$ [μF], Q [C]

(b) $C_1 = 4$ [μF], $C_2 = 6$ [μF], Q [C], V_0 [V]

図 7-18 例題 7-7

7-4 コンデンサの充放電

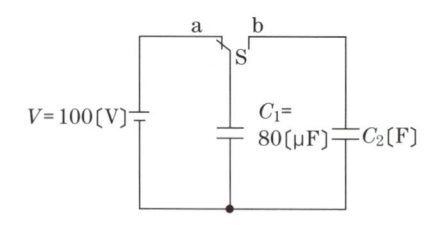

図 7-19　例題 7-8

[解答] スイッチ S を a 側に閉じたとき，コンデンサ C_1 に蓄えられる電荷 Q [C] は，

$$Q = C_1 V = 80 \times 10^{-6} \times 100$$
$$= 8 \times 10^{-3} \text{ [C]}$$

となります．

スイッチ S を b 側に閉じたとき，式 (7-29) の関係から C_2 は，

$$C_2 = \frac{Q}{V_0} - C_1$$
$$= \frac{8 \times 10^{-3}}{40} - 80 \times 10^{-6}$$
$$= 120 \times 10^{-6} \text{ [F]}$$
$$= 120 \text{ [μF]}$$

となります．

例題 7-9 図 7-20 の回路で，スイッチ S を開いた状態では bc 間の電圧は 15V であった．スイッチを閉じた状態における bc 間の電圧を求めなさい．

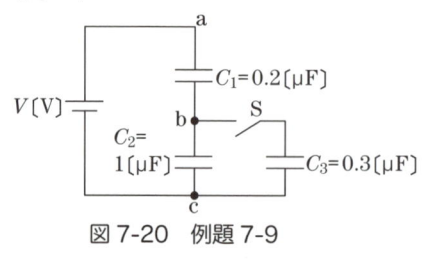

図 7-20　例題 7-9

[解答] スイッチを開いたときの各コンデンサの電圧から電源電圧の値を求めます．

スイッチ S を開いたとき，コンデンサ C_2 に蓄えられる電荷 Q [C] は，

$$Q = C_2 V_{bc} = 1 \times 10^{-6} \times 15$$
$$= 15 \times 10^{-6} \text{ [C]}$$

となります．

この電荷 Q は，C_1 に蓄えられる電荷でもあります．したがって，ab 間の電圧 V_{ab} [V] は，

$$V_{ab} = \frac{Q}{C_1} = \frac{15 \times 10^{-6}}{0.2 \times 10^{-6}} = 75 \text{ [V]}$$

となります．

電源電圧 V [V] は，

$$V = V_{ab} + V_{bc} = 75 + 15 = 90 \text{ [V]}$$

となります．

スイッチ S を閉じたとき，コンデンサ C_2 と C_3 の合成静電容量 C_0 [F] は，

$$C_0 = C_2 + C_3 = 1 + 0.3 = 1.3 \text{ [μF]}$$

となります．

電源電圧 V [V] は，コンデンサ C_1 と C_0 に分圧されます．コンデンサの分圧は，静電容量に反比例することから，

$$V_{bc} = \frac{C_1}{C_1 + C_0} V$$
$$= \frac{0.2}{0.2 + 1.3} \times 90$$
$$= 12 \text{ [V]}$$

となります．

7-5 静電エネルギー

(1) コンデンサ内のエネルギー

コンデンサは，電荷を蓄えます．電荷を蓄えたコンデンサの電極を導線でつなぐと，電流が流れて外部に仕事をします．これは，電荷を蓄えたコンデンサは，エネルギーをもっていることを表しています．このエネルギーを**静電エネルギー**といいます．

コンデンサの静電エネルギーは，次のような考え方から求めます．

図 7-21 (a)のように，コンデンサ C〔F〕に直流電源 V〔V〕を接続したとき，$Q=CV$ の比例関係がありました．

図(b)は，この関係をグラフに表したものです．

コンデンサの電圧が v〔V〕で電荷 q〔C〕のとき，その電圧を微少量 dv だけ増加させると，電荷は $dq=Cdv$ だけ増加します．

ところで，電圧（電位差）とは，電界中で微小電荷を電界に逆らって運ぶときの +1C 当たりの仕事でした（6章5節参照）．

微小電荷 dq によってコンデンサに供給されたエネルギー dW〔J〕は，次式となります．

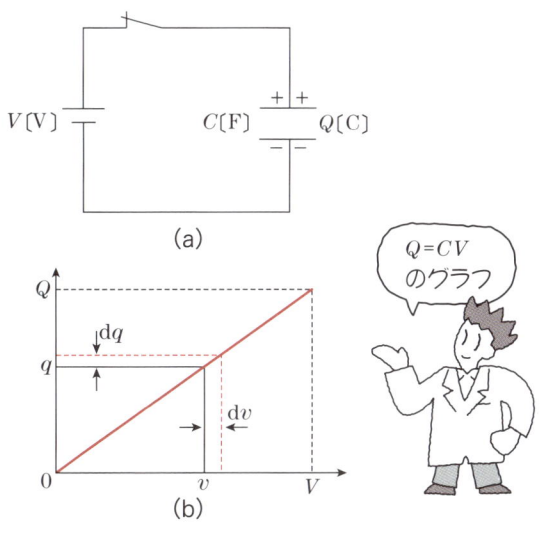

図 7-21 コンデンサ内のエネルギー

$$dW = vdq \quad (7\text{-}31)$$

ここで，$q = Cv$ より，

$$dW = \frac{q}{C}dq \quad (7\text{-}32)$$

となります．したがって，コンデンサの電荷が Q [C] になるまでの全エネルギー W [J] は，式 (7-32) を 0 から Q まで積分して，次式のようになります．

$$W = \frac{1}{C}\int_0^Q q\,dq = \frac{1}{C}\left[\frac{q^2}{2}\right]_0^Q$$

$$= \frac{Q^2}{2C} = \frac{1}{2}CV^2 \quad (7\text{-}33)$$

(2) 誘電体内のエネルギー

コンデンサに蓄えられる静電エネルギーは，式 (7-33) で表されました．この式から，誘電体内で蓄えられるエネルギーを考えます．

静電容量 C は，図 7-22 から，次式のように表されました．

$$C = \frac{\varepsilon A}{l} \quad (7\text{-}34)$$

上式を，式 (7-33) に代入します．

$$W = \frac{1}{2}\cdot\frac{\varepsilon A}{l}V^2 \quad (7\text{-}35)$$

上式を誘電体の体積 Al で除して，単位体積当たりに蓄えられるエネルギー w [J/m³] で表します．

$$w = \frac{1}{2}\cdot\varepsilon\cdot\frac{V^2}{l^2} \quad (7\text{-}36)$$

上式は，電界の強さ $E = V/l$，$D = \varepsilon E$ の関係から，次のように表すことができます．

$$w = \frac{1}{2}\varepsilon E^2 = \frac{1}{2}\cdot\frac{D^2}{\varepsilon}$$

$$= \frac{1}{2}ED \quad (7\text{-}37)$$

上式は，誘電体内に蓄えられる単位体積当たりのエネルギー，すなわち静電エネルギー密度を表します．

例題 7-10 コンデンサに 1000V の電圧を加えたら，4×10^{-3}C の電荷が蓄えられた．コンデンサの静電容量を求めなさい．また，コンデンサに蓄えられたエネルギーはいくらか．

解答 コンデンサの静電容量 C [F] は，

$$C = \frac{Q}{V} = \frac{4 \times 10^{-3}}{1000} = 4 \times 10^{-6} \text{ [F]}$$

$$= 4 \text{ [μF]}$$

図 7-22 コンデンサの静電容量

コンデンサに蓄えられたエネルギー W〔J〕は，式 (7-33) より，

$$W = \frac{1}{2}CV^2 = \frac{1}{2} \times 4 \times 10^{-6} \times 1000^2$$
$$= 2 〔J〕$$

例題 7-11 10μF の静電容量をもつコンデンサに 500V の電圧を加えたとき，コンデンサに蓄えられる電荷とエネルギーを求めなさい．

解答 コンデンサに蓄えられる電荷 Q〔C〕は，

$$Q = CV = 10 \times 10^{-6} \times 500$$
$$= 5 \times 10^{-3} 〔C〕$$

コンデンサに蓄えられるエネルギー W〔J〕は，式 (7-33) より，

$$W = \frac{1}{2}QV = \frac{1}{2} \times 5 \times 10^{-3} \times 500$$
$$= 1.25 〔J〕$$

例題 7-12 電圧 V〔V〕に充電された静電容量 C〔F〕のコンデンサと全く充電されていない静電容量 $C/2$〔F〕のコンデンサがある．これらの2つのコンデンサを並列に接続したとき，これらのコンデンサに蓄えられる全静電エネルギーを求めなさい．

解答 図 7-23 のように，2つのコンデンサを C_1，C_2〔F〕とし，C_1 のコンデンサが V〔V〕に充電されているとします．

C_1 に蓄えられている電荷 Q〔C〕は，

$$Q = C_1 V$$

です．図において，端子電圧 V_0〔V〕は，式 (7-30) より，

$$V_0 = \frac{Q}{C_1 + C_2} = \frac{C_1 V}{C_1 + C_2}$$

となります．

全静電エネルギー W〔J〕は，

$$W = \frac{1}{2}CV_0^2$$
$$= \frac{1}{2}(C_1 + C_2)\left(\frac{C_1 V}{C_1 + C_2}\right)^2$$
$$= \frac{1}{2} \cdot \frac{C_1^2}{C_1 + C_2} V^2$$

ここで，$C_1 = C$, $C_2 = C/2$ を代入して，全エネルギー W〔J〕は，

$$W = \frac{1}{2} \cdot \frac{C^2}{C + \frac{C}{2}} V^2 = \frac{1}{3}CV^2 〔J〕$$

図 7-23 例題 7-12 の解答

7-5 静電エネルギー

章末問題 7

1 図 7-24 の各回路の合成静電容量を求めなさい．

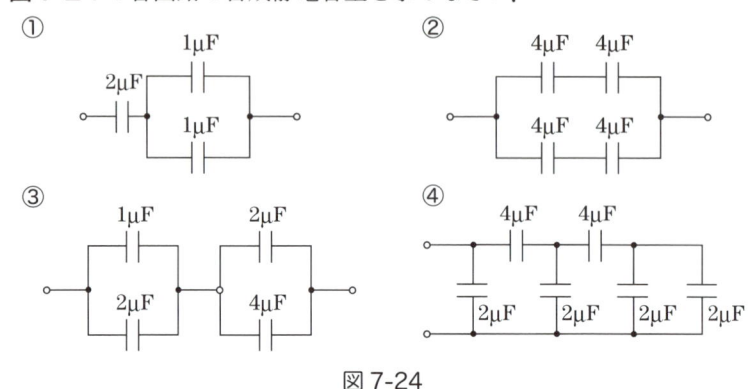

① 2μF と (1μF と 1μF の並列)

② 4μF, 4μF, 4μF, 4μF

③ (1μF ∥ 2μF) と (2μF ∥ 4μF) の直列

④ 4μF, 4μF と 2μF, 2μF, 2μF, 2μF

図 7-24

2 図 7-25 の回路において，コンデンサ C_3 に蓄えられるエネルギーを求めなさい．

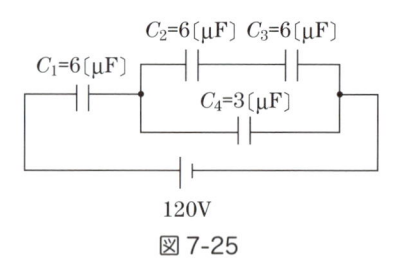

$C_1 = 6 [\mu F]$, $C_2 = 6 [\mu F]$, $C_3 = 6 [\mu F]$, $C_4 = 3 [\mu F]$, 120V

図 7-25

3 図 7-26 のように，電極面積 $0.1 [m^2]$，電極間隔 $6 [mm]$ の平行板コンデンサに，比誘電率 $\varepsilon_1 = 2$，厚さ $2 [mm]$ および比誘電率 $\varepsilon_2 = 4$，厚さ $4 [mm]$ の誘電体が電極と平行に挿入されている．このコンデンサに 12V の電圧を加えたとき，蓄えられる電荷を求めなさい．

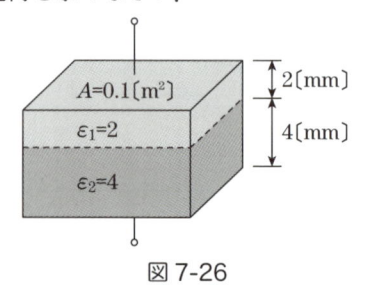

$A = 0.1 [m^2]$, $\varepsilon_1 = 2$, $2 [mm]$, $\varepsilon_2 = 4$, $4 [mm]$

図 7-26

第8章 電磁気学のベクトル表記

　電磁気学における磁界や電界などの概念を正確に理解するには，数学の知識が必要になります．特に，電磁気学の現象は，ベクトルという数学上の道具によって記述されます．

　この章では，ベクトルによる解析の基礎と，電磁気学の現象をベクトルで記述した場合の意味について説明します．

ガウス

ファラデー

アンペール

8-1 ベクトル

(1) スカラとベクトル

電磁気学で扱う量には，数値と単位だけでは表すことのできないものがあります．たとえば，図 8-1 のように，静電力などは電荷に働く力の大きさと，それがどのような方向に働くかを明らかにしなければなりません．また，電界の強さなども，大きさとその方向が重要になります．

その他，電磁気学では，磁界の強さや磁力など，多数の量の大きさと方向を明らかにしなければなりません．

このように，大きさと方向を有する量を**ベクトル**といいます．これに対して，磁位や電位など，数値と単位だけで表される量を**スカラ**といいます．

(2) ベクトルの表示

ベクトルを表す場合，図 8-2 のように，始点から終点に矢印を描き，矢印の向きがベクトルの方向，矢印の長さがベクトルの大きさになります．

特に，大きさが 1 のベクトルを単位ベクトルといいます．

ベクトルは太字の英字 $\boldsymbol{A}$, $\boldsymbol{B}$ か，文字に・（ドット）をつけて $\dot{A}$, $\dot{B}$ と表します．また，ベクトルの大きさ（絶対値）は，細字の A, B か，$|\dot{A}|$, $|\dot{B}|$ で表します．

(3) ベクトルの性質

ベクトルはその位置を問題としません．ベクトルを表すとき，その始点はどこの点にとってもかまいません．また，描かれているベクトルは，大きさ

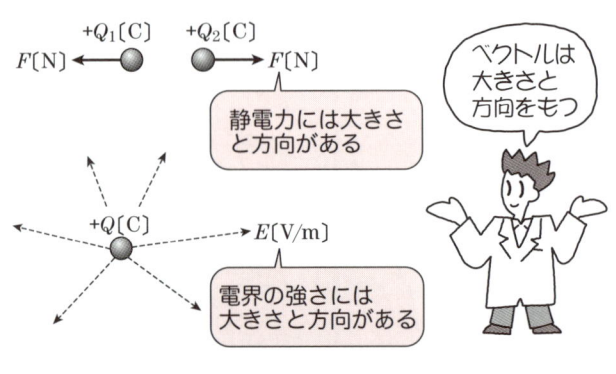

図 8-1　ベクトルの例

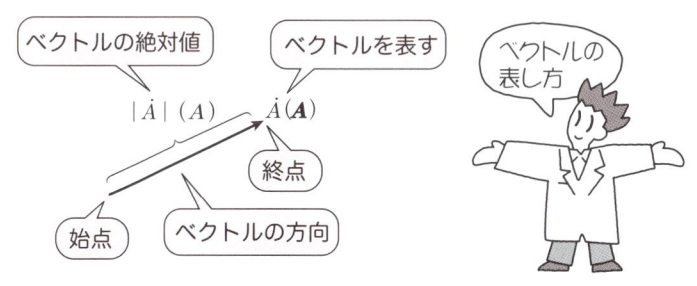

図 8-2　ベクトルの表示

と向きが変わらなければ平行移動してもかまいません．

図 8-3 (a)のように，2つのベクトル $\dot{A}$ と $\dot{B}$ が同じ向きで大きさが等しい場合，$\dot{A}=\dot{B}$ となります．

図 8-3 (b)のように，ベクトル $\dot{A}$ と大きさが等しく，向きが反対のベクトルを $-\dot{A}$ と表し，これを $\dot{A}$ の逆ベクトルといいます．

このような考え方は，次の項でベクトルの和と差を求めるときに必要になります．

(4) ベクトルの加法

2つのベクトル $\dot{A}$ と $\dot{B}$ の和の求め方は，図 8-4 のように，2 とおりあります．

図(a)は，三角形を描いて和を求めています．ベクトル $\dot{A}$ の終点（矢印のところ）にベクトル $\dot{B}$ の始点を移動させ，ベクトル $\dot{A}$ の始点からベクトル $\dot{B}$ の終点へ結んだベクトル $\dot{C}$ が，$\dot{A}$ と $\dot{B}$ の和になります．

図(b)は，平行四辺形を描いて和を求めています．ベクトル $\dot{A}$ の始点にベクトル $\dot{B}$ の始点を移動させ，2つのベクトルの始点をそろえて平行四辺形をつくります．図(b)のように，平行四辺形の対角線 $\dot{C}$ が，$\dot{A}$ と $\dot{B}$ の和になります．

ベクトルの加算には，次の法則があ

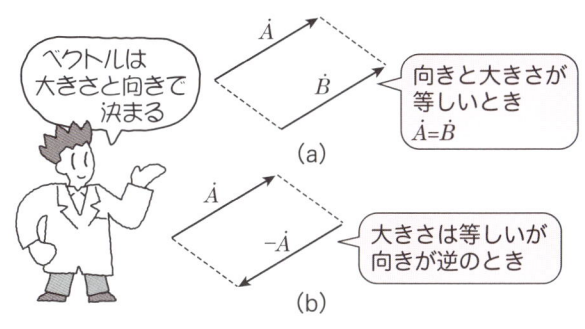

図 8-3　ベクトルの性質

8-1　ベクトル

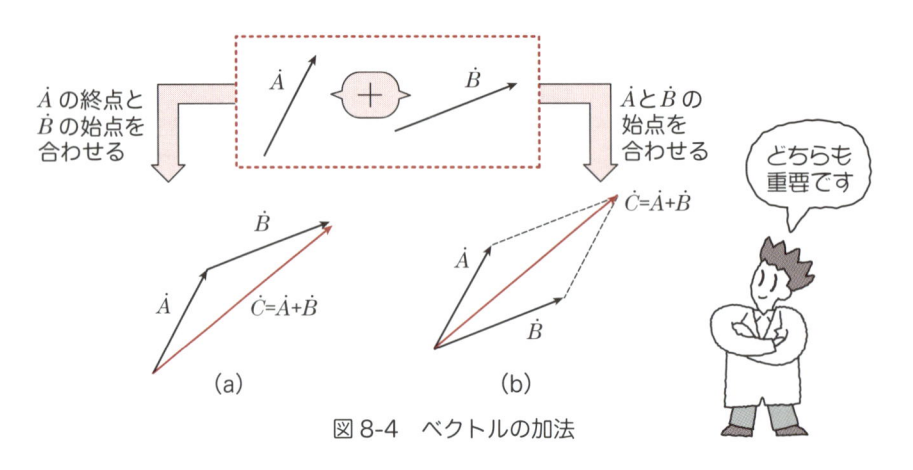

図8-4 の説明：$\dot{A}$の終点と$\dot{B}$の始点を合わせる／$\dot{A}$と$\dot{B}$の始点を合わせる

(a) $\dot{C}=\dot{A}+\dot{B}$　(b) $\dot{C}=\dot{A}+\dot{B}$

どちらも重要です

図8-4　ベクトルの加法

ります．

① 交換法則
$$\dot{A}+\dot{B}=\dot{B}+\dot{A} \tag{8-1}$$

② 結合法則
$$(\dot{A}+\dot{B})+\dot{C}=\dot{A}+(\dot{B}+\dot{C}) \tag{8-2}$$

(5) **ベクトルの減算**

ベクトル$\dot{A}$と$\dot{B}$の差の求め方も，**図8-5**のように，三角形または平行四辺形を描いて求めます．

図(a)はベクトル$\dot{A}$の終点にベクトル$\dot{B}$の終点を移動させ，ベクトル$\dot{A}$の始点からベクトル$\dot{B}$の始点を結んだベクトル$\dot{C}$が$\dot{A}-\dot{B}$になります．

図(b)は平行四辺形を描いて求めます．図(b)のように，ベクトル$\dot{B}$の反対方向に大きさが等しく，向きが逆のベクトル$-\dot{B}$を描きます．この$-\dot{B}$と$\dot{A}$の始点をそろえて平行四辺形を描き，$\dot{A}-\dot{B}$を求めます．

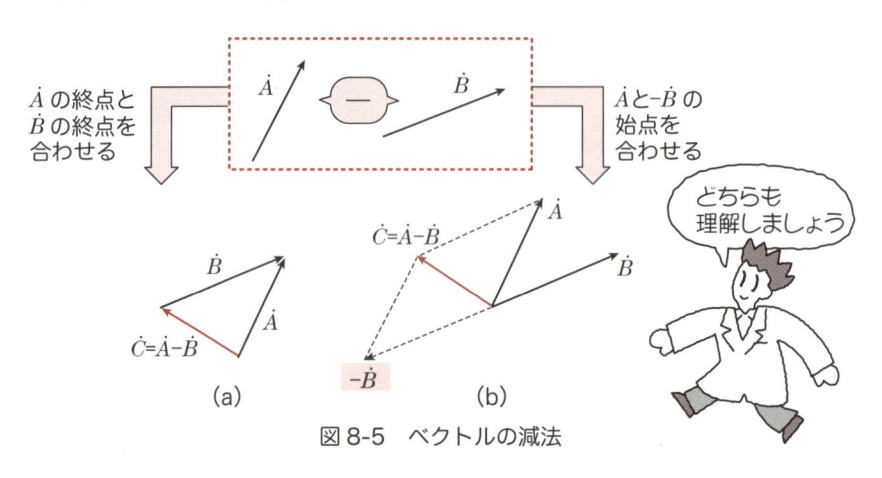

図8-5 の説明：$\dot{A}$の終点と$\dot{B}$の終点を合わせる／$\dot{A}$と$-\dot{B}$の始点を合わせる

(a) $\dot{C}=\dot{A}-\dot{B}$　(b) $\dot{C}=\dot{A}-\dot{B}$，$-\dot{B}$

どちらも理解しましょう

図8-5　ベクトルの減法

第8章　電磁気学のベクトル表記

(6) ベクトルの実数倍

任意の実数 α, β に対して，次の関係が成り立ちます．

$$\alpha(\beta \dot{A}) = (\alpha\beta)\dot{A} \qquad (8\text{-}3)$$

$$(\alpha + \beta)\dot{A} = \alpha\dot{A} + \beta\dot{A} \qquad (8\text{-}4)$$

$$\alpha(\dot{A} + \dot{B}) = \alpha\dot{A} + \alpha\dot{B} \qquad (8\text{-}5)$$

(7) 直角座標系でのベクトルの表示法

ベクトル $\dot{A}$ を表すとき，そのベクトルの方向をもち絶対値が1のベクトルを $\boldsymbol{n}$ とすれば，次式のように，$\dot{A}$ は $\boldsymbol{n}$ と $|\dot{A}|$ の積として表すことができます．

$$\dot{A} = \boldsymbol{n}|\dot{A}| = \boldsymbol{n}A \qquad (8\text{-}6)$$

ここで，$\boldsymbol{n}$ をベクトル $\dot{A}$ の方向をもつ単位ベクトルといいます．

ベクトルの表示法は座標系によって変わります．ここでは，直角座標系におけるベクトルの表示法について説明します．

図8-6 のように，直角座標系におけるベクトル $\dot{A}(A_x, A_y, A_z)$ は，x, y, z軸方向の3つのベクトルの和として，次のように表します．

$$\dot{A} = \boldsymbol{i}A_x + \boldsymbol{j}A_y + \boldsymbol{k}A_z \qquad (8\text{-}7)$$

ここで，$\boldsymbol{i}$, $\boldsymbol{j}$, $\boldsymbol{k}$ は，x, y, z の正方向の単位ベクトルで，基本ベクトルといいます．ベクトル $\dot{A}$ の絶対値は，次式のようになります．

$$|\dot{A}| = \sqrt{A_x^2 + A_y^2 + A_z^2} \qquad (8\text{-}8)$$

ベクトル $\dot{A}$ と x, y, z 軸との角度をそれぞれ α, β, γ とすれば，次式の関係が成り立ちます．

$$\cos\alpha = \frac{A_x}{|\dot{A}|} \qquad (8\text{-}9)$$

$$\cos\beta = \frac{A_y}{|\dot{A}|} \qquad (8\text{-}10)$$

$$\cos\gamma = \frac{A_z}{|\dot{A}|} \qquad (8\text{-}11)$$

また，次式の関係も成立します．

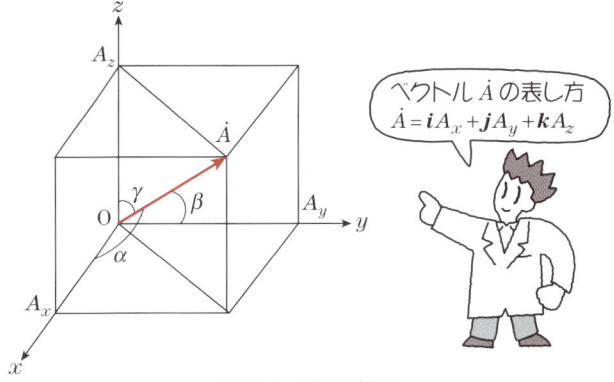

$$\cos^2\alpha + \cos^2\beta + \cos^2\gamma = 1 \qquad (8\text{-}12)$$

図8-6　直角座標

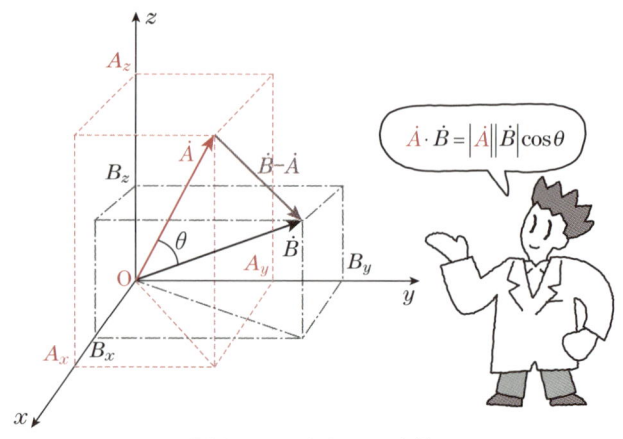

8-2 ベクトルの内積・外積

(1) ベクトルの内積

図 8-7 のような直角座標系において，x 成分を A_x，y 成分を A_y，z 成分を A_z とするとベクトル $\dot{A}$ は，次のように表すことができました．

$$\dot{A} = \boldsymbol{i}A_x + \boldsymbol{j}A_y + \boldsymbol{k}A_z \quad (8\text{-}13)$$

同様に，ベクトル $\dot{B}$ は，次のように表すことができます．

$$\dot{B} = \boldsymbol{i}B_x + \boldsymbol{j}B_y + \boldsymbol{k}B_z \quad (8\text{-}14)$$

ここで，ベクトル $\dot{A}$ と $\dot{B}$ に対して，次のような式を定義します．

$$\dot{A} \cdot \dot{B} = A_x B_x + A_y B_y + A_z B_z \quad (8\text{-}15)$$

これをベクトルの内積またはスカラ積といいます．内積は，x 成分，y 成分，z 成分をそれぞれ乗じて加えます．ここで注意することは，ベクトルの内積で求めた値は，スカラになるということです．

図 8-7 において，ベクトル $\dot{A}$ の終点とベクトル $\dot{B}$ の終点を結ぶベクトルは，$\dot{B} - \dot{A}$ となります．このベクトルは，ベクトル $\dot{A}$ と $\dot{B}$ のなす角度を θ とすると，三角形の余弦定理（付録 [1] 参照）から，次式で表されます．

$$|\dot{B} - \dot{A}|^2 = |\dot{A}|^2 + |\dot{B}|^2 - 2|\dot{A}||\dot{B}|\cos\theta \quad (8\text{-}16)$$

ここで，左辺の $|\dot{B} - \dot{A}|^2$ は，次のように変形できます．

$$\dot{B} - \dot{A} = \boldsymbol{i}(B_x - A_x) + \boldsymbol{j}(B_y - A_y) + \boldsymbol{k}(B_z - A_z)$$

$$\dot{A} \cdot \dot{B} = |\dot{A}||\dot{B}|\cos\theta$$

図 8-7 ベクトルの内積

第 8 章 電磁気学のベクトル表記

$$|\dot{B}-\dot{A}| = \sqrt{(B_x-A_x)^2+(B_y-A_y)^2+(B_z-A_z)^2}$$

$$\begin{aligned}|\dot{B}-\dot{A}|^2 &= (B_x-A_x)^2+(B_y-A_y)^2\\&\quad+(B_z-A_z)^2\\&= A_x^2+B_x^2-2A_xB_x\\&\quad+A_y^2+B_y^2-2A_yB_y\\&\quad+A_z^2+B_z^2-2A_zB_z\\&=|\dot{A}|+|\dot{B}|\\&\quad-2(A_xB_x+A_yB_y+A_zB_z)\\&=|\dot{A}|+|\dot{B}|-2\dot{A}\cdot\dot{B}\quad(8\text{-}17)\end{aligned}$$

式(8-17)と式(8-16)の右辺同士から,ベクトル$\dot{A}$と$\dot{B}$の内積は,次式で表すこともできます.

$$\dot{A}\cdot\dot{B}=|\dot{A}||\dot{B}|\cos\theta \quad(8\text{-}18)$$

式(8-18)から,内積には**図8-8**のような性質があります.

例題8-1 次のような2つのベクトル$\dot{A}$と$\dot{B}$がある.それらのなす角をθとしたとき,内積およびθの値を求めなさい.

$$\dot{A}=\boldsymbol{i}3-\boldsymbol{j}2-\boldsymbol{k} \qquad \dot{B}=\boldsymbol{i}-\boldsymbol{j}3+\boldsymbol{k}2$$

解答 内積は2つのベクトルの各成分同士を乗じて加えます.式(8-15)より,

$$\begin{aligned}\dot{A}\cdot\dot{B} &= A_xB_x+A_yB_y+A_zB_z\\&=3\times1+(-2)\times(-3)+(-1)\times2\\&=7\end{aligned}$$

式(8-18)より,

$$\cos\theta = \frac{\dot{A}\cdot\dot{B}}{|\dot{A}||\dot{B}|}$$

$$= \frac{7}{\sqrt{3^2+(-2)^2+(-1)^2}\sqrt{1^2+(-3)^2+2^2}}$$

$$= \frac{1}{2}$$

$$\theta = \cos^{-1}\frac{1}{2} = 60° \text{ または,} \frac{\pi}{3}[\text{rad}]$$

ベクトルの内積が意味することは何か考えてみましょう.

内積は式(8-18)から,$|\dot{A}|$と$|\dot{B}|\cos\theta$との積,または$|\dot{A}|\cos\theta$と$|\dot{B}|$との積といえます.これは,**図8-9**(a)のように,ベクトル$\dot{A}$とベクトル$\dot{B}$のベクトル$\dot{A}$成分の積,また

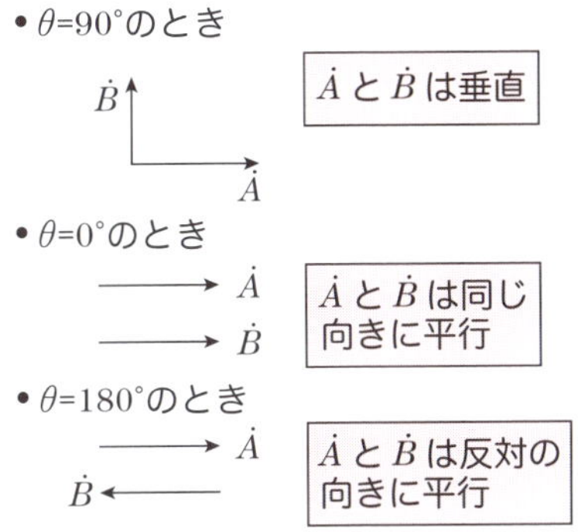

- $\theta=90°$のとき
  $\dot{A}$と$\dot{B}$は垂直
- $\theta=0°$のとき
  $\dot{A}$と$\dot{B}$は同じ向きに平行
- $\theta=180°$のとき
  $\dot{A}$と$\dot{B}$は反対の向きに平行

- $\dot{A}=0$ または $\dot{B}=0$のとき
  $\dot{A}\cdot\dot{B}=0$
- $\dot{A}\cdot\dot{A}=|\dot{A}|^2$
- $\dot{A}\cdot\dot{B}=\dot{B}\cdot\dot{A}$ (交換法則)
- $\dot{A}\cdot(\dot{B}+\dot{C})=\dot{A}\cdot\dot{B}+\dot{A}\cdot\dot{C}$ (分配法則)
- $\alpha(\dot{A}\cdot\dot{B})=\alpha\dot{A}\cdot\dot{B}=\dot{A}\cdot\alpha\dot{B}$

図8-8 内積の性質

(a)

(b)

内積は同じ成分同士の掛け算

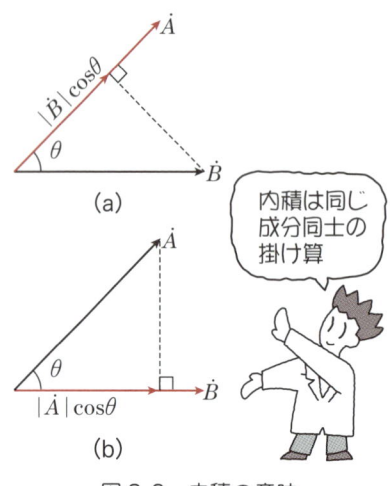

図8-9 内積の意味

は図(b)のように、ベクトル$\dot{B}$とベクトル$\dot{A}$のベクトル$\dot{B}$成分の積というように、同じ方向の成分の掛け算になります。

このような演算の例は、力による仕事を求める場合に、よく例としてあげられます。図8-10のように、物体mを力$\dot{F}$[N]で距離r[m]動かしたときの仕事を考えます。仕事W[J]は、力×距離です。この場合、力$\dot{F}$[N]のθ方向の分力を求めて、仕事W[J]は$F\cos\theta \times r$となります。これは、次式のように、ベクトルの内積で表すことができます。

$$W = F\cos\theta \cdot r = \dot{F} \cdot \dot{r} \quad (8\text{-}19)$$

移動距離が直線ではなく、曲がりくねっている場合は、微小長さ$d\dot{r}$を用いて、次式のように表します。

$$W = \int \dot{F} \cdot d\dot{r} \quad (8\text{-}20)$$

本書を振り返ってみましょう。内積によって求める現象は何だったでしょうか。

2章で学習したアンペアの周回積分の法則（式(2-17)参照）でも内積が使

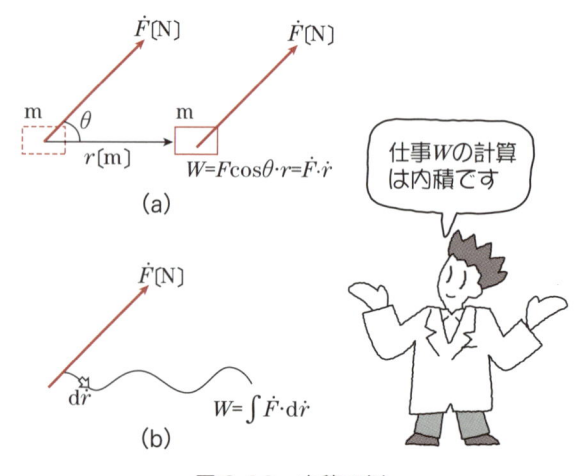

仕事Wの計算は内積です

(a)

(b)

図8-10 内積の例

190　　　　　　　　　　　　　　■ 第8章　電磁気学のベクトル表記 ■

われます．この章では，磁界の向きと閉曲線の向きを同じ方向としたため，ベクトル表示しませんでした．しかし，磁界の強さ $\dot{H}$ と閉曲線の経路 $\mathrm{d}\dot{l}$ は，同じ成分同士の積になり，次式のように内積が使われます．

$$\oint_c \dot{H} \cdot \mathrm{d}\dot{l} = I \qquad (8\text{-}21)$$

また，6章の式 (6-27) の電位でも，電界の強さ $\dot{E}$ と電荷の置かれた距離 $\mathrm{d}\dot{r}$ で，内積が使われています．

(2) **ベクトルの外積**

図 8-11 のような直角座標系において，ベクトル $\dot{A}$ と $\dot{B}$ に対する次のような式を定義します．

$$\begin{aligned}\dot{A} \times \dot{B} &= \boldsymbol{i}(A_y B_z - A_z B_y) \\ &+ \boldsymbol{j}(A_z B_x - A_x B_z) \\ &+ \boldsymbol{k}(A_x B_y - A_y B_x) \end{aligned} \qquad (8\text{-}22)$$

これをベクトルの外積，またはベクトル積といいます．ベクトルの内積はスカラでしたが，外積はベクトルになります．

外積の式は，内積に比べると大変覚えづらい式です．この式は，次のように行列式に置き換えると，覚えやすくなります．

$$\dot{A} \times \dot{B} = \begin{vmatrix} \boldsymbol{i} & \boldsymbol{j} & \boldsymbol{k} \\ A_x & A_y & A_z \\ B_x & B_y & B_z \end{vmatrix} \qquad (8\text{-}23)$$

式 (8-23) の 3 行 3 列の行列は，**図 8-12** のようなたすきがけ方式で展開します．

図 8-11 のように，ベクトル $\dot{A}$ と $\dot{B}$

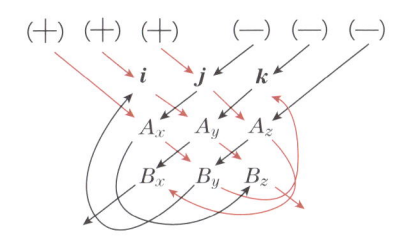

図 8-12　3 行 3 列のたすきがけ

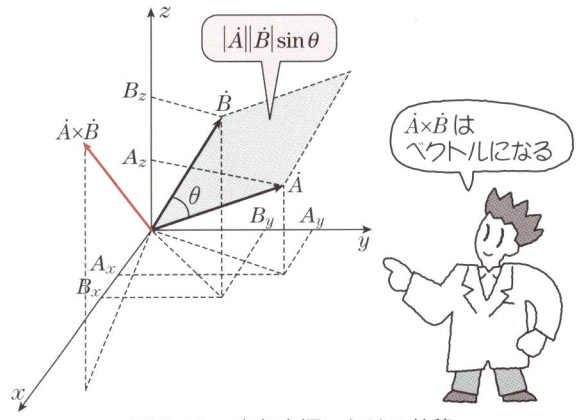

図 8-11　直角座標における外積

■ 8-2　ベクトルの内積・外積 ■　　191

のなす角を θ とすると，式(8-22)は，次式のように表されます．

$$\dot{A} \times \dot{B} = \dot{n}|\dot{A}||\dot{B}|\sin\theta \quad (8\text{-}24)$$

ここで，$\dot{n}$ は単位ベクトルです．その方向は，$\dot{A}$ から $\dot{B}$ へ右ねじを回すとき，ねじが進む方向で $\dot{A}$ にも $\dot{B}$ にも垂直となります．また，$|\dot{A}||\dot{B}|\sin\theta$ は，ベクトル $\dot{A}$ と $\dot{B}$ によってできる平行四辺形の面積になります．

以上をまとめると，外積 $\dot{A} \times \dot{B}$ とは，次のようなベクトルをいいます．

図8-13のように，ベクトルの向きは $\dot{A}$ から $\dot{B}$ へ右ねじを回すときに進む方向で，$\dot{A}$ と $\dot{B}$ に対して垂直（$\dot{A}$ と $\dot{B}$ によってできる平行四辺形に対して垂直），大きさは $\dot{A}$ と $\dot{B}$ によってできる平行四辺形の面積（$|\dot{A}||\dot{B}|\sin\theta$）に相当します．

外積は，図8-13のように，二つのベクトルの掛ける順序を逆にすると方向も逆になります．内積のような交換法則は成り立ちません．

$$\dot{A} \times \dot{B} \neq \dot{B} \times \dot{A} \quad (8\text{-}25)$$

しかし，次式のような分配法則は成立します．

$$\dot{A} \times (\dot{B} + \dot{C}) = \dot{A} \times \dot{B} + \dot{A} \times \dot{C} \quad (8\text{-}26)$$

その他，外積には，次のような性質があります．

① $\dot{A}$ と $\dot{B}$ が平行な場合

$\theta = 0°$ または $\theta = 180°$ となります．
式(8-24)より，$\sin\theta = 0$ で，

$$\dot{A} \times \dot{B} = 0 \quad (8\text{-}27)$$

② $\dot{A}$ と $\dot{B}$ が垂直な場合

$\theta = 90°$ で，$\sin 90° = 1$ となります．
したがって，

$$\dot{A} \times \dot{B} = \dot{n}|\dot{A}||\dot{B}| \quad (8\text{-}28)$$

これは，$\dot{A}$ から $\dot{B}$ へ右ねじを回すときに進む方向で，大きさが $\dot{A}$ と $\dot{B}$ の絶対値の積となるベクトルといえます．

ベクトルの外積が意味することは何か考えてみましょう．

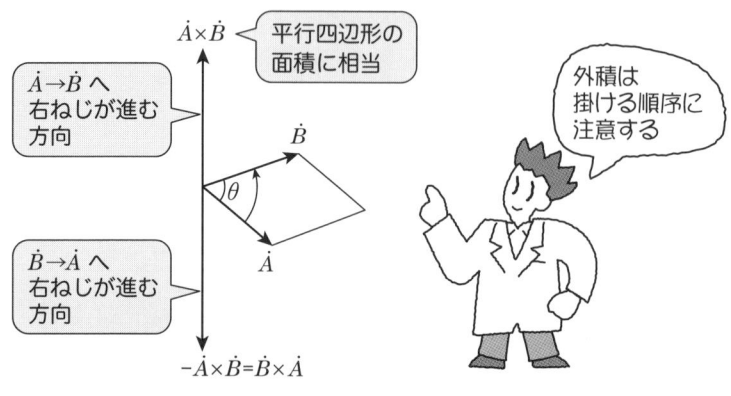

図8-13 ベクトルの外積

第8章 電磁気学のベクトル表記

ベクトルの内積は，2つのベクトルの同じ成分を掛け合わせたものでした．

　ベクトルの外積は，2つのベクトルの垂直方向の成分の積であるといえます．たとえば，**図8-14**のような直角座標系では，x方向の正のベクトルは，y軸からz軸へ右ねじを回すときに進む方向となります．たとえば，$\dot{A}\times\dot{B}$の外積では，y軸の成分A_y，B_yとz軸の成分A_z，B_zを$\dot{A}$から$\dot{B}$に乗じます．A_yからB_zへの積はx軸に対して右ねじの進む方向になるので正，A_zからB_yへの積は，逆方向なので負となります．

　これがx軸方向のベクトルである$i(A_yB_z-A_zB_y)$となります．y軸方向の成分およびz軸方向の成分も同じ考え方で求められます．

　本書を振り返ってみましょう．外積によって求める現象は何だったでしょうか．

　2章で学習したビオ・サバールの法則（式(2-2)）では，「磁界の方向$\mathrm{d}\dot{H}$は，$\mathrm{d}\dot{l}$と$\dot{r}$が作る平面に対して，$\mathrm{d}\dot{l}$から$\dot{r}$へ右ねじを回すときに進む方向となる」という現象で用いられています．

　また，4章で学習した電磁力$\dot{F}=(\dot{I}\times\dot{B})l$（式(4-9)）も，外積を用いて表されています．ここで説明した「フレミングの左手の法則」は，外積を左手の指にたとえて説明したものです．もちろん，電磁力の電流を電荷に着目したローレンツ力$\dot{F}=q\dot{v}\times\dot{B}$（式(4-12)）も，外積で表されます．

　さらに，5章で学習した誘導起電力$\dot{e}=(\dot{v}\times\dot{B})l$（式(5-5)）も，外積を用いて表しています．ここで説明した「フレミングの右手の法則」も，外積を右手の指にたとえて説明したものです．

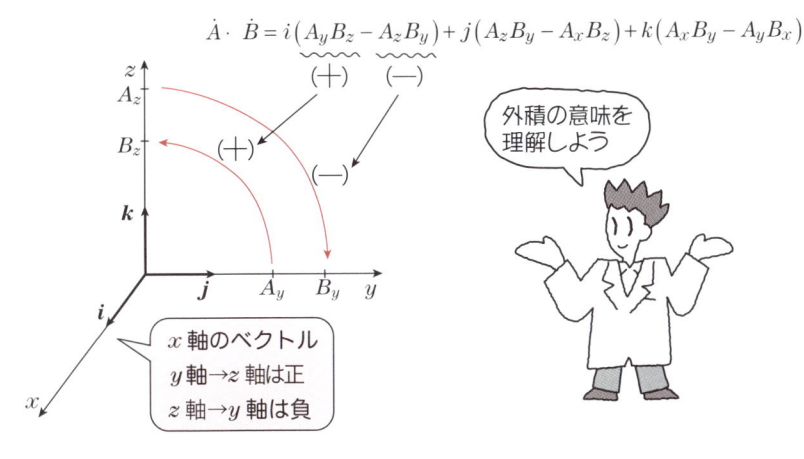

$$\dot{A}\cdot\dot{B}=i(A_yB_z-A_zB_y)+j(A_zB_y-A_xB_z)+k(A_xB_y-A_yB_x)$$

図8-14　外積のx軸成分

8-3 grad, div, rot

電磁気学をベクトルで表記する場合，特殊なアルファベットによる記号が用いられます．この節では，その記号について説明します．

(1) grad

grad（グラジエント：gradient）は，6章5節でも説明しました．

図8-15のような直角座標系において，電界の強さ $\dot{E}$〔V/m〕は，電位を V〔V〕とすると，次式のように表されました．

$$\dot{E} = -\frac{\partial V}{\partial r}$$

$$= -\left(\bm{i}\frac{\partial V}{\partial x} + \bm{j}\frac{\partial V}{\partial y} + \bm{k}\frac{\partial V}{\partial z} \right) \quad (8\text{-}29)$$

ここで，次のベクトル的な演算子記号 ∇（ナブラ）を用いると，

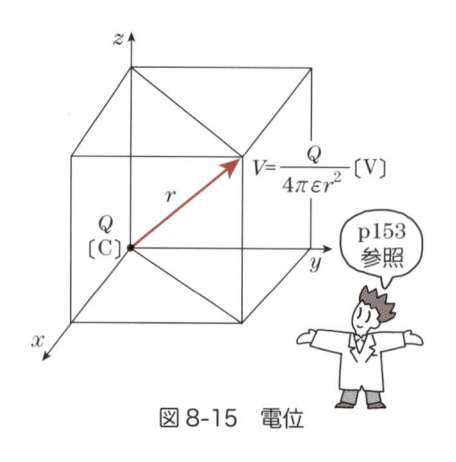

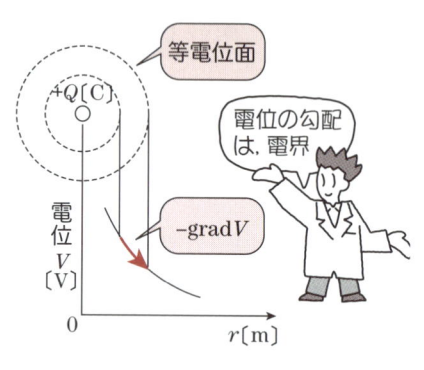

$$\dot{E} = -\nabla V \quad (8\text{-}30)$$

$$\left(\nabla = \bm{i}\frac{\partial}{\partial x} + \bm{j}\frac{\partial}{\partial y} + \bm{k}\frac{\partial}{\partial z} \right)$$

と表されました．また，∇V は grad V とも書かれ，次式のように表されます．

$$\dot{E} = -\mathrm{grad}\, V \quad (8\text{-}31)$$

式(8-31)におけるグラジエントとは，勾配という意味です．図8-16のように，等電位面間の電位の勾配は，電界の強さを表します．電界の強さとは，+1C当たりの静電力でした．マイナスの意味は，電荷が引き寄せられる方向が電位の勾配と逆の方向になることを意味します．

図8-15　電位

図8-16　$-\mathrm{grad}\, V$

(2) div

電磁気学では，発散と回転という2

つの重要な性質があります．divは発散（divergence）を意味し，電界や磁界における湧き出しの程度を表します．

6章4節においてガウスの定理を学習しました．これは，**図8-17**のように，「電界中において，任意の閉曲面を貫く電気力線の総数は，その閉曲面内にある電荷の総数を ε で除した値に等しい」というものでした．式で表すと，電荷がある場合，次式のようになります．

$$N = \int_S \dot{E} \cdot d\dot{S} = \frac{1}{\varepsilon} \sum Q \quad (8\text{-}32)$$

閉曲面内に電荷が存在しない場合，次式のようになります．

$$N = \int_S \dot{E} \cdot d\dot{S} = 0 \quad (8\text{-}33)$$

ここで，**図8-18**のように，微小体積 δv に単位体積当たり ρ〔C/m³〕の電荷が分布している場合を考えます．

微小体積 δv の周りに微小な閉曲面 δS を考えると，式(8-32)から，次式

図8-17 ガウスの定理

図8-18 発散

のように表されます．

$$N = \int_{\delta S} \dot{E} \cdot d\dot{S} = \frac{1}{\varepsilon} \rho \delta v \quad (8\text{-}34)$$

上式の各辺を δv で除して，

$$\lim_{\delta v \to 0} \frac{N}{\delta v} = \lim_{\delta v \to 0} \frac{1}{\delta v} \int \dot{E} \cdot d\dot{S}$$

$$= \frac{\rho}{\varepsilon} \quad (8\text{-}35)$$

とすれば，その点の電界の強さと電荷密度の関係を表すことができます．

この式の左辺は，単位体積から出る電気力線の数を表します．これを電界の強さの発散と定義し，次式のように表します．

$$\text{div}\dot{E} = \frac{\rho}{\varepsilon} \quad (8\text{-}36)$$

上式は，ダイバージェンス $\dot{E}$ と呼びます．この式は，$\dot{D} = \varepsilon \dot{E}$ より，

$$\text{div}\dot{D} = \rho \quad (8\text{-}37)$$

となります．もし，その点の ρ が零ならば，

$$\text{div}\dot{D} = 0 \quad (8\text{-}38)$$

となります．

以上は，電界中における電荷からの発散です．では，磁界中ではどのようになるでしょうか．静電界における電束密度 $\dot{D}$ は，静磁界では磁束密度 $\dot{B}$

8-3 grad, div, rot

に対応します．磁界中では，真電荷に対応する真磁荷は存在しませんので，

$$\mathrm{div}\dot{B} = 0 \qquad (8\text{-}39)$$

となります．

このように電磁気学では，電気力線や磁力線がどんな性質をもっているかを表すのに div を用います．

直角座標系において，$\mathrm{div}\dot{E}$ を求めてみましょう．図 8-19 のように，電界内に点 P を考え，この点の電界の強さを $\dot{E}$ [V/m]，その x, y, z 成分 $\dot{E}_x$, $\dot{E}_y$, $\dot{E}_z$ [V/m] とします．点 P に微小直方体 $\mathrm{d}v = \mathrm{d}x\mathrm{d}y\mathrm{d}z$ を考え，この面を貫く電気力線を求めます．

まず，x 軸に垂直な①と②の面を貫く電気力線の数を求めます．

②の面の電界の強さは $\dot{E}_x$ です．ここから $\mathrm{d}x$ だけ離れた①の面の電界の強さは，x 軸方向の電界の強さの単位長さ当たりの変化の割合を $\partial \dot{E}_x/\partial x$ とすれば，次式のようになります．

$$E_x - \frac{\partial E_x}{\partial x}\mathrm{d}x \qquad (8\text{-}40)$$

電界の強さは，電気力線の密度でした．①の面の電界の強さに $\mathrm{d}y\mathrm{d}z$ を乗じたものと，②の面の電界の強さに $\mathrm{d}y\mathrm{d}z$ を乗じたものとの差が，x 軸から発散する電気力線の数となります．

$$\left\{E_x - \left(E_x - \frac{\partial E_x}{\partial x}\mathrm{d}x\right)\right\}\mathrm{d}y\mathrm{d}x$$

$$= \frac{\partial E_x}{\partial x}\mathrm{d}x\mathrm{d}y\mathrm{d}z \qquad (8\text{-}41)$$

同様に，③と④，⑤と⑥の面から発散している電気力線の数は，次式のようになります．

$$\frac{\partial E_y}{\partial y}\mathrm{d}x\mathrm{d}y\mathrm{d}z \qquad (8\text{-}42)$$

$$\frac{\partial E_z}{\partial z}\mathrm{d}x\mathrm{d}y\mathrm{d}z \qquad (8\text{-}43)$$

微小立方体全面 $\mathrm{d}v$ については，式 (8-41), (8-42), (8-43) の和をとって，

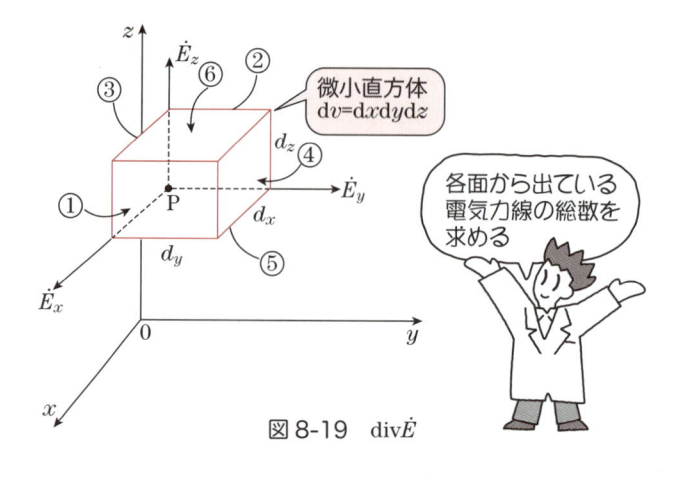

図 8-19　$\mathrm{div}\dot{E}$

$$\left(\frac{\partial E_x}{\partial x}+\frac{\partial E_y}{\partial y}+\frac{\partial E_z}{\partial z}\right)\mathrm{d}x\mathrm{d}y\mathrm{d}z \quad (8\text{-}44)$$

となります．また，dv 内の電荷の体積密度を ρ [C/m^3] とすれば，dv 内の電荷は，$\rho\mathrm{d}x\mathrm{d}y\mathrm{d}z$ となります．

dv から出る電気力線は式 (8-44) なので，dv を囲む閉曲面でガウスの定理を適用すると，次式が成り立ちます．

$$\left(\frac{\partial E_x}{\partial x}+\frac{\partial E_y}{\partial y}+\frac{\partial E_z}{\partial z}\right)\mathrm{d}x\mathrm{d}y\mathrm{d}z$$
$$=\frac{\rho}{\varepsilon}\mathrm{d}x\mathrm{d}y\mathrm{d}z \quad (8\text{-}45)$$

両辺を dxdydz で除して，

$$\frac{\partial E_x}{\partial x}+\frac{\partial E_y}{\partial y}+\frac{\partial E_z}{\partial z}=\frac{\rho}{\varepsilon} \quad (8\text{-}46)$$

となります．上式の左辺は，発散の定義に従えば，div$\dot{E}$ に対応するので，直角座標系では，

$$\mathrm{div}\dot{E}=\frac{\partial E_x}{\partial x}+\frac{\partial E_y}{\partial y}+\frac{\partial E_z}{\partial z} \quad (8\text{-}47)$$

となります．また，div$\dot{E}$ はベクトル演算子の ∇（ナブラ）を用いると，次式のように，∇ と $\dot{E}$ の内積になります．

$$\mathrm{div}\dot{E}=\nabla\cdot\dot{E} \quad (8\text{-}48)$$

(3) **rot**

rot は回転（rotation）を意味し，電界や磁界における電流と磁界の強さの関係を表します．

2 章 3 節においてアンペアの周回積分の法則を学習しました．**図 8-20** のように，電流 I [A] が流れると，その周囲にはフレミングの右ねじの法則

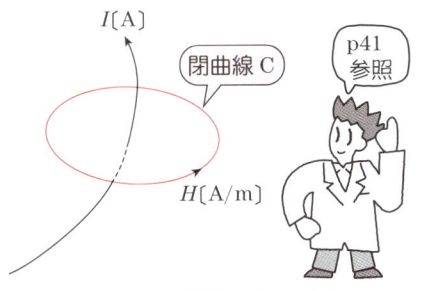

図 8-20　電流による磁界

により，同心円状に磁界が生じます．磁界に沿った閉曲線 C について線積分を行うと，次式のような関係が成立しました．

$$\oint_C \dot{H}\cdot\mathrm{d}l=\dot{I} \quad (8\text{-}49)$$

ここで，**図 8-21** のように，空間的に分布している電流密度 i [A/m^2] の点に，微小閉曲線 dC，それによって囲まれる微小面積 dS を考えます．すると，式 (8-49) から，次式の関係が成立します（i と dS との角度 θ は零としました）．

$$\oint_{\mathrm{d}C}\dot{H}\cdot\mathrm{d}l=i\cdot\mathrm{d}\dot{S}=i\cdot\mathrm{d}S \quad (8\text{-}50)$$

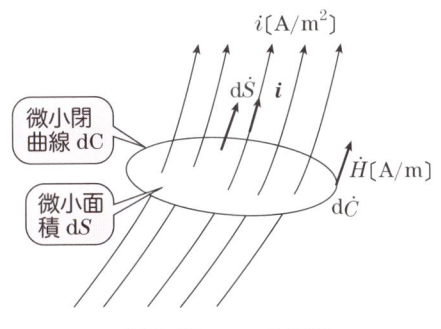

図 8-21　rot の定義

8-3　grad, div, rot

上式の各辺を dS で除して，

$$\lim_{dS \to 0} \frac{1}{dS} \oint_{dC} \dot{H} \cdot d\dot{l} = \boldsymbol{i} \quad (8\text{-}51)$$

とすれば，その点の磁界 $\dot{H}$ と電流密度 $\boldsymbol{i}$ の関係を表すことができます．

このとき，磁界 $\dot{H}$ と電流密度 $\boldsymbol{i}$ の関係は，フレミングの右ねじの法則により，磁界 $\dot{H}$ を右ねじの回転方向にとったとき，電流密度 $\boldsymbol{i}$ はねじの進行方向になります．

ここで，電流密度 $\boldsymbol{i}$ の方向をもったベクトルを定義します．これをベクトル $\dot{H}$ の回転（ローテーション）といい，次式のように表します．

$$\mathrm{rot}\dot{H} = \boldsymbol{i} \quad (8\text{-}52)$$

$\mathrm{rot}\dot{H}$ とは，式 (8-51) より，磁界を微小閉曲線で周回積分し，それを微小閉曲線で囲まれた面積で除した値となります．

直角座標系において，$\mathrm{rot}\dot{H}$ を求めてみましょう．直角座標系における磁界を，次式のような成分で表します．

$$\dot{H} = \boldsymbol{i}H_x + \boldsymbol{j}H_y + \boldsymbol{k}H_z \quad (8\text{-}53)$$

図 8-22 のように，yz 平面に点 a を考え，$\mathrm{rot}\dot{H}$ の x 軸成分を求めます．

a 点から y 軸方向に dy，z 軸方向に dz の微小閉曲線を考えます．x 軸の正方向に対して，磁界 $\dot{H}$ の右ねじの回転方向は，微小閉曲線を abcd の経路で線積分することになります．

y 軸方向と z 軸方向の磁界を考えます．ab に沿った y 方向の磁界を H_y とすると，ここから dz 離れた dc 方向の磁界は，次式のようになります．

$$H_y + \frac{\partial H_y}{\partial z} dz \quad (8\text{-}54)$$

ad に沿った z 方向の磁界を H_z とすると，ここから dy 離れた bc 方向の磁界は，次式のようになります．

$$H_z + \frac{\partial H_z}{\partial y} dy \quad (8\text{-}55)$$

微小閉曲線 abcd の周回積分は，次式のようになります．

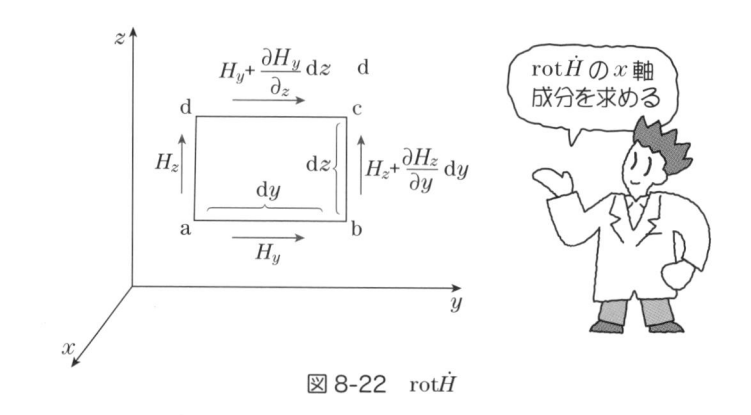

図 8-22　$\mathrm{rot}\dot{H}$

$$\oint_{abcd} \dot{H} \cdot d\dot{l} = H_y dy + \left(H_z + \frac{\partial H_z}{\partial y} dy\right) dz$$

$$- \left(H_y + \frac{\partial H_y}{\partial z} dz\right) dy - H_z dz$$

$$= \left(\frac{\partial H_z}{\partial y} - \frac{\partial H_y}{\partial z}\right) dydz \quad (8\text{-}56)$$

rot$\dot{H}$ の x 成分の $(\text{rot}\dot{H})_x$ は，式(8-51)の定義から，式(8-56)を $dydz$ で除して，次式のようになります．

$$(\text{rot}\dot{H})_x = \frac{\partial H_z}{\partial y} - \frac{\partial H_y}{\partial z} \quad (8\text{-}57)$$

同様に，rot$\dot{H}$ の y 成分の $(\text{rot}\dot{H})_y$, z 成分の $(\text{rot}\dot{H})_z$ を求めると，次式のようになります．

$$(\text{rot}\dot{H})_y = \frac{\partial H_x}{\partial z} - \frac{\partial H_z}{\partial x} \quad (8\text{-}58)$$

$$(\text{rot}\dot{H})_z = \frac{\partial H_y}{\partial x} - \frac{\partial H_x}{\partial y} \quad (8\text{-}59)$$

したがって，rot$\dot{H}$ は，x, y, z の各成分を加えて，次式のようになります．

$$\text{rot}\dot{H} = \boldsymbol{i}\left(\frac{\partial H_z}{\partial y} - \frac{\partial H_y}{\partial z}\right) + \boldsymbol{j}\left(\frac{\partial H_x}{\partial z} - \frac{\partial H_z}{\partial x}\right)$$

$$+ \boldsymbol{k}\left(\frac{\partial H_y}{\partial x} - \frac{\partial H_x}{\partial y}\right) \quad (8\text{-}60)$$

上式は，行列式に置き換えると，次式のように表されます．

$$\text{rot}\dot{H} = \begin{vmatrix} \boldsymbol{i} & \boldsymbol{j} & \boldsymbol{k} \\ \frac{\partial}{\partial x} & \frac{\partial}{\partial y} & \frac{\partial}{\partial z} \\ H_x & H_y & H_z \end{vmatrix} \quad (8\text{-}61)$$

また，ベクトル演算子 ∇（ナブラ）を用いると，次式のように，∇ と $\dot{H}$ の外積で表されます．

$$\text{rot}\dot{H} = \nabla \times \dot{H} \quad (8\text{-}59)$$

ローテーション $\dot{H}$ は，∇ と $\dot{H}$ の外積です．外積とは，2つのベクトルの垂直成分の積でした．電磁気学では，磁界と電流の関係の他にも，外積の関係になるものがあります．それは，5章で学習した電磁誘導です．

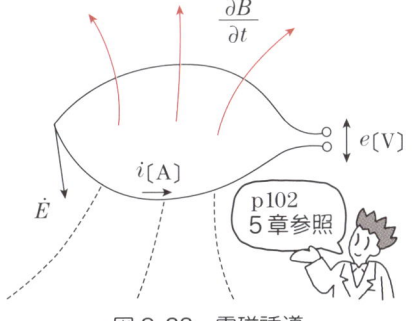

図8-23　電磁誘導

電磁誘導とは，**図8-23**のように，コイルを貫く磁束が変化すると，起電力が発生するというものでした．起電力が発生するのは，コイルに電界が生じるためと考えられます．

そこで，「コイルを貫く磁束が時間的に変化すれば電界が生じる」ことを次のように表します（詳しくは8章4節参照）．

$$\text{rot}\dot{E} = -\frac{\partial B}{\partial t} \quad (8\text{-}62)$$

コイルを貫く磁束密度 B〔T〕のマイナスの符号は，レンツの法則のところで説明したように，「電界は磁束の変化を妨げる方向に発生する」という関係から付いています．

8-4 電磁気学の基礎式

これまで，ベクトルの内積や外積，div や rot など，ベクトルの基礎について学習してきました．この節では，それらのベクトルによる表記を用いて，電磁気学の基礎式の説明をします．

すでに 7 章までに学習した内容を，ベクトルを用いて表現するとどうなるか，まとめてみましょう．

ここで紹介する式の中で，微分形で表される式は，マクスウェルの方程式といわれています．

(1) ガウスの定理

ガウスの定理のベクトル表記は，2 種類あります．1 つは，6 章で学習した積分形の次式です．

$$\int_S \dot{E} \cdot d\dot{S} = \frac{Q}{\varepsilon} \quad (8\text{-}63)$$

もう 1 つは，3 節の div で説明しました微分形の次式です．

$$\mathrm{div}\dot{E} = \frac{\rho}{\varepsilon} \quad (8\text{-}64)$$

上式は $\dot{D} = \varepsilon \dot{E}$ という定義から，

$$\mathrm{div}\dot{D} = \rho \quad (8\text{-}65)$$

とも表されます．また，静電界と静磁界との対応から，磁束の性質を表す次式が求められました．

$$\mathrm{div}\dot{B} = 0 \quad (8\text{-}66)$$

(2) ファラデーの法則

電磁誘導に関するファラデーの法則は，5 章で学習しました．これは，コイルを貫く磁束 ϕ [Wb] が，dt 秒時間に $d\phi$ だけ変化すると，コイルに発生する誘導起電力 e [V] は，次式で表されるというものでした．

ガウスの定理	ファラデーの法則
$\mathrm{div}\dot{D} = \rho$ $\mathrm{div}\dot{B} = 0$	$\mathrm{rot}\dot{E} = \dfrac{\partial \dot{B}}{\partial t}$
アンペアの法則	
$\mathrm{rot}\dot{H} = i + \dfrac{\partial \dot{D}}{\partial t}$	$\dot{D} = \varepsilon \dot{E}$ $\dot{B} = \mu \dot{H}$

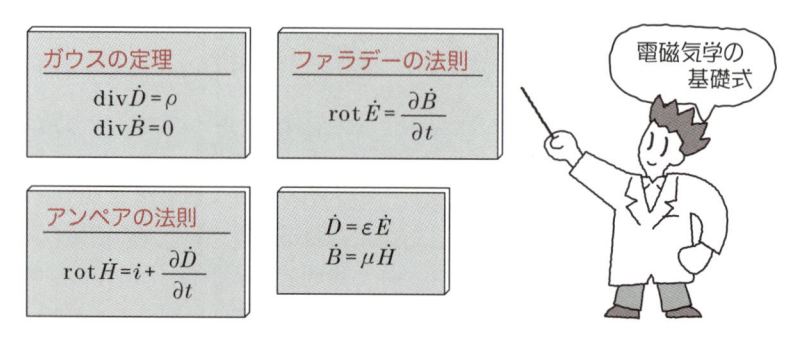

図 8-24 電磁気学の基礎式

$$e = -\frac{\mathrm{d}\phi}{\mathrm{d}t} \qquad (8\text{-}67)$$

このファラデーの法則をベクトルによって表記してみましょう．

図 8-25 のように，コイル C を縁とする任意の閉曲面 S を考えます．閉曲面 S 上に面積要素 $\mathrm{d}\dot{S}$ をとり，この点の磁束密度を $\dot{B}$ とすると，$\mathrm{d}\dot{S}$ を貫く磁束 ϕ' は，次式のようになります．

$$\phi' = \dot{B} \cdot \mathrm{d}\dot{S} = B\mathrm{d}S\cos\theta \qquad (8\text{-}68)$$

したがって，閉曲面 S を貫く磁束 ϕ は，次式で表されます．

$$\phi = \int_S \dot{B} \cdot \mathrm{d}\dot{S} \qquad (8\text{-}69)$$

この磁束 ϕ は，コイル C を貫く磁束でもあります．コイル C に発生する誘導起電力は，上式を式 (8-67) に代入して，次式のようにも表されます．

$$e = -\frac{\mathrm{d}\phi}{\mathrm{d}t} = -\frac{\mathrm{d}}{\mathrm{d}t}\int_S \dot{B} \cdot \mathrm{d}\dot{S} \qquad (8\text{-}70)$$

ところで，コイル C に誘導起電力，つまり電位が発生したということは，コイルに電界が生じたからだと考えられます．

電位については，6 章 5 節で学習しました．**図 8-26** のように，コイル C に生じる電位は，コイルに沿って電界 $\dot{E}$ とコイル C 上の微小距離 $\mathrm{d}\dot{l}$ との内積から，次式のように表されます．

$$e = \oint_C \dot{E} \cdot \mathrm{d}\dot{l} \qquad (8\text{-}71)$$

式 (8-70) と式 (8-71) から，

$$\oint_C \dot{E} \cdot \mathrm{d}\dot{l} = -\frac{\mathrm{d}}{\mathrm{d}t}\int_S \dot{B} \cdot \mathrm{d}\dot{S} \qquad (8\text{-}72)$$

という関係式が成立します．磁束密度 $\dot{B}$ は，場所と時間の両方の関数です．上式は $\int_S \dot{B} \cdot \mathrm{d}\dot{S}$ で面積積分をしてから，時間微分しています．この式を次のように書き直します．このときの被積分関数 $\partial B/\partial t$ は，時間に関する偏微分になります．

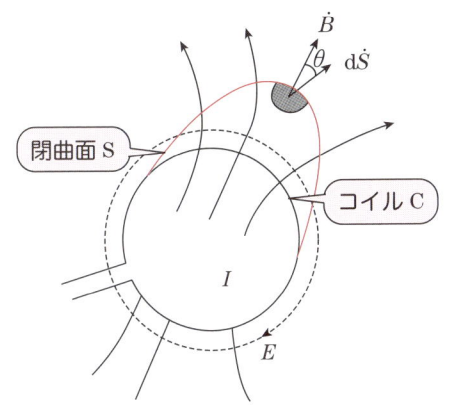

図 8-25　ファラデーの法則

図 8-26　コイルの電位

8-4　電磁気学の基礎式

$$\oint_C \dot{E} \cdot \mathrm{d}l = -\int_S \frac{\partial \dot{B}}{\partial t} \cdot \mathrm{d}\dot{S} \quad (8\text{-}73)$$

上式は，ファラデーの法則の積分形となります．

ところで，ベクトルの微積分には，ストークスの定理というものがあります．それは，周回積分を，その周を縁とする面積積分に変換する，次式のような公式です．

$$\oint_C \dot{E} \cdot \mathrm{d}l = \int_S \mathrm{rot}\dot{E} \cdot \mathrm{d}\dot{S} \quad (8\text{-}74)$$

上式の左辺は電界 $\dot{E}$ を閉曲線 C に沿って周回積分したもの，右辺は $\mathrm{rot}\dot{E}$ を閉曲面 S において面積積分したものです．

この2つの関係が等しい理由は，次のように説明できます．**図 8-27** において，図(b)は閉曲面 S において $\mathrm{rot}\dot{E}$（回転）を描いたものです．回転の総和は，隣り合った電界同士が打ち消し合って，その縁の線積分になります．これは，図(a)のように，閉曲面 S の縁 C を周回積分したものと同じであると考えられます．

このストークスの定理を用いて，式(8-73)を書き直すと，次式のようになります．

$$\int_S \mathrm{rot}\dot{E} \cdot \mathrm{d}\dot{S} = -\int_S \frac{\partial \dot{B}}{\partial t} \cdot \mathrm{d}\dot{S} \quad (8\text{-}75)$$

したがって，被積分関数を等しいとおき，次の関係が成り立ちます．

$$\mathrm{rot}\dot{E} = -\frac{\partial \dot{B}}{\partial t} \quad (8\text{-}76)$$

上式は，ファラデーの法則の微分形になります．

(3) アンペアの法則

アンペアの法則は，電流によって発生する磁界の法則です．このベクトル

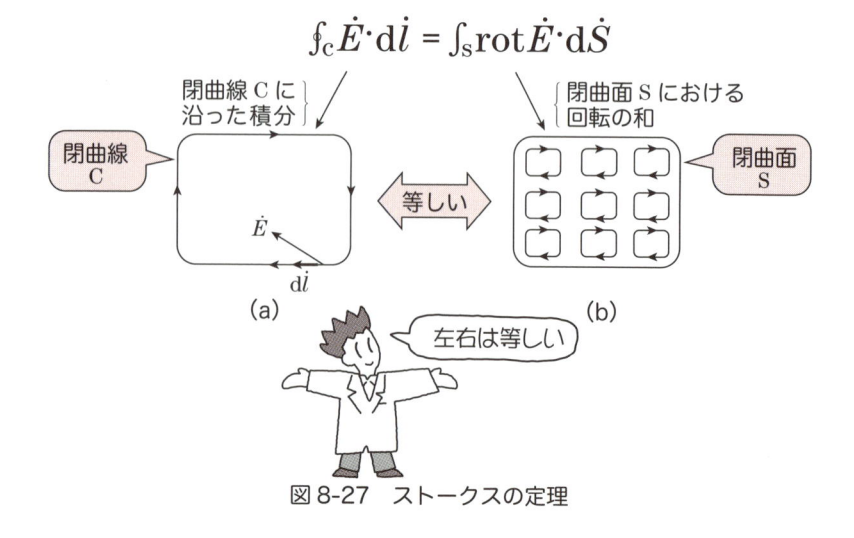

$$\oint_C \dot{E} \cdot \mathrm{d}l = \int_S \mathrm{rot}\dot{E} \cdot \mathrm{d}\dot{S}$$

図 8-27　ストークスの定理

表記は，3節のrotで学習しました．アンペアの法則の積分形は，次式で表されました．

$$\oint_C \dot{H} \cdot d\dot{l} = \dot{I} \quad (8\text{-}77)$$

また，上式の積分形は3節で説明したように，次式のような微分形に変換することができました．

$$\text{rot}\dot{H} = \dot{i} \quad (8\text{-}78)$$

このアンペアの法則の式を一般的な電磁界に適用するとき，不備があることがわかりました．それは，**図 8-28**のように，コンデンサに直流電源を接続した場合です．

コンデンサの間には，電流は流れません．しかし，電荷が蓄えられることによって電界や磁界は存在します．このような磁界が存在するのに電流が存在しないという場合，式(8-77)の磁界と電流の関係は成立しません．

そこで，マクスウェル[1]は，電束の変化が磁界を発生させていると考え，変位電流という項を付け加えました．

変位電流を考えてみましょう．図8-28においてコンデンサに流れる電束密度を$D\,[C/m^2]$とすると，コンデンサの電極板に蓄えられる電荷Qは，次式で表されます．

$$Q = \int_S \dot{D} \cdot d\dot{S} \quad (8\text{-}79)$$

電流とは，時間当たりの電荷量でした．変位電流を$\dot{I}'$とすると，

$$\begin{aligned}\dot{I}' &= \frac{dQ}{dt}\\ &= \underbrace{\frac{d}{dt}\int_S \dot{D} \cdot d\dot{S}}_{①}\\ &= \underbrace{\int_S \frac{\partial \dot{D}}{\partial t} \cdot d\dot{S}}_{②} \quad (8\text{-}80)\end{aligned}$$

となります．電束密度$\dot{D}$は，場所と時間の両方の関数です．上式の①は$\int_S \dot{D} \cdot d\dot{S}$で面積分をしてから，時間微

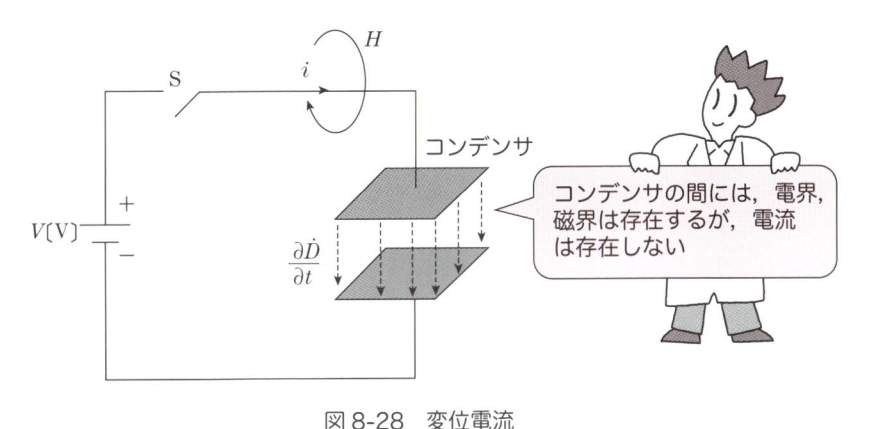

図8-28 変位電流

1) Maxwell（英）1831～1879年

分しています．この式を②のように書き直します．このときの被積分関数 $\partial \dot{D}/\partial t$ は，時間に関する偏微分になります．上式を式(8-77)に加えると，

$$\oint_C \dot{H} \cdot d\dot{l} = \dot{I} + \int_S \frac{\partial \dot{D}}{\partial t} \cdot d\dot{S} \quad (8\text{-}81)$$

となります．上式は変位電流を考慮したアンペアの法則の積分形になります．

ここで，ストークスの定理を用いて，上式を変換します．

式(8-74)を参考に磁界 $\dot{H}$ の周回積分と面積分の関係は，次式のようになります．

$$\oint_C \dot{H} \cdot d\dot{l} = \int_S \text{rot}\dot{H} \cdot d\dot{S} \quad (8\text{-}82)$$

この式を式(8-81)に代入して，

$$\int_S \text{rot}\dot{H} \cdot d\dot{S} = \dot{I} + \frac{\partial}{\partial t}\int_S \dot{D} \cdot d\dot{S} \quad (8\text{-}83)$$

となります．ここで，電流 $\dot{I}$ は，次のように書き直すことができます．

$$\dot{I} = \frac{\dot{I}}{S}\int_S 1 \cdot d\dot{S} \quad (8\text{-}84)$$

したがって，

$$\int_S \text{rot}\dot{H} \cdot d\dot{S} = \frac{\dot{I}}{S}\int_S 1 \cdot d\dot{S} + \frac{\partial}{\partial t}\int_S \dot{D} \cdot d\dot{S}$$
$$(8\text{-}85)$$

となります．

ここで，被積分関数を等しい，また，電流密度 $\mathbf{i} = \dot{I}/S$ として，

$$\text{rot}\dot{H} = \mathbf{i} + \frac{\partial \dot{D}}{\partial t} \quad (8\text{-}86)$$

となります．上式は，変位電流を考慮したアンペアの法則の微分形になります．

(4) マクスウェルの基礎方程式

ここで，一般的な電磁界で成立する基本方程式をまとめます．

① ガウスの定理から
$$\text{div}\dot{D} = \rho \quad (8\text{-}87)$$
$$\text{div}\dot{B} = 0 \quad (8\text{-}88)$$

② アンペアの法則から
$$\text{rot}\dot{H} = \mathbf{i} + \frac{\partial \dot{D}}{\partial t} \quad (8\text{-}89)$$

③ ファラデーの法則から
$$\text{rot}\dot{E} = -\frac{\partial \dot{B}}{\partial t} \quad (8\text{-}90)$$

④ その他
$$\dot{D} = \varepsilon \dot{E} \quad (8\text{-}91)$$
$$\dot{B} = \mu \dot{H} \quad (8\text{-}92)$$

ここで，式(8-89)，(8-90)をマクスウェルの基礎方程式といい，これまでの電磁気的な現象のすべての式を要約したものです．

8-5 SI単位系

　SI単位系は，国際単位系（Systéme International d' Unités）の略称です．これはあらゆる分野において，広く世界的に使用されている単位系です．電磁気学で扱う単位も，SI単位系を用いています．

　SI単位系は，7種類の基本単位と，これに関連する法則あるいは定義から導かれる組立単位からできており，これに接頭語を付加して表します．

(1) SI基本単位

　SI基本単位は，長さ〔m〕（メートル），質量〔kg〕（キログラム），時間〔s〕（秒），電流〔A〕（アンペア），熱力学温度〔K〕（ケルビン），物質量〔mol〕（モル），光度〔cd〕（カンデラ）の7種類の基本量を基本単位としています．この基本量が多くの単位を作るときの基となります．

　たとえば，図8-29のように，直線導体による磁界の強さ H は，アンペアの周回積分の法則から，$H=I/(2\pi r)$ と求めることができました．この法則から，磁界の強さ H の単位は，電流の〔A〕を長さの〔m〕（メートル）で除して，〔A/m〕（アンペア毎メートル）の組立単位ができます．

(2) 固有の名称をもつSI組立単位

　法則や定義に基づいて基本単位の組み合わせでできるものを組立単位といいます．組立単位の一部には，**表8-1**のような固有の名称が与えられているものがあります．

　たとえば，静電容量は，$C=Q/V$ より，C/V（クーロン毎ボルト）ですが，F（ファラド）という固有の名称が用

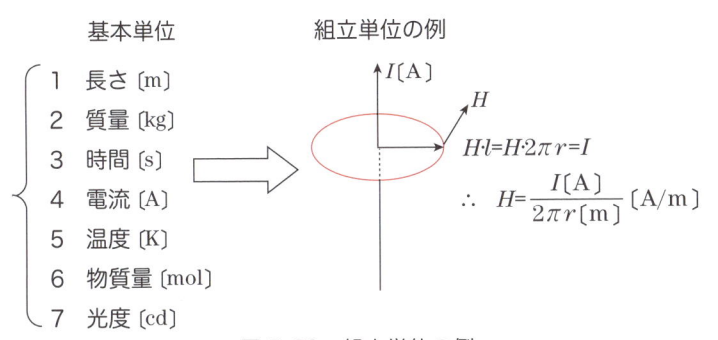

```
基本単位              組立単位の例
  ┌ 1  長さ〔m〕
  │ 2  質量〔kg〕
  │ 3  時間〔s〕        H·l = H·2πr = I
  ┤ 4  電流〔A〕        ∴ H = I〔A〕/(2πr〔m〕) 〔A/m〕
  │ 5  温度〔K〕
  │ 6  物質量〔mol〕
  └ 7  光度〔cd〕
```

図8-29　組立単位の例

表 8-1　固有の名称をもつ SI 組立単位の一部

量	名称	記号	組立単位による表し方
力	ニュートン	N	kg·m/s^2
抵抗	オーム	Ω	V/A
コンダクタンス	ジーメンス	S	A/V
電気量，電荷	クーロン	C	A·s
電界の強さ	ボルト毎メートル	V/m	W/A·m
電力，仕事率	ワット	W	1W=1J/s
エネルギー，熱量	ジュール	J	1J=1N·m
磁束	ウェーバ	Wb	V·s
磁束密度	テスラ	T	Wb/m^2
インダクタンス	ヘンリー	H	Wb/A
静電容量	ファラド	F	C/V
磁気抵抗	毎ヘンリー	H^{-1}	A/Wb
電力量	ワット秒	W·s	1W·s=1J

いられています．

例題 8-2　電気および磁気に関する量とその記号（これと同じ内容を表す単位記号を含む）の組み合わせとして，誤っているものは，次のうちどれか．

　　　量　　　　単位記号
(1) 電界の強さ　　V/m
(2) 磁束　　　　　T
(3) 電力量　　　　W·s
(4) 磁気抵抗　　　H^{-1}
(5) 電流　　　　　C/s

解答　(1)の電界の強さは，$E=V/l$ から V/m で正しいです（表 8-1 参照）．

(2)の T はテスラで，磁束密度の単位です．磁束密度は，Wb/m^2 でも表されます．したがって，これは誤りです．磁束の単位は Wb（ウェーバ）です（表 8-1 参照）．

(3)の電力量は，電力×時間から W·s で正しいです（表 8-1 参照）．

(4)の磁気抵抗は，A/Wb で，これは H^{-1} で表されます（表 8-1 参照）．

(5)の電流は，時間当たりの電荷量（$I=Q/t$）をいい，C/s で正しいです．

　　　　　　　　　　　　答　(2)

(3)　接頭語

SI 単位系の 10 の整数乗倍を表す接頭語には，**表 8-2** のようなものがあります．

たとえば，2×10^{-9}A は，2nA（ナノアンペア），2×10^{-3}μA（マイクロアンペア），2×10^{3}pA（ピコアンペア）などと表します．ただし，2mμμ などと接頭語を合成して用いてはいけません．

例題 8-3　電圧の単位〔V〕と同

表 8-2 SI 単位系の 10 の整数乗倍を表す接頭語

名称		記号	倍数	名称		記号	倍数
ヨタ	yotta	Y	10^{24}	デシ	deci	d	10^{-1}
ゼタ	zetta	Z	10^{21}	センチ	centi	c	10^{-2}
エクサ	exa	E	10^{18}	ミリ	milli	m	10^{-3}
ペタ	peta	P	10^{15}	マイクロ	micro	μ	10^{-6}
テラ	tera	T	10^{12}	ナノ	nano	n	10^{-9}
ギガ	giga	G	10^{9}	ピコ	pico	p	10^{-12}
メガ	mega	M	10^{6}	フェムト	femto	f	10^{-15}
キロ	kilo	k	10^{3}	アト	stto	a	10^{-18}
ヘクト	hector	h	10^{2}	ゼプト	zepto	z	10^{-21}
デカ	deca	da	10	ヨプト	yopto	y	10^{-24}

じ内容を表す単位として，正しいのは次のうちどれか．

(1) N/C (2) J/s (3) N·m
(4) J/C (5) A·s

[解答] 電圧の単位〔V〕を，次のように変形させます．

$$[V] = \frac{[V][A]}{[A]} = \frac{[W]}{[A]} = \frac{[W][s]}{[A][s]}$$

$$= \frac{[J]}{[C]}$$

したがって，(4)が正解です．

[別解] 7章で学習した静電エネルギーの式から，

$$W = \frac{1}{2}QV$$

（Q：電荷〔C〕，V：電圧〔V〕）
したがって，

$$V = \frac{2W}{Q} \left[\frac{J}{C}\right]$$

となり，(4)が正解となります．

例題 8-4 電気および磁気に関する量とその記号（これと同じ内容を表す単位記号を含む）の組み合わせとして，誤っているものは，次のうちどれか．

	量	単位記号
(1)	電圧	J/C
(2)	電力	J/s
(3)	磁界の強さ	A/m
(4)	コンダクタンス	Ω
(5)	静電容量	C/V

[解答] (1)の電圧とは，+1C 当たりの仕事をいいます．よって，J/C は正しいです．(2)の電力は，時間当たりの仕事です．よって，J/s は正しいです．(3)の磁界の強さは，A/m で正しいです．(4)のコンダクタンスの単位は，S（ジーメンス）です（表 8-1 参照）．したがって，これが誤りです．(5)の静電容量は，C/V で正しいです（表 8-1 参照）．

答 (4)

■ 8-5 SI 単位系 ■

章末問題 8

1 次のベクトルの絶対値 $|\dot{A}|$ を求めなさい．

① $\dot{A} = \bm{i}3 + \bm{j}4$

② $\dot{A} = \bm{i} + \bm{j}\sqrt{3}$

③ $\dot{A} = \bm{i} + \bm{j}2 + \bm{k}\sqrt{3}$

2 次のベクトル $\dot{A}$, $\dot{B}$ の $|\dot{A}+\dot{B}|$, $|\dot{A}-\dot{B}|$ を求めなさい．

① $\dot{A} = \bm{i}2 - \bm{j}3$ 　　　　　　$\dot{B} = \bm{i}3 + \bm{j}4$

② $\dot{A} = \bm{i}1 + \bm{j}2$ 　　　　　　$\dot{B} = \bm{i}4 - \bm{j}5$

③ $\dot{A} = \bm{i}2 - \bm{j}3 + \bm{k}4$ 　　　$\dot{B} = \bm{i} + \bm{j}3 - \bm{k}5$

3 次のベクトル $\dot{A}$, $\dot{B}$ の内積を求めなさい．

① $\dot{A} = \bm{i} + \bm{j}\sqrt{3}$ 　　　　　$\dot{B} = -\bm{i}\sqrt{3} - \bm{j}$

② $\dot{A} = \bm{i}2 + \bm{j}4$ 　　　　　　$\dot{B} = \bm{i} - \bm{j}3$

③ $\dot{A} = -\bm{i}3 + \bm{j}2 + \bm{k}6$ 　　$\dot{B} = \bm{i} + \bm{j}8 + \bm{k}2$

4 次のベクトル $\dot{A}$, $\dot{B}$ の外積を求めなさい．

① $\dot{A} = \bm{i} + \bm{j}2 - \bm{k}4$ 　　　$\dot{B} = \bm{i} - \bm{j}3 + \bm{k}2$

② $\dot{A} = \bm{i}2 + \bm{j}2 + \bm{k}6$ 　　$\dot{B} = \bm{i} + \bm{j}2 - \bm{k}2$

5 次の行列式の値を求めなさい．

① $A = \begin{vmatrix} 2 & 3 \\ -4 & -1 \end{vmatrix}$

② $A = \begin{vmatrix} 1 & 2 & 3 \\ -2 & 1 & -5 \\ 3 & -4 & 10 \end{vmatrix}$

③ $\dot{A} = \begin{vmatrix} \bm{i} & \bm{j} & \bm{k} \\ 1 & -2 & 3 \\ -4 & 5 & -6 \end{vmatrix}$

6 次の単位の中で，エネルギーの単位〔J〕と同じ内容を表す単位はどれですか．

(1) A/m　　(2) V/m　　(3) N·m　　(4) Wb/m^2　　(5) W

7 次の単位の中で，エネルギーの単位〔J〕と異なる内容を表す単位はどれですか．

(1) V·A　　(2) C·V　　(3) W·s　　(4) N·m　　(5) H·A^2

● 付 録 ●

[1] 三角関数

$$\sin\theta = \frac{y}{r} \qquad \cos\theta = \frac{x}{r} \qquad \tan\theta = \frac{y}{x}$$

$$\operatorname{cosec}\theta = \frac{r}{y} \qquad \sec\theta = \frac{r}{x} \qquad \cot\theta = \frac{x}{y}$$

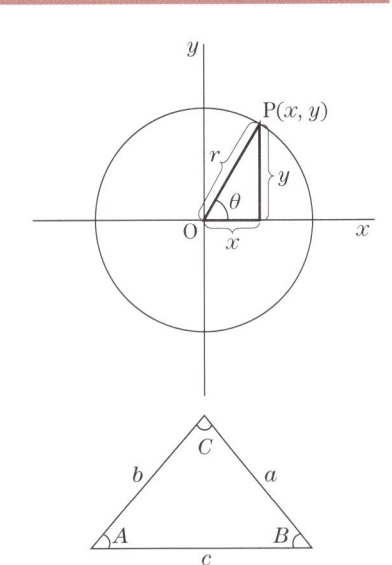

＜余弦定理＞

$$a^2 = b^2 + c^2 - 2bc\cos A$$
$$b^2 = a^2 + c^2 - 2ac\cos B$$
$$c^2 = a^2 + b^2 - 2ab\cos C$$

[2] 二項定理

$(a+b)^n$ は，次式のように展開できます．

$$(a+b)^n = \sum_{r=0}^{n} {}_nC_r a^{n-r} b^r$$

ここで，${}_nC_r$ は組み合わせで，次式のようになります．

$$_nC_r = \frac{{}_nP_r}{r!} = \frac{n!}{r!(n-r)!} = \frac{n(n-1)(n-2)\cdots(n-r+1)}{1\cdot 2\cdot 3\cdots r}$$

上式で，${}_nP_r$ は順列で，次式のようになります．

$$_nP_r = n(n-1)(n-2)\cdots(n-r+1) = \frac{n!}{(n-r)!}$$

具体的に，$(a+b)^n$ を展開すると，次式のようになります．

$$(a+b)^n = a^n + na^{n-1}b + \frac{n(n-1)}{1\cdot 2}a^{n-2}b^2 + \frac{n(n-1)(n-2)}{1\cdot 2\cdot 3}a^{n-3}b^3 + \cdots$$
$$+ \frac{n(n-1)(n-2)\cdots(n-r+1)}{(n-r)!}a^{n-r}b^r + b^n$$

[3] 微積分表

$f(x)$	$f'(x)$
x^n	nx^{n-1}
e^x	e^x
a^x	$a^x \log a$
$\log x$	$\dfrac{1}{x}$
$\sqrt{x^2+a^2}$	$\dfrac{x}{\sqrt{x^2+a^2}}$
$\sqrt{x^2-a^2}$	$\dfrac{x}{\sqrt{x^2-a^2}}$

$f(x)$	$f'(x)$
$\sin x$	$\cos x$
$\cos x$	$-\sin x$
$\tan x$	$\sec^2 x$
$\cot x$	$-\mathrm{cosec}^2 x$
$\sec x$	$\sec x \cdot \tan x$
$\mathrm{cosec}\, x$	$-\mathrm{cosec}\, x \cdot \cot x$

[4] ヘルムホルツコイル内の磁界が一定の理由

図1のような円形コイルの中心軸上の磁界の強さ H_x は，式(2-11)より，

$$H_x = \frac{Ir^2}{2} \cdot \frac{1}{(r^2+x^2)^{\frac{3}{2}}}$$

図2のように，2つの円形コイルの中心から d [m] 離れた点の磁界の強さ H は，上式を参考に，

$$H = \frac{Ir^2}{2}\left[\frac{1}{\{r^2+(x+d)^2\}^{\frac{3}{2}}} + \frac{1}{\{r^2+(x-d)^2\}^{\frac{3}{2}}}\right] = \frac{Ir^2}{2}\left[\{r^2+(x+d)^2\}^{-\frac{3}{2}} + \{r^2+(x-d)^2\}^{-\frac{3}{2}}\right]$$

$$= \frac{Ir^2}{2}\left[\{(r^2+x^2)+(d^2+2xd)\}^{-\frac{3}{2}} + \{(r^2+x^2)+(d^2-2xd)\}^{-\frac{3}{2}}\right]$$

$$= \frac{Ir^2}{2(r^2+x^2)^{\frac{3}{2}}}\left[\left\{1+\frac{d^2+2xd}{r^2+x^2}\right\}^{-\frac{3}{2}} + \left\{1+\frac{d^2-2xd}{r^2+x^2}\right\}^{-\frac{3}{2}}\right]$$

上式で $d=0$，$x=r/2$ ならば，式(2-57)のヘルムホルツコイル内の磁界の強さ

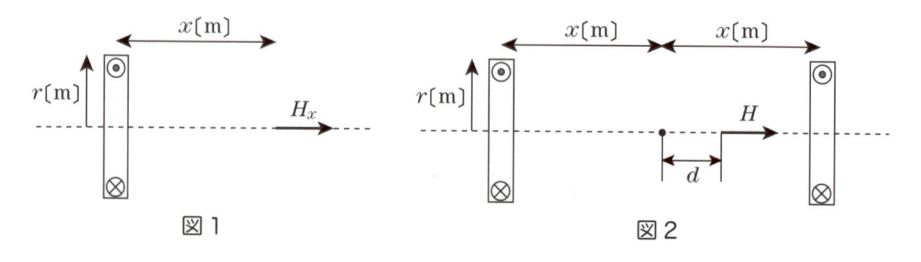

図1

図2

になります．

ここでは，dに関係する [　] 内を二項定理で展開します．

① 第1項

$$1-\frac{3}{2}\cdot 1 \cdot \frac{d^2+2xd}{r^2+x^2}+\frac{15}{8}\cdot 1 \cdot \left(\frac{d^2+2xd}{r^2+x^2}\right)^2-\cdots\cdots$$

② 第2項

$$1-\frac{3}{2}\cdot 1 \cdot \frac{d^2-2xd}{r^2+x^2}+\frac{15}{8}\cdot 1 \cdot \left(\frac{d^2-2xd}{r^2+x^2}\right)^2-\cdots\cdots$$

③ 第1項と第2項を足します．

$$2\left\{1-\frac{3}{2}\cdot\frac{d^2}{r^2+x^2}+\frac{15}{8}\cdot\frac{d^4+4x^2d^2}{(r^2+x^2)^2}-\cdots\right\} = 2\left\{1-\frac{12d^2(r^2+x^2)-15(d^4+4x^2d^2)}{8(r^2+x^2)^2}-\cdots\right\}$$

$$= 2\left\{1-\frac{12d^2r^2+12x^2d^2-15d^4-60x^2d^2}{8(r^2+x^2)^2}-\cdots\right\}$$

$$= 2\left\{1+\frac{48x^2d^2-12d^2r^2+15d^4}{8(r^2+x^2)^2}-\cdots\right\}$$

上式において，$d \ll x$ として，d^4以上の項を省略します．このとき，2項定理で展開する…以下の項には，すべてd^4の項が付きますので省略します．

すると，第1項と第2項は，

$$2\left\{1+\frac{48x^2d^2-12d^2x^2}{8(r^2+x^2)^2}\right\} = 2\left\{1+\frac{3(4x^2-r^2)d^2}{2(r^2+x^2)^2}\right\}$$

したがって，d [m] 離れた点の磁界の強さ H は，次式のようになります．

$$H = \frac{Ir^2}{2(r^2+x^2)^{\frac{3}{2}}}\cdot 2\left\{1+\frac{3(4x^2-r^2)d^2}{2(r^2+x^2)^2}\right\} = \frac{Ir^2}{(r^2+x^2)^{\frac{3}{2}}}\left\{1+\frac{3(4x^2-r^2)d^2}{2(r^2+x^2)^2}\right\}$$

上式において，ヘルムホルツコイルの条件である $x=r/2$ を代入すると，第2項は零となり，dを含まない式になります．

すなわち，磁界Hは距離dに影響を受けない一定の磁界となります．そのときの磁界Hは，次式のようになります．

$$H = \frac{Ir^2}{\left\{r^2+\left(\frac{r}{2}\right)^2\right\}^{\frac{3}{2}}} = \frac{I}{r\left(\frac{5}{4}\right)^{\frac{3}{2}}} \fallingdotseq 0.716\frac{I}{r}$$

[5] 磁気双極子モーメントの磁位から磁界の強さを求める

6章において，電位と電界の強さの関係を説明しました．磁位と磁界の強さ

にも同じような関係が成立します．

磁位を U〔A〕，磁界の強さを H〔A/m〕とすると，式 (6-35) との対応から $\dot{H}=\mathrm{grad}\,U$ となります．ここで，式 (1-33) の磁位を直角座標系で表すと，

$$U = \frac{\dot{M}\cdot\dot{r}}{4\pi\mu_0 r^3} = \frac{1}{4\pi\mu_0}\cdot\frac{(\boldsymbol{i}M_x+\boldsymbol{j}M_y+\boldsymbol{k}M_z)(\boldsymbol{i}x+\boldsymbol{j}y+\boldsymbol{k}z)}{(x^2+y^2+z^2)^{\frac{3}{2}}}$$

$$= \frac{1}{4\pi\mu_0}\cdot\frac{M_x x + M_y y + M_z z}{(x^2+y^2+z^2)^{\frac{3}{2}}}$$

ここで，$\dot{r}=\boldsymbol{i}x+\boldsymbol{j}y+\boldsymbol{k}z$，$\dot{M}=\boldsymbol{i}M_x+\boldsymbol{j}M_y+\boldsymbol{k}M_z$

磁界 $\dot{H}$ の x 成分 H_x を求めます．

$$H_x = -\frac{1}{4\pi\mu_0}\frac{\partial}{\partial x}\left\{\frac{M_x x + M_y y + M_z z}{(x^2+y^2+z^2)^{\frac{3}{2}}}\right\} = -\frac{1}{4\pi\mu_0}\frac{\partial}{\partial x}\left\{(M_x x + M_y y + M_z z)(x^2+y^2+z^2)^{-\frac{3}{2}}\right\}$$

$$= -\frac{1}{4\pi\mu_0}\left\{M_x(x^2+y^2+z^2)^{-\frac{3}{2}} - 3x(x^2+y^2+z^2)^{-\frac{5}{2}}(M_x x + M_y y + M_z z)\right\}$$

$$= \frac{1}{4\pi\mu_0}\left\{\frac{3x(M_x x + M_y y + M_z z)}{(x^2+y^2+z^2)^{\frac{5}{2}}} - \frac{M_x}{(x^2+y^2+z^2)^{\frac{3}{2}}}\right\}$$

同様に y 成分 H_y，z 成分 H_z を求めると，次式のようになります．

$$H_y = \frac{1}{4\pi\mu_0}\left\{\frac{3y(M_x x + M_y y + M_z z)}{(x^2+y^2+z^2)^{\frac{5}{2}}} - \frac{M_y}{(x^2+y^2+z^2)^{\frac{3}{2}}}\right\}$$

$$H_z = \frac{1}{4\pi\mu_0}\left\{\frac{3z(M_x x + M_y y + M_z z)}{(x^2+y^2+z^2)^{\frac{5}{2}}} - \frac{M_z}{(x^2+y^2+z^2)^{\frac{3}{2}}}\right\}$$

したがって，磁界の強さ $\dot{H}$ は次式のようになります．

$$\dot{H} = \boldsymbol{i}H_x + \boldsymbol{j}H_y + \boldsymbol{k}H_z$$

$$= \frac{1}{4\pi\mu_0}\left\{\frac{3(M_x x + M_y y + M_z z)(\boldsymbol{i}x+\boldsymbol{j}y+\boldsymbol{k}z)}{(x^2+y^2+z^2)^{\frac{5}{2}}} - \frac{\boldsymbol{i}M_x+\boldsymbol{j}M_y+\boldsymbol{k}M_z}{(x^2+y^2+z^2)^{\frac{3}{2}}}\right\}$$

$$= \frac{1}{4\pi\mu_0}\left\{\frac{3Mr\cos\theta(\boldsymbol{i}x+\boldsymbol{j}y+\boldsymbol{k}z)}{(x^2+y^2+z^2)^{\frac{5}{2}}} - \frac{\boldsymbol{i}M_x+\boldsymbol{j}M_y+\boldsymbol{k}M_z}{(x^2+y^2+z^2)^{\frac{3}{2}}}\right\}$$

$$= \frac{1}{4\pi\mu_0 r^3}\left\{\frac{3Mr\cos\theta(\boldsymbol{i}x+\boldsymbol{j}y+\boldsymbol{k}z)}{(x^2+y^2+z^2)} - (\boldsymbol{i}M_x+\boldsymbol{j}M_y+\boldsymbol{k}M_z)\right\}$$

$$= \frac{1}{4\pi\mu_0 r^3}\left\{3M\frac{\dot{r}}{r}\cos\theta - \dot{M}\right\}$$

章 末 問 題 の 解 答

＜章末問題 1 の解答＞

1 ① Wb　② N　③ A/m　④ Wb　⑤ T
　　⑥ H/m　⑦ Wb·m

2 ① ⓐ 磁界
　　② ⓑ 磁界　ⓒ 磁界の強さ　ⓓ H　ⓔ m/μ_0
　　③ ⓕ m　ⓖ Wb
　　④ ⓗ 磁束密度　ⓘ T
　　⑤ ⓙ 真空中の透磁率　ⓚ 比透磁率　ⓛ $4\pi \times 10^{-7}$
　　⑥ ⓜ 常磁性体　ⓝ 反磁性体

3 $F = 6.33 \times 10^4 \times \dfrac{m_1 \cdot m_2}{r^2} = 6.33 \times 10^4 \times \dfrac{4 \times 10^{-6} \times 5 \times 10^{-6}}{0.2^2}$
$= 31.65 \times 10^{-6}$ 〔N〕

二つの磁極は正なので，力の向きは磁力を結ぶ直線上で反発力となります．

4 m_1 と m_2 間の力は反発力で，その大きさ F_{12} は，

$F_{12} = 6.33 \times 10^4 \times \dfrac{m_1 \cdot m_2}{r^2} = 6.33 \times 10^4 \times \dfrac{2 \times 10^{-5} \times 4 \times 10^{-5}}{0.1^2}$
$\fallingdotseq 5.06 \times 10^{-3}$ 〔N〕

m_2 と m_3 間の力は反発力で，その大きさ F_{23} は，

$F_{23} = 6.33 \times 10^4 \times \dfrac{m_2 \cdot m_3}{r^2} = 6.33 \times 10^4 \times \dfrac{4 \times 10^{-5} \times 4 \times 10^{-5}}{0.1^2}$
$\fallingdotseq 10.13 \times 10^{-3}$ 〔N〕

m_2 に働く力は m_1 の方向で，その大きさ F は，
$F = F_{23} - F_{12} = 10.13 \times 10^{-3} - 5.06 \times 10^{-3} = 5.07 \times 10^{-3}$ 〔N〕

5 $r = \sqrt{6.33 \times 10^4 \times \dfrac{m_1 \cdot m_2}{F}} = \sqrt{6.33 \times 10^4 \times \dfrac{2 \times 10^{-4} \times 4 \times 10^{-4}}{5 \times 10^{-2}}}$
$\fallingdotseq 0.318$ 〔m〕 $= 31.8$ 〔cm〕

6 $m = \sqrt{\dfrac{Fr^2}{6.33 \times 10^4}} = \sqrt{\dfrac{0.12 \times 0.3^2}{6.33 \times 10^4}} \fallingdotseq 4.13 \times 10^{-4}$ 〔Wb〕

7 $\mu = \mu_r \mu_0 = 300 \times 4\pi \times 10^{-7} \fallingdotseq 3.77 \times 10^{-4}$ 〔H/m〕

■ 章末問題の解答 ■

8 $H = 6.33 \times 10^4 \times \dfrac{m}{r^2} = 6.33 \times 10^4 \times \dfrac{5 \times 10^{-6}}{0.2^2} ≒ 7.91 〔\text{A/m}〕$

9 $F = mH = 4 \times 10^{-3} \times 5 = 20 \times 10^{-3} 〔\text{N}〕$

10 $H = \dfrac{F}{m} = \dfrac{4 \times 10^{-3}}{2 \times 10^{-3}} = 2 〔\text{A/m}〕$

11 N 極から点 P までの距離 $r 〔\text{m}〕$ は,

$$r = 0.2 \times \cos 45° = 0.2 \times \dfrac{1}{\sqrt{2}} = 0.1\sqrt{2} 〔\text{m}〕$$

N 極による点 P の磁界の強さ H_N は,

$$H_N = 6.33 \times 10^4 \times \dfrac{5 \times 10^{-3}}{(0.1\sqrt{2})^2} ≒ 1.58 \times 10^4 〔\text{A/m}〕$$

S 極から点 P までの距離は, r と同じです. したがって, 磁界の強さ H_S は H_N と同じになります. H_N と H_S の方向は, **図1** のようになります.

したがって, 点 P に生じる磁界の強さ $H〔\text{A/m}〕$ は, H_N と H_S を合成して, 次のようになります.

$$H = \sqrt{H_N{}^2 + H_S{}^2} = \sqrt{(1.58 \times 10^4)^2 + (1.58 \times 10^4)^2} ≒ 2.23 \times 10^4 〔\text{A/m}〕$$

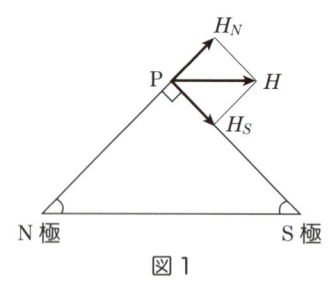

図1

12 磁力線数 $N = \dfrac{m}{\mu_0} = \dfrac{2 \times 10^{-5}}{4\pi \times 10^{-7}} ≒ 15.9$ 本

磁束数は磁極の強さに等しいため, $2 \times 10^{-5} \text{Wb}$ となります.

13 磁界の強さ $H〔\text{A/m}〕$ は, その点の磁力線の密度〔本/m^2〕を表します. したがって, 磁力線の本数 N は,

$$N = HA = 10 \times 40 \times 10^{-4} = 4 \times 10^{-2} \text{ 本}$$

14 $B = \mu_0 H = 4\pi \times 10^{-7} \times 2 \times 10^3 ≒ 2.51 \times 10^{-3} 〔\text{T}〕$

15 $H = \dfrac{m}{4\pi\mu r^2}$ より,

$B = \mu H = \dfrac{m}{4\pi r^2} = \dfrac{2\times 10^{-3}}{4\pi \times 0.1^2} ≒ 1.59\times 10^{-2}$ [T]

16 $B = \dfrac{\phi}{A} = \dfrac{5\times 10^{-3}}{10\times 10^{-4}} = 5$ [T]

$H = \dfrac{B}{\mu} = \dfrac{B}{\mu_r\mu_0} = \dfrac{5}{300\times 4\pi\times 10^{-7}} ≒ 1.33\times 10^4$ [A/m]

17 $\mu = \dfrac{B}{H} = \dfrac{1.5}{3\times 10^3} = 5\times 10^{-4}$ [H/m]

$\mu_r = \dfrac{\mu}{\mu_0} = \dfrac{5\times 10^{-4}}{4\pi\times 10^{-7}} ≒ 398$

18 $T = MH\sin\theta = 5\times 10^{-3} \times 2\times 10^3 \times \sin 45° ≒ 7.07$ [N·m]

<章末問題2の解答>

1 図のように配線します.

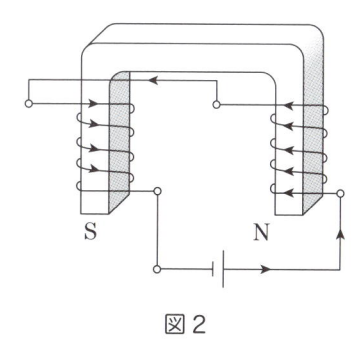

図2

2 $H = \dfrac{NI}{2r} = \dfrac{200\times 2}{2\times 0.1} = 2000$ [A/m]

3 $I = \dfrac{2rH}{N} = \dfrac{2\times 0.1\times 2000}{200} = 2$ [A]

4 $r = \dfrac{NI}{2H} = \dfrac{400\times 2}{2\times 1000} = 0.4$ [m] $= 40$ [cm]

5　$H = \dfrac{NIr^2}{2(r^2+x^2)^{\frac{3}{2}}} = \dfrac{100 \times 2 \times 0.15^2}{2 \times (0.15^2 + 0.2^2)^{\frac{3}{2}}} = 144 \,[\text{A/m}]$

6　$I = \dfrac{2H(r^2+x^2)^{\frac{3}{2}}}{Nr^2} = \dfrac{2 \times 1000 \times (0.15^2 + 0.15^2)^{\frac{3}{2}}}{100 \times 0.15^2} \fallingdotseq 8.49 \,[\text{A}]$

7　$H = \dfrac{I}{2\pi r} = \dfrac{10}{2 \times \pi \times 0.1} \fallingdotseq 15.9 \,[\text{A/m}]$

8　$r = \dfrac{I}{2\pi H} = \dfrac{20}{2 \times \pi \times 100} \fallingdotseq 3.18 \times 10^{-2} \,[\text{m}]$

9　導体から点Pまでの距離 $r\,[\text{m}]$ は，

$$r = 1 \times \cos 45° = 1 \times \dfrac{1}{\sqrt{2}} = 0.5\sqrt{2} \,[\text{m}]$$

2本の直線導体から点Pまでの距離は同じなので，磁界の大きさは等しくなります．ただし，方向は**図3**のようになります．

直線導体から点Pにおける磁界の強さ $H\,[\text{A/m}]$ は，

$$H = \dfrac{I}{2\pi r} = \dfrac{5}{2 \times \pi \times 0.5\sqrt{2}} \fallingdotseq 1.13 \,[\text{A/m}]$$

点Pにおける合成磁界 $H_0\,[\text{A/m}]$ は，

$$H_0 = \sqrt{H^2 + H^2} = \sqrt{1.13^2 + 1.13^2} \fallingdotseq 1.60 \,[\text{A/m}]$$

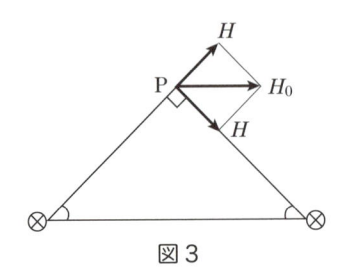

図3

10　1cm 当たりの巻数が20回のソレノイドは，1m 当たり2000回の巻数となります．

$$H = nI = 2000 \times 10 = 2 \times 10^4 \,[\text{A/m}]$$

11　$n = \dfrac{H}{I} = \dfrac{1000}{2} = 500 \,[\text{回/m}] = 5 \,[\text{回/cm}]$

12　$r = 5\,[\text{mm}]$ の点の磁界は，

$$H = \frac{r}{2\pi a^2}I = \frac{5\times 10^{-3}}{2\times\pi\times(10\times 10^{-3})^2}\times 10 ≒ 79.6\,(\mathrm{A/m})$$

$r=20$〔cm〕の点の磁界は，

$$H = \frac{I}{2\pi r} = \frac{10}{2\times\pi\times 0.2} ≒ 7.96\,(\mathrm{A/m})$$

13 $r=5$〔mm〕の場合，

$$H = \frac{r}{2\pi a^2}I = \frac{5\times 10^{-3}}{2\times\pi\times(10\times 10^{-3})^2}\times 5 ≒ 39.8\,(\mathrm{A/m})$$

$r=20$〔mm〕の場合，

$$H = \frac{I}{2\pi r} = \frac{5}{2\times\pi\times 20\times 10^{-3}} ≒ 39.8\,(\mathrm{A/m})$$

$r=35$〔mm〕の場合，

$$H = \frac{I}{2\pi r}\cdot\frac{c^2-r^2}{c^2-b^2}$$

$$= \frac{5}{2\times\pi\times 35\times 10^{-3}}\times\frac{(40\times 10^{-3})^2-(35\times 10^{-3})^2}{(40\times 10^{-3})^2-(30\times 10^{-3})^2}$$

$$≒ 12.2\,(\mathrm{A/m})$$

14 $H = \dfrac{NI}{2\pi r} = \dfrac{1000\times 100\times 10^{-3}}{2\times\pi\times 30\times 10^{-2}} ≒ 53.1\,(\mathrm{A/m})$

$B = \mu_0 H = 4\pi\times 10^{-7}\times 53.1 ≒ 6.67\times 10^{-5}\,(\mathrm{T})$

15 $I = \dfrac{2\pi rH}{N} = \dfrac{2\times\pi\times 20\times 10^{-2}\times 300}{500} ≒ 0.754\,(\mathrm{A})$

16 $H = 0.716\dfrac{NI}{r} = 0.716\times\dfrac{2000\times 0.5}{30\times 10^{-2}} ≒ 2.39\times 10^3\,(\mathrm{A/m})$

17 $I = \dfrac{Hr}{0.716 N} = \dfrac{600\times 20\times 10^{-2}}{0.716\times 1000} ≒ 0.168\,(\mathrm{A})$

＜章末問題 3 の解答＞

1 $R_m = \dfrac{NI}{\phi} = \dfrac{1000\times 2}{4\times 10^{-3}} = 5\times 10^5\,(\mathrm{H^{-1}})$

2 $NI = R_m\phi$ より，磁気抵抗 R_m を求めます．

$$R_m = \frac{NI}{\phi} = \frac{1000 \times 5}{2 \times 10^{-3}} = 2.5 \times 10^6 \,[\mathrm{H^{-1}}]$$

$R_m = \dfrac{l}{\mu A}$ より，断面積 A を求めます．

$$A = \frac{l}{\mu R_m} = \frac{1}{1000 \times 4\pi \times 10^{-7} \times 2.5 \times 10^6} = 3.18 \times 10^{-4} \,[\mathrm{m^2}] = 3.18 \,[\mathrm{cm^2}]$$

3 ① $R_{m1} = \dfrac{l_1}{\mu A} = \dfrac{l_1}{\mu_r \mu_0 A} = \dfrac{1}{2000 \times 4\pi \times 10^{-7} \times 5 \times 10^{-4}} \fallingdotseq 7.96 \times 10^5 \,[\mathrm{H^{-1}}]$

② $R_{m2} = \dfrac{l_2}{\mu_0 A} = \dfrac{2 \times 10^{-3}}{4\pi \times 10^{-7} \times 5 \times 10^{-4}} \fallingdotseq 31.83 \times 10^5 \,[\mathrm{H^{-1}}]$

③ $R_m = R_{m1} + R_{m2} = 7.96 \times 10^5 + 31.83 \times 10^5 = 39.79 \times 10^5 \,[\mathrm{H^{-1}}]$

④ $\phi = \dfrac{NI}{R_m} = \dfrac{1000 \times 2}{39.79 \times 10^5} \fallingdotseq 5.03 \times 10^{-4} \,[\mathrm{Wb}]$

<章末問題 4 の解答>

1 図 4 のような電流の向きになります．

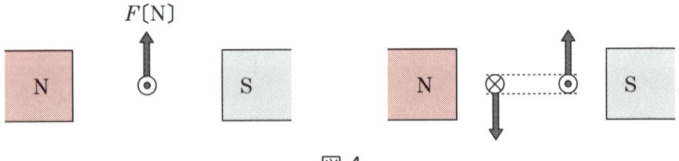

図 4

2 $F = IBl \sin\theta = 3 \times 0.5 \times 0.2 \times \sin 30° = 0.15 \,[\mathrm{N}]$

3 $F = IBl \sin\theta$ より，

$$I = \frac{F}{Bl \sin\theta} = \frac{0.18}{1.2 \times 0.15 \times \sin 30°} = 2 \,[\mathrm{A}]$$

4 $T = IBAN = 2 \times 1.0 \times (0.3 \times 0.2) \times 1 = 0.12 \,[\mathrm{N \cdot m}]$

5 $T = IBAN \cos\theta = 2 \times 0.5 \times 0.04 \times 100 \times \cos 60° = 2 \,[\mathrm{N \cdot m}]$

6 $I^2 = \dfrac{rf}{2 \times 10^{-7}} = \dfrac{0.1 \times 5 \times 10^{-5}}{2 \times 10^{-7}} = 25$

∴ $I = \sqrt{25} = 5 \,[\mathrm{A}]$

7 電線 ab 間に働く力は吸引力で，その大きさ F_{ab} は，

$$F_{ab} = \frac{2I_a I_b}{r} \times 10^{-7} = \frac{2 \times 10 \times 10}{0.2} \times 10^{-7} = 1 \times 10^{-4} \,[\text{N/m}]$$

電線 bc 間に働く力は吸引力で，その大きさ F_{bc} は，

$$F_{bc} = \frac{2I_b I_c}{r} \times 10^{-7} = \frac{2 \times 10 \times 20}{0.2} \times 10^{-7} = 2 \times 10^{-4} \,[\text{N/m}]$$

電線 b に働く力の向きは c 方向で，その大きさ F は，

$$F = F_{bc} - F_{ab} = 2 \times 10^{-4} - 1 \times 10^{-4} = 1 \times 10^{-4} \,[\text{N/m}]$$

8 $T = IBlrZ = 0.5 \times 0.5 \times 0.4 \times 0.2 \times 100 = 2 \,[\text{N·m}]$

$$P = 2\pi \frac{n}{60} T = 2 \times \pi \times \frac{120}{60} \times 2 \fallingdotseq 25.1 \,[\text{W}]$$

＜章末問題 5 の解答＞

1 ① 人差し指　② 導体　③ 中指　④ フレミングの右手の法則

2 $|e| = N\dfrac{d\phi}{dt} = 100 \times \dfrac{0.01}{0.1} = 10 \,[\text{V}]$

3 $dt = N\dfrac{d\phi}{|e|} = 100 \times \dfrac{0.06 - 0.02}{100} = 0.04 \,[\text{s}]$

4 $|e| = vBl \sin\theta = 10 \times 0.5 \times 0.3 \times \sin 60° \fallingdotseq 1.30 \,[\text{V}]$

5 $v = \dfrac{|e|}{Bl\sin\theta} = \dfrac{1.5}{1.0 \times 0.2 \times \sin 30°} = 15 \,[\text{m/s}]$

6 $L = |e|\dfrac{dt}{dI} = 20 \times \dfrac{15 \times 10^{-3}}{2} = 0.15 \,[\text{H}]$

7 $L = \dfrac{\mu A N^2}{l} = \dfrac{\mu_r \mu_0 A N^2}{l} = \dfrac{2000 \times 4\pi \times 10^{-7} \times 4 \times 10^{-4} \times 1000^2}{0.3} \fallingdotseq 3.35 \,[\text{H}]$

8 ① 有限長ソレノイドの場合

$$L_1 = \frac{\mu_0 N^2 \pi r^2}{l^2}\left(\sqrt{r^2 + l^2} - r\right)$$

$$= \frac{4\pi \times 10^{-7} \times 1000^2 \times \pi \times 0.01^2}{0.5^2}\left(\sqrt{0.01^2 + 0.5^2} - 0.01\right)$$

$$\fallingdotseq 7.74 \times 10^{-4} \,[\text{H}] = 0.774 \,[\text{mH}]$$

② 無限長ソレノイドの場合

$$L_2 = \frac{\mu_0 N^2 \pi r^2}{l} = \frac{4\pi \times 10^{-7} \times 1000^2 \times \pi \times 0.01^2}{0.5}$$
$$\fallingdotseq 7.90 \times 10^{-4} [\mathrm{H}] = 0.790 [\mathrm{mH}]$$

2つの結果から，ソレノイドの半径 1cm に対して長さ 50cm では，無限長ソレノイドとして取り扱う場合，誤差が大きくなることがわかります．

9 ① 有限長ソレノイドの場合
$L = \mu_r L_1 = 2000 \times 7.74 \times 10^{-4} \fallingdotseq 1.55 [\mathrm{H}] = 1550 [\mathrm{mH}]$
② 無限長ソレノイドの場合
$L = \mu_r L_2 = 2000 \times 7.90 \times 10^{-4} = 1.58 [\mathrm{H}] = 1580 [\mathrm{mH}]$

10 $M = \dfrac{|e_2|}{\dfrac{dI_1}{dt}} = \dfrac{10}{\dfrac{2}{0.2}} = 1 [\mathrm{H}]$

11 $M = \dfrac{\mu A N_1 N_2}{l} = \dfrac{\mu_r \mu_0 A N_1 N_2}{l}$
$= \dfrac{2000 \times 4\pi \times 10^{-7} \times 4 \times 10^{-4} \times 1000 \times 2000}{0.5}$
$\fallingdotseq 4.02 [\mathrm{H}]$

12 $W = \dfrac{1}{2} L I^2 = \dfrac{1}{2} \times 50 \times 10^{-3} \times 2^2 = 0.1 [\mathrm{J}]$

＜章末問題 6 の解答＞

1 電流とは，単位時間当たりの電荷（電子）の流れです．2A とは，1 秒間に 2C の電荷が移動したことになります．5 秒間では，2×5=10[C] です．
1個の電子の電気量は式 (6-1) より，$1.60217733 \times 10^{-19} \mathrm{C}$ です．
したがって，10C の電荷が移動したときの電子の数 N は，次式のようになります．

$$N = \frac{10}{1.60217733 \times 10^{-19}} \fallingdotseq 6.24 \times 10^{19} \text{ 個}$$

2 点 ab 間に働く力は反発力で，その大きさ F_{ab} は，

$$F_{ab} = 9 \times 10^9 \times \frac{Q_1 \cdot Q_2}{r^2} = 9 \times 10^9 \times \frac{4 \times 10^{-6} \times 8 \times 10^{-6}}{0.4^2} = 1.8 [\mathrm{N}]$$

点 bc 間に働く力は反発力で，その大きさ F_{bc} は，

$$F_{bc} = 9\times10^9 \times \frac{Q_2 \cdot Q_3}{r^2} = 9\times10^9 \times \frac{8\times10^{-6}\times10\times10^{-6}}{0.6^2} = 2 \,[\text{N}]$$

点 b の電荷に働く力の向きは a 方向で，その大きさ F は，

$$F = F_{bc} - F_{ab} = 2 - 1.8 = 0.2 \,[\text{N}]$$

3 $F = QE = 4\times10^{-6}\times100 = 4\times10^{-4} \,[\text{N}]$

4 $E = 9\times10^9 \times \dfrac{Q}{r^2} = 9\times10^9 \times \dfrac{3\times10^{-6}}{1^2} = 2.7\times10^4 \,[\text{V/m}]$

5 $E = \dfrac{\sigma}{\varepsilon} = \dfrac{\sigma}{\varepsilon_r \varepsilon_0} = \dfrac{2\times10^{-8}}{10\times 8.854\times10^{-12}} \fallingdotseq 2.26\times10^2 \,[\text{V/m}]$

6 $E = \dfrac{q}{2\pi\varepsilon_0 r} = \dfrac{2\times10^{-6}}{2\times\pi\times 8.854\times10^{-12}\times 0.3} \fallingdotseq 1.20\times10^5 \,[\text{V/m}]$

7 $V = \dfrac{Q}{4\pi\varepsilon_0 r} = \dfrac{2\times10^{-8}}{4\times\pi\times 8.854\times10^{-12}\times 5} \fallingdotseq 36.0 \,[\text{V}]$

8 電位とは，+1C 当たりの仕事をいいます．Q[C] の電荷を電界が零の点からある点まで運ぶのに W[J] のエネルギーが必要なら，その点の電位は，次式で表されます．

$$V = \frac{W}{Q} = \frac{2\times10^{-5}}{4\times10^{-6}} = 5 \,[\text{V}]$$

9 $D = \varepsilon_0 E = 8.854\times10^{-12}\times 2\times10^3 \fallingdotseq 1.77\times10^{-8} \,[\text{C/m}^2]$

10 $N = \dfrac{Q}{\varepsilon} = \dfrac{Q}{\varepsilon_r \varepsilon_0} = \dfrac{2\times10^{-6}}{8\times 8.854\times10^{-12}} \fallingdotseq 2.82\times10^4$ 本

＜章末問題 7 の解答＞

1 ① $C = \dfrac{2\times(1+1)}{2+(1+1)} = 1 \,[\mu\text{F}]$

② $C = \dfrac{4\times 4}{4+4} + \dfrac{4\times 4}{4+4} = 2+2 = 4 \,[\mu\text{F}]$

③ $C = \dfrac{(1+2)\times(2+4)}{(1+2)+(2+4)} = \dfrac{18}{9} = 2 \,[\mu\text{F}]$

④ 合成静電容量は一番右端のコンデンサから順に求めていきます．
右端の 2 つの $2\mu\text{F}$ のコンデンサは並列なので，足して $4\mu\text{F}$ となります．
これと直列になる $4\mu\text{F}$ のコンデンサとの合成は，和分の積から $2\mu\text{F}$ となり

ます．このように右端から順に合成静電容量 C を求めていくと，$C=4$〔μF〕となります．

2 コンデンサ C_3 に蓄えられるエネルギー W〔J〕は，C_3 に加わる電圧 V_3 を計算し，$W=C_3V_3^2/2$ から求めます．

コンデンサ C_2，C_3，C_4 の合成静電容量 C_0 は，

$$C_0 = C_4 + \frac{C_2 \times C_3}{C_2 + C_3} = 3 + \frac{6 \times 6}{6+6} = 6 \text{〔μF〕}$$

全体の合成静電容量 C は，

$$C = \frac{C_1 \times C_0}{C_1 + C_0} = \frac{6 \times 6}{6+6} = 3 \text{〔μF〕}$$

全体に蓄えられる電荷 Q は，
$$Q = CV = 3 \times 10^{-6} \times 120 = 3.6 \times 10^{-4} \text{〔C〕}$$

コンデンサ C_1 の電圧 V_1 は，

$$V_1 = \frac{Q}{C_1} = \frac{3.6 \times 10^{-4}}{6 \times 10^{-6}} = 60 \text{〔V〕}$$

コンデンサ C_2，C_3 間の電圧 V_{23} は，
$$V_{23} = 120 - V_1 = 120 - 60 = 60 \text{〔V〕}$$

コンデンサ C_3 の電圧 V_3 は，

$$V_3 = \frac{V_{23}}{2} = \frac{60}{2} = 30 \text{〔V〕}$$

したがって，コンデンサ C_3 に蓄えられるエネルギー W〔J〕は，

$$W = \frac{1}{2}C_3V_3^2 = \frac{1}{2} \times 6 \times 10^{-6} \times 30^2 = 2.7 \times 10^{-3} \text{〔J〕}$$

3 ε_1 部分の静電容量 C_1 は，

$$C_1 = \frac{\varepsilon A}{l_1} = \frac{\varepsilon_r \varepsilon_0 A}{l_1} = \frac{2 \times 8.854 \times 10^{-12} \times 0.1}{2 \times 10^{-3}} = 8.854 \times 10^{-10} \text{〔F〕}$$

ε_2 部分の静電容量 C_2 は，

$$C_2 = \frac{\varepsilon A}{l_2} = \frac{\varepsilon_r \varepsilon_0 A}{l_2} = \frac{4 \times 8.854 \times 10^{-12} \times 0.1}{4 \times 10^{-3}} = 8.854 \times 10^{-10} \text{〔F〕}$$

全体の静電容量 C は，

$$C = \frac{C_1 \times C_1}{C_1 + C_2} = \frac{8.854 \times 10^{-10} \times 8.854 \times 10^{-10}}{8.854 \times 10^{-10} + 8.854 \times 10^{-10}} \fallingdotseq 4.427 \times 10^{-10} \text{〔F〕}$$

コンデンサに蓄えられる電荷 Q は,

$Q = CV = 4.427 \times 10^{-10} \times 12 ≒ 5.31 \times 10^{-9}$ [C]

＜章末問題 8 の解答＞

1 ① $|\dot{A}| = \sqrt{3^2 + 4^2} = \sqrt{25} = 5$

② $|\dot{A}| = \sqrt{1^2 + (\sqrt{3})^2} = \sqrt{4} = 2$

③ $|\dot{A}| = \sqrt{1^2 + 2^2 + (\sqrt{3})^2} = \sqrt{8} = 2\sqrt{2}$

2 ① $|\dot{A} + \dot{B}| = \sqrt{(2+3)^2 + (-3+4)^2} = \sqrt{26}$

$|\dot{A} - \dot{B}| = \sqrt{(2-3)^2 + (-3-4)^2} = \sqrt{50}$

② $|\dot{A} + \dot{B}| = \sqrt{(1+4)^2 + (2-5)^2} = \sqrt{34}$

$|\dot{A} - \dot{B}| = \sqrt{(1-4)^2 + (2+5)^2} = \sqrt{58}$

③ $|\dot{A} + \dot{B}| = \sqrt{(2+1)^2 + (-3+3)^2 + (4-5)^2} = \sqrt{10}$

$|\dot{A} - \dot{B}| = \sqrt{(2-1)^2 + (-3-3)^2 + (4+5)^2} = \sqrt{118}$

3
① $\dot{A} \cdot \dot{B} = 1 \times (-\sqrt{3}) + \sqrt{3} \times (-1) = -2\sqrt{3}$

② $\dot{A} \cdot \dot{B} = 2 \times 1 + 4 \times (-3) = -10$

③ $\dot{A} \cdot \dot{B} = (-3) \times 1 + 2 \times 8 + 6 \times 2 = 25$

4 ① $\dot{A} \times \dot{B} = \begin{vmatrix} \boldsymbol{i} & \boldsymbol{j} & \boldsymbol{k} \\ 1 & 2 & -4 \\ 1 & -3 & 2 \end{vmatrix}$

$= \boldsymbol{i}\{2 \times 2 - (-4) \times (-3)\} + \boldsymbol{j}\{(-4) \times 1 - 1 \times 2\} + \boldsymbol{k}\{1 \times (-3) - 2 \times 1\}$

$= -\boldsymbol{i}8 - \boldsymbol{j}6 - \boldsymbol{k}5$

② $\dot{A} \times \dot{B} = \begin{vmatrix} \boldsymbol{i} & \boldsymbol{j} & \boldsymbol{k} \\ 2 & 2 & 6 \\ 1 & 2 & -2 \end{vmatrix}$

$= \boldsymbol{i}\{2 \times (-2) - 2 \times 6\} + \boldsymbol{j}\{6 \times 1 - 2 \times (-2)\} + \boldsymbol{k}(2 \times 2 - 2 \times 1)$

$= -\boldsymbol{i}16 + \boldsymbol{j}10 + \boldsymbol{k}2$

5 ① $A = \begin{vmatrix} 2 & 3 \\ -4 & -1 \end{vmatrix} = 2 \times (-1) - 3 \times (-4) = 10$

② $A = \begin{vmatrix} 1 & 2 & 3 \\ -2 & 1 & -5 \\ 3 & -4 & 10 \end{vmatrix}$

$= \{1 \times 1 \times 10 + 2 \times (-5) \times 3 + (-2) \times (-4) \times 3\}$
$\quad - \{3 \times 1 \times 3 + 2 \times (-2) \times 10 + (-5) \times (-4) \times 1\}$
$= 4 - (-11) = 15$

③ $\dot{A} = \begin{vmatrix} \boldsymbol{i} & \boldsymbol{j} & \boldsymbol{k} \\ 1 & -2 & 3 \\ -4 & 5 & -6 \end{vmatrix}$

$= \boldsymbol{i}\{(-2) \times (-6) - 3 \times 5\} + \boldsymbol{j}\{3 \times (-4) - 1 \times (-6)\} + \boldsymbol{k}\{1 \times 5 - (-2) \times (-4)\}$
$= -\boldsymbol{i}3 - \boldsymbol{j}6 - \boldsymbol{k}3$

6 エネルギーの単位〔J〕と同じ内容の単位は，③の N·m です（表 8-1 参照）．
　①の A/m は磁界の強さの単位，②の V/m は電界の強さの単位，④の Wb/m² は磁束密度の単位，⑤の W は電力の単位になります．

7 ①の V·A は直流回路では電力，交流回路では皮相電力の単位で，エネルギーの単位〔J〕ではありません．②から⑤は，次のようにエネルギーの単位〔J〕になります．
　② C·V =〔A·s〕〔V〕= W·s = J
　③ W·s = J
　④ N·m = J
　⑤ H·A² =〔V·s/A〕〔A²〕= V·s·A = W·s = J

<参考文献>

1. 川村雅恭：電気磁気学 基礎と例題, 昭晃堂
2. 粉川昌巳：電気理論の計算法, 東京電機大学出版局
3. 科学語呂研究会：ゴロで身につくおもしろ電磁気学入門, 講談社
4. 田中謙一郎：解説電気磁気学の考え方・解き方, 東京電機大学出版局
5. 中村宏, 柴田眞喜雄：実務に役立つ電磁気, オーム社
6. 山村泰通, 北川盈雄：電磁気学演習, サイエンス社
7. 後藤尚久：なっとく電磁気学, 講談社
8. 今井功：電磁気学を考える, サイエンス社
9. 和田正信：電磁気学とは何か, 裳華房
10. 田中秀数：電磁気学, 培風館

索 引

<数字>

1C の大きさ ………………… 140
1Wb の大きさ ……………… 11

<英字>

div ………………………… 194
ε_0 の値 ……………………… 140
grad ………………………… 194
rot ………………………… 197
SI 基本単位 ………………… 205

<あ>

アンペアの周回積分の法則……… 41
アンペアの法則……………… 202
アンペアの右ねじの法則……… 32

<え>

エアギャップのある磁気回路…… 71
円形コイルの中心軸上の磁界…… 37
円形コイルの中心の磁界……… 36
円筒コイル………………… 47
円筒状の直線導体による磁界…… 43
円筒導体による電界……………… 149
円筒導体間の静電容量…………… 166

<か>

ガウスの定理…………… 145, 200
環状コイル………………… 52
環状コイルのインダクタンス……… 112
環状鉄心の磁気回路……………… 66

<き>

球状導体による電界…………… 146
球状導体の静電容量…………… 164
強磁性体……………………… 6, 7

<く>

クラーメルの公式……………… 64

<こ>

コンデンサ…………………… 168
コンデンサの充電……………… 169
コンデンサの充放電…………… 176
コンデンサの直並列接続……… 172

<さ>

差動接続……………………… 122

<し>

磁位………………………… 15
磁化…………………………   5
磁界…………………………   2
磁界のエネルギー……………… 124
磁界の強さ…………………… 13
磁化曲線……………………… 76
磁化の強さ…………………… 20
磁化率………………………… 20
磁気回路……………………… 58
磁気回路のオームの法則……… 59
磁気回路のキルヒホッフの法則…… 62
磁気双極子モーメント………… 24
磁気に関するクーロンの法則………   9
磁気誘導………………………   5

磁極……………………………………… 2
磁区……………………………………… 3
自己インダクタンス…………………… 110
自己インダクタンスと相互インダクタンス
　……………………………………… 118
自己インダクタンスのエネルギー…… 125
自己減磁力……………………………… 22
自己誘導………………………………… 110
磁性……………………………………… 2
磁性体…………………………………… 6
磁束……………………………………… 17
磁束密度………………………………… 18
常磁性体……………………………… 6, 8
磁力線…………………………………… 4
磁力線の数……………………………… 17
真空中の透磁率………………………… 21

<す>

スカラ…………………………………… 184

<せ>

静電エネルギー………………………… 179
静電気に関するクーロンの法則……… 138
静電誘導………………………………… 134
静電容量………………………………… 164
静電容量の求め方……………………… 164

<そ>

ソレノイドのインダクタンス………… 112
相互インダクタンス…………………… 116
相互インダクタンスのエネルギー…… 126
相互誘導………………………………… 116

<た>

帯電……………………………………… 133

<ち>

直線導体による磁界………………… 38, 42
直角座標系でのベクトルの表示法… 187

<て>

電位……………………………………… 150
電荷……………………………………… 132
電界の強さ……………………………… 142
電界の強さと電位の関係……………… 151
電荷の保存則…………………………… 134
電位から電界の強さを求める………… 153
電気力線………………………………… 135
電気力線の数…………………………… 155
電磁エネルギー………………………… 124
電磁誘導………………………………… 102
電磁力…………………………………… 82
電磁力の単位…………………………… 86
電束……………………………………… 156
電束密度………………………………… 156
電流 1A の定義………………………… 96
電流とは………………………………… 137

<と>

トルクの求め方………………………… 89
同軸ケーブルの磁界…………………… 44
透磁率…………………………………… 21
透磁率の単位…………………………… 22
導体と誘電体…………………………… 136

<な>

長岡係数………………………………… 114

<は>

反磁性体……………………………… 6, 8

<ひ>

ビオ・サバールの法則……………… 36
ヒステリシス損………………………… 79
ヒステリシスループ………………… 77
比透磁率………………………………… 22

<ふ>

ファラデーの法則…………………… 200
ファラド………………………………… 165
フレミングの左手の法則…………… 82
フレミングの右手の法則…………… 108
分極……………………………………… 158

<へ>

ヘルムホルツコイル………………… 51
ベクトル………………………………… 184
ベクトルの外積……………………… 191
ベクトルの加法……………………… 185
ベクトルの減算……………………… 186
ベクトルの性質……………………… 184
ベクトルの内積……………………… 188
ベクトルの表示……………………… 184
閉曲線の考え方……………………… 42
平行導体間に働く力………………… 92
平板導体間の静電容量……………… 166
平板導体間の電界…………………… 147

<ほ>

方形コイルに働く力………………… 88

<み>

無限長ソレノイド…………………… 47

<も>

漏れ磁束……………………………… 60

<ゆ>

有限長ソレノイド…………………… 48
誘導起電力…………………………… 106
誘電体とは…………………………… 158
誘電体内のエネルギー……………… 180
誘電率………………………………… 159

<ろ>

ローレンツ力………………………… 87

<わ>

和動接続……………………………… 121

── 著者略歴 ──

堀 桂太郎（ほり けいたろう）
学歴 日本大学大学院 理工学研究科 博士後
期課程 情報科学専攻修了 博士（工学）
現在 国立明石工業高等専門学校 電気情報工
学科 教授
＜主な著書＞
図解VHDL実習（森北出版）
図解PICマイコン実習（森北出版）
H8マイコン入門（東京電機大学出版局）
ディジタル電子回路の基礎（東京電機大学出版局）
アナログ電子回路の基礎（東京電機大学出版局）
よくわかる電子回路の基礎（電気書院）
PSpiceで学ぶ電子回路設計入門（電気書院）

粉川 昌巳（こがわ まさみ）
学歴 日本大学理工学部電気工学科卒業
東京学芸大学大学院 技術教育専攻 修
士課程修了
現在 東京都立産業技術高等専門学校 荒川
キャンパス非常勤職員
＜主な著書＞
絵ときでわかるパワーエレクトロニクス（オーム社）
電力技術入門（共著, 実教出版）
電気理論の計算法（東京電機大学出版局）
第二種電気工事士筆記試験集中ゼミ（東京電機大学出版局）ほか

©Masami Kogawa 2006

基礎マスターシリーズ
電磁気学の基礎マスター

2006年 9月15日　第1版第1刷発行
2019年 4月10日　第1版第4刷発行

監修者　堀　　桂　太　郎
著者　　粉　川　昌　巳
発行者　田　中　久　喜

発行所
株式会社 電気書院
ホームページ　https://www.denkishoin.co.jp
（振替口座　00190-5-18837）
〒101-0051　東京都千代田区神田神保町1-3 ミヤタビル2F
電話(03)5259-9160／FAX(03)5259-9162

印刷　株式会社 シナノ パブリッシング プレス
Printed in Japan／ISBN 978-4-485-61002-2

- 落丁・乱丁の際は，送料弊社負担にてお取り替えいたします．
- 正誤のお問合せにつきましては，書名・版刷を明記の上，編集部宛に郵送・FAX（03-5259-9162）いただくか，当社ホームページの「お問い合わせ」をご利用ください．電話での質問はお受けできません．また，正誤以外の詳細な解説・受験指導は行っておりません．

JCOPY〈出版者著作権管理機構 委託出版物〉
本書の無断複写（電子化含む）は著作権法上での例外を除き禁じられています．複写される場合は，そのつど事前に，出版者著作権管理機構（電話：03-5244-5088, FAX：03-5244-5089, e-mail: info@jcopy.or.jp）の許諾を得てください．また本書を代行業者等の第三者に依頼してスキャンやデジタル化することは，たとえ個人や家庭内での利用であっても一切認められません．